季節の生き物観察

春 ▶▶▶▶	夏

サクラ

ヘチマ

おばな

バッタ（ショウリョウバッタ）

たまご

よう虫

カブトムシ

よう虫（土の中）　　さなぎ（土の中）　　成虫　　たまご

カエル（ニホンアマガエル）

たまご
（水中）

おたまじゃくし
（水中）

（水中・陸上）

（水中・陸

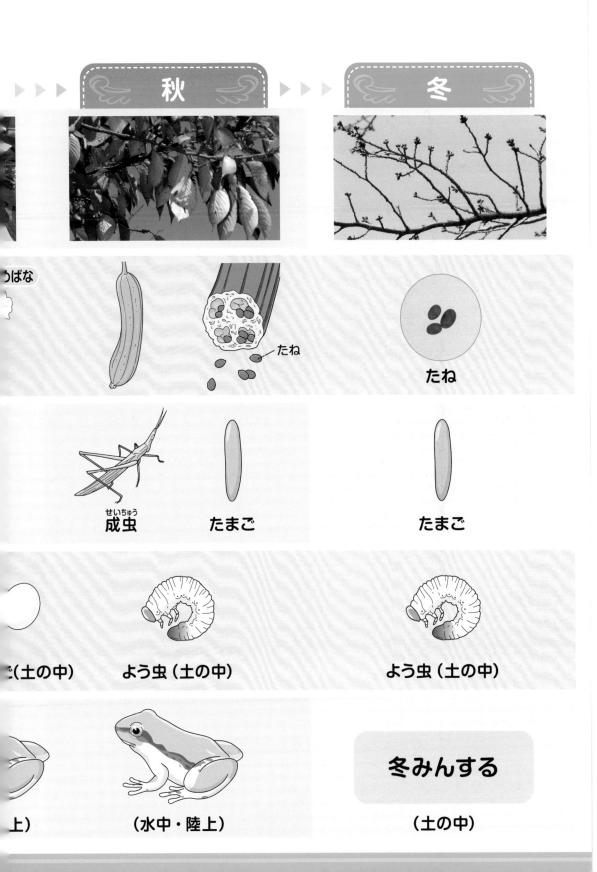

秋

冬

うばな

たね

たね

せいちゅう
成虫　　　たまご

たまご

（土の中）　　よう虫（土の中）

よう虫（土の中）

上）　　（水中・陸上）

冬みんする

（土の中）

やさしく まるごと 中学数学 改訂版

著　**吉川直樹**

マンガ　**ふじいまさこ**

協力　**葉一**

Gakken

はじめに

　学生時代は，大学生活と家庭教師の仕事を両立しながら，何十人もの小学生から高校生までを応援してきました。十人十色といいますが，学力はもちろんのこと，学習への取り組みかたもまちまちで，苦労しながらも，やる気を引き出すさまざまな工夫をしてきたと自負しています。現在，中・高の教壇に立っていますが，一斉指導が原則の学校においても，個々への指導を大切にしています。

　この本は，学校の授業をサポートする思いから，製作することを決意しました。中学校で学習する数学の内容を時系列に30単元に分け，どの単元もおさらいテストからスタートして，学習する人が使いやすいように心がけました。苦手な分野からでもよいですし，直近にあるテスト範囲から，この本を利用してもよいと思います。

　数学が苦手な生徒はもちろん，やる気はあるけど集中力が続かない生徒，コツコツと毎日勉強しているが成果が出ない生徒など，この本を使うことで，さまざまな生徒に数学の楽しさを味わってもらいたいです。

　ところで，保護者の方はお子様の学習指導を塾や家庭教師に任せっきりになっていませんか？　私は生徒と接するとき，親身になって指導するように努力していますが，"親身"とは"親の身になって"ということ，つまり，どんなに頑張ってもお父さんやお母さんには勝てません。ぜひ，この本をお父さんやお母さんと，お子様との学習の橋渡しとして，利用していただけることを願っています。

　また，昔の私と同じように，毎晩，家庭教師や学習塾などで情熱を持って指導している方々，これから教壇に立つ，もしくは教壇に立って間もない先生方にも，ぜひ1つの資料として見てもらいたいです。事前に動画を見て予習し，それぞれの色を加えることで，生徒にわかりやすい指導をすることができるのではないでしょうか。多くの生徒の"わかりやすい"を作るために，私の書いた本が使ってもらえるのであれば，うれしい限りです。指導した内容の単元の宿題に，このテキストを使っても面白いと思います。もちろん，指導の仕方はたくさんあり，どんな指導が合うかを見つけるのは運次第のところもあります。しかし，運は運んで来るもの，この本を指導の研究材料として利用し，自分にあったベストな指導法を目指して頑張ってください。

　最後に，校務を優先するあまり，原稿作成等が大幅に遅れてしまいました。編集担当の宮﨑純氏をはじめ学研スタッフの皆様には，たいへんご迷惑をおかけしました。心よりお詫びするとともに，粘り強くご協力いただいたことに感謝しています。また，素敵なマンガを描いてくださった，ふじいまさこさま，どうもありがとうございました。読者として楽しませていただきました。そして，このような機会を運んで来てくれた池末翔太くん，ありがとう。彼は，私が若かりし頃，学級担任の仕事に情熱を持って取り組んでいたときの大切な教え子です。

　携わっていただいたすべての人に感謝しております。本当にありがとうございました。

吉川直樹

本書の特長と使いかた

まずは「たのしい」から。

　たのしい先生や，好きな先生の教えてくれる科目は，勉強にも身が入り得意科目になったりするものです。参考書にも似た側面があるのではないかと思います。

　本書は読んでいる人に「たのしいな」と思ってもらえることを願い，個性豊かなキャラクターの登場するマンガを多く載せています。まずはマンガを読んで，この参考書をたのしみ，少しずつ勉強に取り組むクセをつけるようにしてください。勉強するクセがつきはじめれば，学習の理解度も上がってくるはずです。

3年分の内容をしっかり学べる。

　本書は3年分の内容を1冊に収めてありますので，どの学年の人でも，自分に合った使いかたで学習することができます。はじめて学ぶ人は学校の進度に合わせて進める，入試対策のために3年分を早く復習したい人は1日に2・3レッスン進めるなど，使いかたは自由です。

　本文の説明はすべて，なるべくわかりやすいようにかみくだきました。また，理解度を確認できるように問題も多く収録してありますので，この1冊で3年分の学習内容をちゃんとマスターできる作りになっております。

動画授業があなただけの先生に。

　本書の動画マーク（🖥）がついた部分は，YouTubeで動画授業が見られます。動画をはじめから見てイチから理解をしていくもよし，学校の授業の予習に使うもよし，つまずいてしまった問題の解説の動画だけを見るもよし。PCやスマホでいつでも見られますので，活用してください。

　誌面にあるQRコードは，スマホで直接YouTubeにアクセスできるように設けたものです。

> **YouTubeの動画一覧はこちらから**
>
> https://gakken-ep.jp/extra/
> yasamaru_j/movie

※動画の公開は予告なく終了することがございます。

Prologue

[プロローグ]

学くん，第一志望
県下一の難関高だって

そうそう
タイプは
頭のいい子とか
言ってたし

そんな…！

真奈美，今日から
頭よくなるように
努力する！

さっそく
これから
本屋さんに
よって帰るー！

あなた……
あなた大変！

真奈美がなにやら
参考書をたくさん
買って帰ってきたわ！

熱でもあるんじゃ
ないかしら？

心配ないよママ
参考書なら
ウェイトトレーニングに
オレもよく使う

本当に
参考書なのかよ～？
アニメの本かも
しれないぜ？

Contents
もくじ

〈キャラクター紹介〉

学問真奈美

恋に生きる中学3年生。「愛する学くん（成績優秀）と同じ高校に行く」という目標を達成するため、苦手な数学を頑張ることに。

インディ

真奈美が買ってきた本に閉じこめられていた数学の魔人。勉強が苦手な一家に数学を教える役目を買って出る。

学問草彦

真奈美の兄。勉強・努力・仕事が苦手。アニメとアイドルに精通し、その分野の話では普段は隠している才能をいかんなく発揮する。

学問強彦

家族と筋肉をこよなく愛し，「家族に筋肉がついたら最高だ」と日頃から考えている。いつでもどこでも筋トレをするのが信条。

学問ママ美

おっとりとした性格でやさしく家族を見守る。料理が苦手で，よく夕飯をピザの宅配で済ましてしまう。

ペス

「自分は草彦より家庭内順位が上」と認識している。トイレレーニングを失敗したため，オシッコは草彦にかけるのが慣例となっている。

このLessonのイントロ♪

小学校では，算数が楽しいと感じられましたか。また，計算がスムーズにできるようになったでしょうか。ここでは，これから始まる中学数学の学習を前に，小学校の算数でつまずきそうなところを，もう一度確認しておきましょう。

① 小数の計算

小数の計算は，整数の計算よりめんどうですよね。小数は苦手だったという人も多いかもしれませんので，小数の計算（筆算）のポイントをまとめておきましょう。

 小数の筆算の方法

❶ **足し算と引き算は小数点をそろえる。**

　小数点の位置をそろえ，小数点以下の位が違うときは0をつける。

❷ **掛け算は右はじをそろえる。**

　小数どうしの掛け算は，小数点を右に動かし，整数どうしの掛け算にする。動かした分だけ，出てきた答えの小数点を左に動かす。（3.25×1.7の場合は，325×17として，3つ小数点を動かしたので，出てきた答えの5525を5.525にする）。

❸ **割り算は割る数の小数点を消す。**

　割る数が整数になるように小数点を右へ動かし，同じ分だけ割られる数の小数点も右へ動かす。（54.36÷1.8の場合は，543.6÷18として，小数点を右に1つずらして割る数の小数点をなくす）。

では，具体的な例で確認してみましょう。

例1 1.27−0.8

```
  1.27
− 0.80   小数点以下が
         そろわないときは
         0をつける
  0.47
```
小数点の位置をそろえる

例2 3.41+0.79

```
  3.41
+ 0.79   答えでは
         小数点以下で
         うしろに数字の
         続かない0は消す
  4.20
```
小数点の位置をそろえる

例3 3.25×1.7

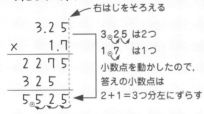

右はじをそろえる

```
   3.25
 ×  1.7
   2275
  325
  5.525
```
3.25 は2つ
1.7 は1つ
小数点を動かしたので，
答えの小数点は
2+1＝3つ分左にずらす

例4 54.36÷1.8

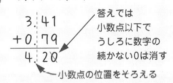

```
        30.2
  1.8)543.6
      54
       36
       36
        0
```
割る数（1.8）を
整数にする分だけ
割られる数（54.36）の
小数点も右にずらす

Check 1　次の計算をしなさい。

(1) 3.7+11.2

(2) 6.28−4.4

(3) 5.2×0.56

(4) 4.53÷1.5

👉 解説は別冊p.1へ

小学校の内容も
おさえよ！
キホンが
大事でおま

2 分数の計算

分数には，分子が分母より小さい**真分数**，分子が分母より大きい**仮分数**，整数と真分数の和で表される**帯分数**があります。仮分数は帯分数に，帯分数は仮分数に直すことができます。

2つの数を掛けると1になるとき，一方の数を他方の数の**逆数**といいます。分数では，分子と分母を入れ替えると逆数になります。

例 $\dfrac{5}{12}$ は真分数，$\dfrac{17}{12}$ は仮分数である。$\dfrac{17}{12}$ を帯分数にすると $1\dfrac{5}{12}$ となる。

$\dfrac{5}{12}$ の逆数は $\dfrac{12}{5}$ ◀── 2つの数を掛けると1になる

分数の分子と分母を同じ数で割って**簡単な分数にすること**を**約分**といいます。分母の違う分数の計算で，**分母を同じ分数にすること**を**通分**といいます。

例 分母・分子を÷2　$\dfrac{\overset{3}{\cancel{6}}}{\underset{8}{\cancel{16}}} = \dfrac{3}{8}$（約分）

分母・分子に×4　$\dfrac{1}{3} + \dfrac{3}{4} = \dfrac{4}{12} + \dfrac{9}{12}$（通分）　分母・分子に×3

続いて，分数の計算についてです。足し算・引き算と，掛け算・割り算ではルールが違います。通分があるので，足し算・引き算のほうが計算は大変ですね。

 分数の計算方法

❶ **足し算と引き算は分母をそろえて，分子どうしを計算。** 分母が違うときは，**通分**してから計算する。

❷ **掛け算は分母・分子それぞれ別々に掛ける。** このとき，分子の数と分母の数が同じ数で割れる場合は，先に**約分**する。

❸ **割り算は割る数を逆数にして掛け算にする。**

例1 $\dfrac{3}{4} + \dfrac{2}{3}$

分母を12にしたいので
$\dfrac{3}{4}$ は分母・分子に×3
$\dfrac{2}{3}$ は分母・分子に×4

$= \dfrac{3 \times 3}{4 \times 3} + \dfrac{2 \times 4}{3 \times 4}$

$= \dfrac{9}{12} + \dfrac{8}{12}$

$= \dfrac{17}{12}\left(= 1\dfrac{5}{12}\right)$ 中学校では仮分数のままでもよい

例2 $\dfrac{3}{4} - \dfrac{2}{3}$

$= \dfrac{3 \times 3}{4 \times 3} - \dfrac{2 \times 4}{3 \times 4}$

$= \dfrac{9}{12} - \dfrac{8}{12}$

$= \dfrac{1}{12}$

分数…
今でも
できない…

例3 $\dfrac{3}{4} \times \dfrac{2}{3}$

約数2, 3で
割って約分する

$= \dfrac{\cancel{3}^{1}}{\cancel{4}_{2}} \times \dfrac{\cancel{2}^{1}}{\cancel{3}_{1}}$

$= \dfrac{1 \times 1}{2 \times 1}$

$= \dfrac{1}{2}$

例4 $\dfrac{3}{4} \div \boxed{\dfrac{2}{3}}$

逆数にして
掛け算にする

$= \dfrac{3}{4} \times \boxed{\dfrac{3}{2}}$

$= \dfrac{3 \times 3}{4 \times 2}$

$= \dfrac{9}{8} \left(= 1\dfrac{1}{8} \right)$

Check 2　次の計算をしなさい。

解説は別冊p.1へ

たくさん解いて
体力つけろよ

(1)　$\dfrac{3}{5} + \dfrac{2}{3}$

(2)　$2\dfrac{3}{4} + 1\dfrac{2}{3}$

(3)　$\dfrac{2}{3} - \dfrac{3}{5}$

(4)　$\dfrac{3}{5} \times \dfrac{2}{3}$

(5)　$2\dfrac{1}{4} \times 1\dfrac{1}{3}$

(6)　$\dfrac{3}{5} \div \dfrac{2}{3}$

整数は分母を1にすれば $5 \longrightarrow \dfrac{5}{1}$ のように分数にできます。

また，小数は分数に直すことができます。 $\mathbf{0.5 = \dfrac{1}{2}}$，$\mathbf{0.25 = \dfrac{1}{4}}$，$\mathbf{0.125 = \dfrac{1}{8}}$ の3つの変換は覚えておくとよいでしょう。

Check 3　$\dfrac{3}{5} \div \dfrac{8}{5} \div 0.125$ を計算しなさい。

解説は別冊p.1へ

 3 単位の変換

授業動画は
こちらから

　整数は10をひとカタマリとして一の位，十の位，百の位と位取りされています。単位も同じで，1 cm＝10 mm，1 m＝100 cmなどと10の何倍かをひとカタマリとして考えます。よく使う単位の変換にキロ（k）やミリ（m）がありますが，キロ（k）は1000倍，ミリ（m）は $\dfrac{1}{1000}$ 倍を表します。面積のkm² は，1000 mと1000 mを掛けるのでm² の1000000倍を表します。

Check 4　次の □ に当てはまる数を入れなさい。

解説は別冊p.1へ

時間	1分＝ ア 秒，1時間＝ イ 分，1日＝ ウ 時間
長さ	1 cm＝ エ mm，1 m＝ オ cm，1 km＝ カ m
重さ	1 g＝ キ mg，1 kg＝ ク g，1 t＝ ケ kg
面積	1 km²＝ コ m²，1 m²＝ サ cm²
体積	1 m³＝ シ cm³，1 cm³＝1 mL，1 L＝10 dL，1 dL＝ ス mL

4 いろいろな四角形

授業動画はこちらから

　4本の直線で囲まれた図形を**四角形**（四辺形）といい，四角形の向かい合った頂点と頂点を結んだ線を**対角線**といいます。いろいろな四角形の特徴をまとめておきますよ。

ポイント! 四角形の特徴

正方形　　：　**4つの角と辺の長さがすべて等しい**四角形

長方形　　：　**4つの角がすべて等しい（90°）**四角形

ひし形　　：　**4つの辺の長さがすべて等しい**四角形

平行四辺形：　**2組の向かい合う辺がそれぞれ平行な**四角形

台形　　　：　**1組の向かい合う辺が平行な**四角形

Check 5　次の表の空らんに，いつでも当てはまるものに○，そうでないものに×をつけ，四角形の特徴をまとめなさい。

解説は別冊p.2へ

	正方形	長方形	ひし形	平行四辺形	台形
対角線が直角に交わる					
対角線の長さが等しい					
4つの角がみな直角					
向かい合った2組の辺が平行					
4つの辺の長さがみな等しい					

5 円周の長さと面積

　1点（**中心**）から同じ距離（**半径**）にある点をつなぐと円になります。コンパスで円がかけるのは，針をさした点から同じ距離になるからです。

　円周の直径に対する割合（3.1415926……）を**円周率**といいます。円周は直径の約3.14倍です。

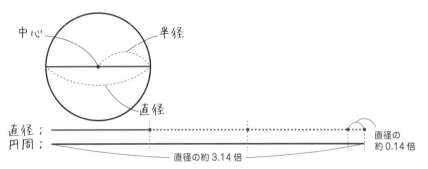

　円周の長さと円の面積は，円周率を使った次の公式によって表されます。

円周の長さと円の面積

円周の長さ：直径×円周率（3.14）＝2×半径×円周率（3.14）
円の面積 ：半径×半径×円周率（3.14）

Check 6　半円を組み合わせた右の図形の周の長さと面積を求めなさい。
　　　　　　ただし，円周率は3.14とする。

👉**解説は別冊p.2へ**

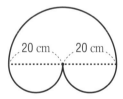

もっとくわしく

右下の図形は，半径3cmの円（円周に囲まれた部分）を3等分したものです。このような図形をおうぎ形といいます。
おうぎ形の周の長さや面積は，円周の長さや円の面積の割合から求めることができます。
半径3cmの円を3等分したおうぎ形の周の長さと面積を求めると

周の長さ ＝ 円周の長さ×$\frac{1}{3}$＋$\underset{半径の2つ分}{3×2}$

　　　　 ＝ $\underset{直径×円周率}{6×3.14}$×$\frac{1}{3}$＋6＝12.28（cm）

おうぎ形の面積 ＝ 円の面積×$\frac{1}{3}$

　　　　　　　 ＝ $\underset{半径×半径×円周率}{3×3×3.14}$×$\frac{1}{3}$＝9.42（cm²）

円を3等分にした
おうぎ形

今日の夕食は
ピザに
しようかしら？

Lesson 1 正負の数

このLessonのイントロ♪

小学校で学習した算数では0と正の数を勉強しましたが、数学では0より小さい数、負の数についても学びます。

このLessonでは、負の数を含んだ加法（足し算）と減法（引き算）、乗法（掛け算）と除法（割り算）をスムーズにできるようになることを目指します。

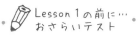

解説は別冊p.2へ

計算問題（小学校）

次の計算をしなさい。

(1) $6 \times 12 \div 24$

(2) $64 \div 88 \times 22$

(3) $14 + 56 \div 14$

(4) $94 - 84 \div 21$

(5) $2.5 \times 2.3 \times 4$

(6) $8.1 \div 9 \div 0.3$

(7) $\left(1 - \dfrac{1}{2}\right) + \left(\dfrac{1}{2} - \dfrac{1}{3}\right) + \left(\dfrac{1}{3} - \dfrac{1}{4}\right) + \left(\dfrac{1}{4} - \dfrac{1}{5}\right)$

(8) $1 + 2 \times 3 \times 4 \times 5 \div 6 + 7 + 8 \times 9$

1 符号のついた数

授業動画は
こちらから

0より大きい数を**正の数**といって，正の符号**＋（プラス）**を使って表します。

注意 足し算などの計算結果が正の数のときは，＋を省略します。

0より小さい数を**負の数**といって，負の符号**ー（マイナス）**を使って表します。

0は正の数でも負の数でもないので注意しましょう。また，**正の整数のことを自然数といい**ます。

$$\cdots, -3, -2, -1 \quad 0, \quad +1, +2, +3, \cdots$$

負の整数　　　　　　　正の整数（自然数）

正の整数を自然数
ともいうでおま！

Check 1

解説は別冊p.2へ

(1) 下の数の中から，①負の数，②整数，③自然数に当てはまる数をすべて選びなさい。

$$-2, \ +3, \ -2.3, \ -\frac{1}{4}, \ 7.6, \ 0, \ +0.25, \ 4$$

(2) 次の①〜③の □ に当てはまる数を，符号をつけて答えなさい。

① 東へ3km進むことを＋3kmと表すとき，西へ5km進むことは ［ ア ］kmと表される。

② 昨日よりも気温が2度低いことは，「昨日よりも気温が ［ イ ］度高い」と表せる。

③ ー5kg重いことを負の数を使わないで表すと，「［ ウ ］kg軽い」となる。

2 数の大小

数直線で0を表す点を**原点**，右の方向を**正の方向**，左の方向を**負の方向**といい，数は右にいくほど大きく，左にいくほど小さくなります。数の大小は，**不等号**（<，>）を使って表せます。不等号は開いているほうが大きいので2<5などとなります。

数直線上で**原点からある数を表す点までの距離**を，その数の**絶対値**といいます。例えば，+5の絶対値は5，-3の絶対値は3です。

Check 2

解説は別冊p.3へ

（1） 次の各組の数の大小を，不等号を使って表しなさい。

① +8，-3

② -0.3，$-\dfrac{1}{3}$

③ -3，$-\dfrac{7}{2}$，-3.8

（2） 次の数の絶対値を求めなさい。

① +7

② -3.6

③ 0

3 足し算

授業動画はこちらから

同符号の足し算

足し算を**加法**といい，その結果を**和**といいます。

同符号の数の足し算では，絶対値を足し合わせて共通の符号をつけます。

例1 $\underset{\text{同符号}}{(+4)+(+3)}=\underset{\text{共通の符号}}{+}(4+3)$
$=+7$

例2 $\underset{\text{同符号}}{(-8)+(-2)}=\underset{\text{共通の符号}}{-}(8+2)$
$=-10$

異符号の足し算

異符号の足し算では，絶対値の大きいほうから小さいほうを引き，絶対値の大きいほうの符号をつけます。

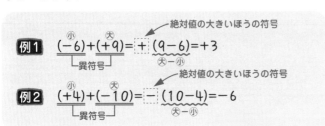

例1 $\overset{\text{小}}{(-6)}+\overset{\text{大}}{(+9)}=\overset{\text{絶対値の大きいほうの符号}}{+}\underset{\text{大−小}}{(9-6)}=+3$
異符号

例2 $(+4)+\overset{\text{大}}{(-10)}=\overset{\text{絶対値の大きいほうの符号}}{-}\underset{\text{大−小}}{(10-4)}=-6$
異符号

大きい数のほうが強いってことだな

4 引き算

引き算を**減法**といい，その結果を**差**といいます。

「数を引く」というのは「符号を変えた数を足す」ことと同じです。引き算を足し算に変えてしまえば，**3 足し算** のルールで計算ができます。

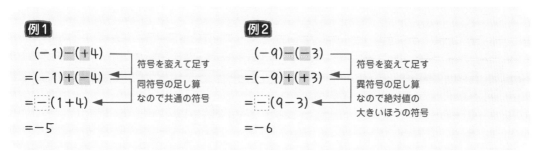

例1
$$(-1)-(+4)$$
$$=(-1)+(-4)$$ ← 符号を変えて足す
$$=\fbox{$-$}(1+4)$$ ← 同符号の足し算なので共通の符号
$$=-5$$

例2
$$(-9)-(-3)$$
$$=(-9)+(+3)$$ ← 符号を変えて足す
$$=\fbox{$-$}(9-3)$$ ← 異符号の足し算なので絶対値の大きいほうの符号
$$=-6$$

Check 3　次の計算をしなさい。　　　　　　　　　　　　解説は別冊p.3へ

(1)　$(-2)+(-3)$　　　(2)　$(+6)-(-10)$　　　(3)　$\left(+\dfrac{1}{6}\right)-\left(+\dfrac{1}{2}\right)$

5 足し算・引き算の混ざった計算

授業動画はこちらから　

足し算と引き算の混ざった計算では，次のように計算しましょう。

ポイント 足し算・引き算の手順

❶ **引き算は，「符号を変えた数の足し算」にチェンジする。**

❷ 正の数どうし，負の数どうしを集めて，**同符号の足し算**をする。

❸ ❷の結果で出てきた2つの数で，**異符号の足し算**をする。

例
$$(+2)-(+3)+(-7)-(-4)$$
$$=(+2)+(-3)+(-7)+(+4)$$ ← ❶符号を変えて足し算だけにする
$$=\underbrace{(+2)+(+4)}_{\text{同符号の足し算}}+\underbrace{(-3)+(-7)}_{\text{同符号の足し算}}$$ ← ❷正の数どうし 負の数どうしを集める
$$=\underline{(+6)}+\underline{(-10)}$$
$$=\fbox{-4}$$ ← ❸異符号の足し算

慣れてきたら　　$+(+●●) \rightarrow +●●$　　　　$-(-●●) \rightarrow +●●$

$+(-●●) \rightarrow -●●$　　　　$-(+●●) \rightarrow -●●$

として，カッコをとって計算し，スピードアップできるようにしましょう。

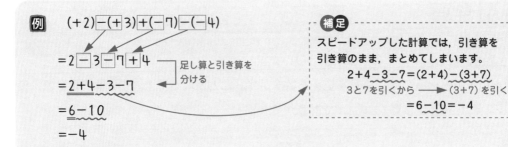

例 $(+2)-(+3)+(-7)-(-4)$

$=2-3-7+4$ ← 足し算と引き算を分ける

$=2+4-3-7$

$=6-10$

$=-4$

補足
スピードアップした計算では，引き算を引き算のまま，まとめてしまいます。

$2+4-3-7=(2+4)-(3+7)$

3と7を引くから → $(3+7)$ を引く

$=6-10=-4$

Check 4 次の計算をしなさい。　　　　　　📣解説は別冊p.3へ

(1) $(-3)+(+5)-(+7)$　　　　(2) $\left(+\dfrac{2}{3}\right)-\left(-\dfrac{1}{2}\right)+\left(-\dfrac{3}{4}\right)$

6 掛け算と割り算

授業動画はこちらから

　掛け算を**乗法**といい，その結果を**積**といいます。10×10 を 10^2, $10\times10\times10$ を 10^3 と表し，10の**2乗**，10の**3乗**といいます。このように，同じ数をいくつか掛け合わせたものをその数の**累乗**（るいじょう）といい，2乗を**平方**，3乗を**立方**ともいいます。また，10^2, 10^3 の2と3は，その数を**掛けた回数**を表しており，**指数**といいます。

$$10\times10\times10=10^{③} \leftarrow 指数$$

　割り算を**除法**といい，その結果を**商**といいます。割られる数が0のときの商は0になります。また，0で割ることは考えません。

　掛け算・割り算では符号を確認したら，絶対値どうしの掛け算・割り算を行います。

　符号については，同符号どうしの掛け算・割り算のときは "＋"，異符号どうしの掛け算・割り算のときは "－" になります。

同じ符号なら＋
違う符号なら－なのね

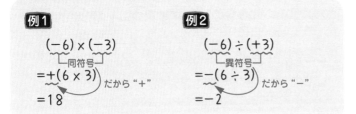

例1
$(-6)\times(-3)$
同符号
$=+(6\times3)$ だから "＋"
$=18$

例2
$(-6)\div(+3)$
異符号
$=-(6\div3)$ だから "－"
$=-2$

Check 5 次の計算をしなさい。　　　　　　📣解説は別冊p.3へ

(1) $(-12)\times(+3)$　　(2) $(+16)\div(-8)$　　　(3) $(-4)\times(-6)$

(4) $(-3)\div\left(+\dfrac{1}{4}\right)$　　(5) $(+7)\times(-2)\times(-5)$

授業動画は
こちらから ・・・

➡解説は別冊p.3へ

1 下の数の中から，次の(1)と(2)の ☐ に当てはまる数を選びなさい。

$$-2, \quad +5, \quad -3, \quad -5, \quad 5, \quad 0, \quad -6.5, \quad 4$$

(1) 負の数を小さい順に並べると， [ア]，[イ]，[ウ]，[エ]

(2) 絶対値が最も小さい数は [オ]，大きい数は [カ]

2 下の数直線について，次の各問いに答えなさい。

(1) 数直線上の点Aと点Eに対応する数を答えなさい。

(2) 点Aと点Eの中点（ちょうど真ん中にある点）Cに対応する数を答えなさい。

(3) 点Eと点Fに対応する数は，絶対値が等しく，符号が異なる。点Fに対応する数を答えなさい。

(4) 数直線上の点Bと点Dに対応する数を答えなさい。ただし，点Bは点Aと点Cの中点，点Dは点Cと点Eの中点とする。

(5) 点A～点Fに対応する数の絶対値について，いちばん大きい値といちばん小さい値の差を求めなさい。

3 次の計算をしなさい。

(1) $(-6)+(-8)+(+6)+(+8)$

(2) $(-11)-(+6)-(-12)-7$

(3) $(+5.4)+(-6.2)+(+3.6)+(-4.8)$

(4) $\left(+\dfrac{2}{5}\right)+\left(-\dfrac{2}{3}\right)+\left(+\dfrac{3}{5}\right)+\left(-\dfrac{4}{3}\right)$

(5) $\dfrac{3}{5}-(+1.8)-\dfrac{2}{15}+\left(-\dfrac{5}{3}\right)$

4 次の計算をしなさい。

(1) $(-8)\div(+5)\div(+4)+(-2)$

(2) $(-9)^2-(-3^4)$

(3) $\dfrac{3}{5}\times\dfrac{7}{12}\times\left(-\dfrac{5}{14}\right)\times4$

(4) $\left(\dfrac{1}{3}-\dfrac{1}{2}\right)\div\left(\dfrac{1}{4}-\dfrac{1}{3}\right)\div\left(\dfrac{1}{5}-\dfrac{1}{4}\right)$

Lesson 2 正負の数（応用）

このLessonのイントロ♪

Lesson1では，負の数を含んだ足し算と引き算，掛け算と割り算を学習しました。今回はそれらが混ざった四則計算を行います。また，分配法則を利用して計算の工夫を学んだり，平均算などの文章問題に挑戦しますよ。

Lesson 2 の前に…
おさらいテスト

解説は別冊p.5へ

計算問題（小学校）

（1） 次の計算をしなさい。

① 17×25×4

② 6400÷20÷50

③ 7×7×3.14－3×3×3.14

④ 70＋30÷6－3×4

（2） A，B，C，Dの4人の体重を量った。4人の平均に比べ，Aは5kg重く，Bは3kg軽く，Cは4kg軽いとき，次の各問いに答えなさい。

① AとCの体重差は何kgか求めなさい。

② Dの体重は平均より何kg重いか，または軽いか求めなさい。

❶ 四則計算

授業動画は
こちらから

足し算（加法），引き算（減法），掛け算（乗法），割り算（除法）をまとめて**四則**といいます。
四則の混じった計算では，計算の順序に注意しましょう。

ポイント 四則計算の手順

❶ 累乗のある式は，**累乗を先に計算する**。

❷ カッコのある式は，**カッコの中を先に計算する**。

❸ 足し算や引き算よりも，**掛け算や割り算を先に**計算する。

これは
小学校で
習ったことでおま

例1
$2 \times (-3)^2$ 　累乗のある式は，
　　　　　　　　　累乗を先に計算
$= 2 \times \underline{9}$
$= 18$

例2
$-3 \times (17-7)$ 　カッコのある式は，
　　　　　　　　　カッコの中を先に計算
$= -3 \times \underline{10}$
$= -30$

例3
$7 + \underline{3 \times (-4)}$ 　掛け算や割り算は，
　　　　　　　　　　足し算や引き算よりも
　　　　　　　　　　先に計算
$= 7 + (\underline{-12})$
$= 7 - 12$
$= -5$

例4
$4 - (20 - \underline{5^2}) \times (-2)$ 　累乗の計算
$= 4 - (\underline{20 - 25}) \times (-2)$ 　カッコの中の計算
$= 4 - \underline{(-5) \times (-2)}$ 　掛け算を計算
$= 4 - \underline{10}$
$= -6$

補足 -3^2 と $(-3)^2$ は，似ていますが違う数を表しています。
$-3^2 = -3 \times 3 = -9$
$(-3)^2 = (-3) \times (-3) = 9$
カッコがあるかないかで，値が異なるので注意しましょう。

解説は別冊p.5へ

Check 1　次の計算をしなさい。

(1)　① $-36\div(-6-3)$　② $-3^2-(-3)^2$　③ $-4-(-3)\times5$

(2)　① $-(-2^2)-2^2-(-2)^2$　② $-3-4.5\div(-0.5\times3)$　③ $\dfrac{1}{4}-\left(-\dfrac{3}{2}\right)^2\times(-4)$

2 計算法則の利用

授業動画は
こちらから ····· [13]

　ここでは，計算法則を紹介します。計算法則をうまく使えば，大変な計算を簡単な計算に変えられることもあるんですよ。では見ていきましょう。

　足し算（加法）では，計算の順序を入れ替えることができます。これを**加法の交換法則**といいます。また，計算の組み合わせを変えたりすることもでき，これを**加法の結合法則**といいます。

加法の交換法則　　●＋▲＝▲＋●

加法の結合法則　　（●＋▲）＋▨＝●＋（▲＋▨）

例　$(+15)+(-7)+(+9)+(-16)$
まず，カッコをはずして

$=15-7+9-16$
計算しやすいように加法の交換法則を使って，足す順序を変える

$=15+9-7-16$
同符号の計算（加法の結合法則）

$=24-23$

$=1$

　掛け算（乗法）でも，足し算（加法）と同じように交換法則や結合法則が成り立ちます。これを**乗法の交換法則，乗法の結合法則**といいます。

乗法の交換法則　　●×▲＝▲×●

乗法の結合法則　　（●×▲）×▨＝●×（▲×▨）

例　$(-25)\times(+9)\times(+4)$
まず，カッコをはずして

$=-25\times9\times4$
計算しやすいように乗法の交換法則を使って，掛ける順序を変える

$=-9\times25\times4$
乗法の結合法則を使って，25×4を先に計算する

$=-9\times100$

$=-900$

Check 2　次の計算をしなさい。

解説は別冊p.5へ

(1)　$(+23)+(-11)+(-17)+(+3)$

(2)　$(-2.5)+(+3.6)+(-4.2)+(+1.5)$

(3)　$\left(-\dfrac{5}{3}\right)+\left(+\dfrac{1}{4}\right)+\left(+\dfrac{7}{4}\right)+\left(-\dfrac{4}{3}\right)$

(4)　$(+20)\times(-17)+(-5)$

(5)　$(-12.5)\times(+3.6)\times(-8)$

(6)　$\left(-\dfrac{5}{3}\right)\times(+5)\times(-6)$

また，次のように掛け算を（　）の中に分ける計算方法も重要です。これを**分配法則**といいます。

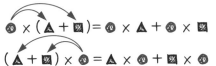

分配法則①　　●×（▲＋■）＝●×▲＋●×■

分配法則②　　（▲＋■）×●＝▲×●＋■×●

ボウルに入ったサラダ（▲＋■）に
ドレッシング●を掛ける感じね

分配法則は，次のように逆パターンでも使います。

分配法則①の逆　　●×▲＋●×■＝●×（▲＋■）

分配法則②の逆　　▲×●＋■×●＝（▲＋■）×●

例1
$$-18\times\left(\dfrac{5}{6}-\dfrac{1}{9}\right)$$
$$=(-18)\times\dfrac{5}{6}-(-18)\times\dfrac{1}{9}\quad\leftarrow 分配法則$$
$$=-15-(-2)$$
$$=-13$$

例2
$$6\times17+6\times(-7)$$
$$=6\times(17-7)\quad\leftarrow 分配法則の逆$$
$$=6\times10$$
$$=60$$

Check 3　次の計算をしなさい。

解説は別冊p.6へ

(1)　$(-18)\times\left(\dfrac{5}{6}-\dfrac{1}{9}-\dfrac{1}{2}\right)$

(2)　$-18\times17-18\times6-18\times(-13)$

(3)　$\left(\dfrac{8}{3}-\dfrac{4}{7}\right)\times\dfrac{21}{2}$

(4)　$-18\times3.14+8\times3.14$

もっとくわしく

分配法則　●×（▲＋■）＝●×▲＋●×■を長方形の面積から考えてみましょう。

右下の図は，たてが●，横が（▲＋■）の長方形です。この長方形の面積は，分配法則の左の式，●×（▲＋■）となります。また，この長方形をたてが●で横が▲の長方形と，たてが●で横が■の長方形に分けると，2つの長方形の面積の和が，分配法則の右の式，●×▲＋●×■を表しています。

●×（▲＋■）も●×▲＋●×■も同じ長方形の面積を表しているので

　　●×（▲＋■）＝●×▲＋●×■

となります。

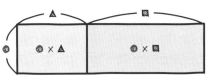

3 正負の数の利用

授業動画は
こちらから ········> 14

14

　平均（平均値）は「合計÷個数」で求められると小学校で学びました。正負の数を利用すると、さらに次の方法で、簡単に平均を求めることができます。

　　　平均 ＝ 基準の値 ＋ 基準との違いの平均

　基準の値は、問題文や与えられる表から読みとります。「基準との大小」の平均を求めて、基準の値と足し合わせます。**例題**で見てみましょう。

例題 5人の生徒の計算テストの得点を下の表にまとめ、80点を基準にして、何点高いかを表した。このとき、5人の得点の平均点を求めなさい。

生徒	生徒1	生徒2	生徒3	生徒4	生徒5
基準（80点）との違い（点）	−5	+10	−14	+8	+6

解答1 **平均＝合計÷個数** から求めると、
　　　生徒1の得点は、基準の80点より5点低いので、75点となる。同じように考えていくと、生徒2の得点は90点、生徒3の得点は66点、生徒4の得点は88点、生徒5の得点は86点となる。よって、5人の得点の平均点は
　　　　(75＋90＋66＋88＋86)÷5＝405÷5＝81（点）…**答**

解答2 **平均＝基準の値＋基準との違いの平均** から求めると、
　　　5人の得点の80点との違いの平均は
　　　　$\{(-5)+(+10)+(-14)+(+8)+(+6)\}÷5$
　　　　$=(+5)÷5=+1$
　　　よって、5人の得点の平均点は、80点より1点高いから
　　　　80＋(＋1)＝81（点）…**答**

解答2のほうが、
だんぜん
ラクだね！

Check 4
　　　　　　　　　　　　　　　　　　　　　　　　解説は別冊p.6へ

(1)　5人の生徒の中間試験5教科500点満点の合計点を下の表にまとめ、400点を基準にして、何点高いかを表した。このとき、5人の合計点の平均点を求めなさい。

生徒	生徒1	生徒2	生徒3	生徒4	生徒5
基準（400点）との違い（点）	+35	−10	−45	+12	−7

(2)　5人の生徒の体重を下の表にまとめた。基準を50kgとし、基準との違いを表の◯に、符号をつけて書き入れなさい。また、5人の体重の平均を求めなさい。

生徒	生徒1	生徒2	生徒3	生徒4	生徒5
体重（kg）	55	46	61	39	47
基準（50kg）との違い（kg）	ア	イ	ウ	エ	オ

授業動画は
こちらから ··· 15 16

⇨ 解説は別冊p.6へ

1 次の計算をしなさい。

(1) $7 \times (-2) - (-12) \div (-3)$

(2) $-3^2 \times (\quad 8) \quad (-6) \div (-3)$

(3) $11 - (-3)^2 \div 3^2$

(4) $(10^2 - 2^2) \div (5^2 - 3^2)$

(5) $2 \times (-7) + \dfrac{1}{8} \times (-14) \div \left(-\dfrac{1}{2}\right)^3$

2 次の計算をしなさい。

(1) $4 + (-6) + 12 + (-8)$

(2) $7 \times 5 \times 9 \times (-2)$

(3) $6 \times \left(\dfrac{1}{2} - \dfrac{2}{3}\right)$

(4) $\left(-\dfrac{1}{6} + \dfrac{7}{12}\right) \times 24$

(5) $8 \times (-3) - 5 \times (-3) + 7 \times (-3)$

(6) $-5 \times 3 - 5 \times 11 - 5 \times 6$

3 下の表は，(月) から (土) の気温について，その日の最低気温が前日の最低気温より何℃高いかを表したものである。

	(月)	(火)	(水)	(木)	(金)	(土)
前日との違い (℃)		+5	-2	-4	+7	-1
(月) との違い (℃)	0	ア	イ	ウ	エ	オ

(1) (月) の最低気温が14℃のとき，(土) の最低気温を求めなさい。

(2) 表の ☐ に (月) の最低気温を基準として，各曜日の最低気温が (月) より何℃高いか，または低いかを入れなさい。

(3) (月) から (土) の最低気温の平均が12℃のとき，(月) の最低気温を求めなさい。

4 下の表において，たて，横，ななめの数の合計がすべて等しくなるようにしたい。表の ☐ に当てはまる数を求めなさい。

ア	イ	-1
ウ	2	6
5	エ	オ

Lesson 3 文字と式

$y×x×(-8)=-8xy$ ……①
$y×x×9=9xy$ ……②
$x×y×(-3)=3xy$ ……③
①〜③の中で間違っているものを探すでおま

これ間違ってる……！

これ，3つとも間違ってるよー！

$y×x×(-8)=-8xy$
$x×x×9=9xy$
$(-3)=3xy$

数学の式なのに英語が入ってるー！

この英単語どういう意味？

そこからかい！！

英単語じゃなくて文字式じゃ！

※$x×y×(-3)=-3xy$なので③が間違い。

このLessonのイントロ♪

「偶数をぜんぶ言って」と言われたら，2，4，6，……とキリがないですね。また，-2，-4，-6，……と負の数も入れると，答案用紙に書ききれません。そこで，文字を使って数を表します。文字nを使うと，偶数は2nですべて表せてしまうのです（ただし，nは整数とします）。このように便利な文字について学習しましょう。

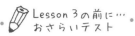 Lesson 3 の前に…
おさらいテスト

解説は別冊p.8へ

数の性質（小学校）

(1) 次の各問いに答えなさい。

① ある学校で，自転車通学をしている人の割合は15％で，その数は63人であった。このとき，この学校の生徒数を求めなさい。

② 次の ☐ に当てはまる数を求めなさい。ただし， ☐ には同じ数が入る。

 56 3×6−(3× ☐ +2× ☐)=18

③ 太郎くんは，漢字テストを5回受け，その平均が70点であった。6回目に受けたテストの得点が94点のとき，平均点が何点上がったかを求めなさい。

(2) 白と黒の碁石が，ある規則にしたがって下のように並んでいるとき，次の各問いに答えなさい。

○●○●○○●○○○●○○○○●○○○○○●○○○○○○●○○……

① 100番目の碁石は何色か。
② 100番目までに，白の碁石は何個あるか。

1 文字式の表しかた

授業動画はこちらから

文字を使った式を**文字式**といいます。文字式の表しかたは次のとおりです。

ポイント　文字式の表しかた

❶ 掛け算の記号の**×をはぶく**。
❷ 文字と文字の掛け算では，**アルファベット**順に表す。
❸ 文字と数の掛け算では，**数を文字の前に書く**。（**1は省略**する）
❹ 同じ文字の掛け算では，**指数**を使って表す。
❺ 割り算の記号÷を使わずに**分数の形**で表す。

例1 $y \times x$ 　掛け算の記号×をはぶき，アルファベット順に
$= xy$

例2 $y \times x \times (-7)$ 　文字と数の掛け算では，数を文字の前に書く
$= -7xy$

例3 $y \times x \times y \times y \times (-x)$ 　同じ文字の積は，指数を使って表す
$= -x^2 y^3$

例4 $x \div y \times 5$ 　割り算の記号÷を使わずに分数の形で
$= \dfrac{5x}{y}$

Check 1 次の式を，文字式の表しかたにしたがって書きなさい。　　**➡️解説は別冊p.8へ**

(1)　$1 \times x \times y \times (-6)$　　　(2)　$(x+y) \times (-4)$　　　(3)　$-a \div b \div b \times 5$

　式の中の文字を数に置きかえることを，文字にその数を**代入する**といい，代入して計算した結果を，**式の値**といいます。

> **例** $y=\dfrac{3}{2}$, $y=-3$のとき，$2y-4$の値をそれぞれ求めると
>
> $\left[y=\dfrac{3}{2}\text{のとき}\right]$　　　　　$[y=-3\text{のとき}]$
>
> $\underline{2y-4}=2 \times \dfrac{3}{2}-4$　　　　$\underline{2y-4}=2 \times (-3)-4$
>
> 　　　$=3-4$ ← $y=\dfrac{3}{2}$を代入　　$=-6-4$ ← $y=-3$を代入
>
> 　　　$=-1$ ←式の値　　　　　$=-10$ ←式の値

負の数を
代入するときは，
（ ）を忘れずに！

Check 2 $a=-2$のとき，次の式の値を求めなさい。　　**➡️解説は別冊p.8へ**

(1)　a^2　　　　　　(2)　$-2a^3$　　　　　　(3)　$-a^2+6a^3$

2 1次式の四則計算

授業動画は
こちらから

　$-6x+3y-2$を足し算の式で表すと，$-6x+3y+(-2)$となります。このとき，$-6x$，$3y$，-2を，$-6x+3y-2$の**項**といいます。また，$-6x$，$3y$のように文字が1つだけ掛けられている項を**1次の項**といい，-2のように文字のない数字だけの項を**定数項**といいます。$-6x$の-6をxの**係数**，$3y$の3をyの**係数**といい，1次の項だけ，または1次の項と数の項の和で表された式を**1次式**といいます。$-6x+3y-2$は1次式です。

例題 次の1次式の項と，文字を含む項の係数を答えなさい。

　　① $-3x+5$　　　　　　　　② $\dfrac{x}{3}-y$

解答 ① $-3x+5$の項は**$-3x$**，**5**で，xの係数は**-3** …**答**

　　② $\dfrac{x}{3}-y$の項は**$\dfrac{x}{3}$**，**$-y$**で，xの係数は**$\dfrac{1}{3}$**，yの係数は**-1** …**答**

1次式と1次式の**足し算や引き算では，同じ文字どうしをまとめて**，係数を足したり引いたりします。

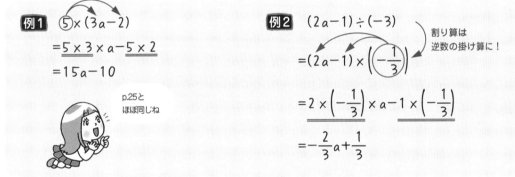

例1　$x-4+3x-5+2y$
　　　　　同じ文字を
　　　　　まとめる
　　$=x+3x+2y-4-5$
　　同じ文字どうし　数字どうし
　　　　　　　　　　　分配法則の逆
　　　　　　　　　　　$x+3x=(1+3)x$
　　$=4x+2y-9$

例2　$(3y-2)-(4y-1)$
　　　　　　　　カッコをはずす
　　$=3y-2-4y+1$
　　　　　　　　同じ文字を
　　　　　　　　まとめる
　　$=3y-4y-2+1$
　　同じ文字どうし　数字どうし
　　　　　　　　　　分配法則の逆
　　　　　　　　　　$3y-4y=(3-4)y$
　　$=-y-1$

補足　（　）の前にマイナスがついた式では，-1を分配法則で掛けて，（　）をはずします。
　　　$-(2x-3y)=(-1)\times(2x-3y)=-2x+3y$

Check 3　次の計算をしなさい。　　解説は別冊p.9へ

(1)　$5x+2-7x$　　　　　　　　　　　(2)　$(2a-3)+(-a-2)$

1次式と数の掛け算は，数どうしを掛け算します。1次式と数の割り算では，その数の逆数を掛けることと同じなので，掛け算に直して計算します。

例1　$5\times(3a-2)$
　　$=5\times3\times a-5\times2$
　　$=15a-10$

p.25とほぼ同じね

例2　$(2a-1)\div(-3)$
　　　　　　　　　　割り算は
　　　　　　　　　　逆数の掛け算に！
　　$=(2a-1)\times\left(-\dfrac{1}{3}\right)$

　　$=2\times\left(-\dfrac{1}{3}\right)\times a-1\times\left(-\dfrac{1}{3}\right)$

　　$=-\dfrac{2}{3}a+\dfrac{1}{3}$

Check 4　次の計算をしなさい。　　解説は別冊p.9へ

(1)　$\dfrac{2}{5}\left(15x-\dfrac{5}{2}\right)$　　　　　　　(2)　$\dfrac{x-3}{2}\times4$

3 文字式の利用

19

数量が等しいという関係を，等号 "＝" を使って表した式を**等式**といいます。数量の大小関係を，不等号を使って表した式を**不等式**といいます。等式・不等式の左側の式を**左辺**，右側の式を**右辺**，左辺と右辺を合わせて**両辺**といいます。

例1　等式
$$2x+3=5$$
左辺　右辺

例2　不等式
$$4x+6\leqq18$$
左辺　右辺

例題　次の数量の関係を等式か不等式で表しなさい。
(1)　x を4倍した数から6を引くと30になる。
(2)　x の半分に4を足した数は－7以下である。

不等号では口が開いているほうが大きいんだな

解答　(1)　$x\times4-6=30$ より　**$4x-6=30$**　…答

(2)　$x\div2+4\leqq-7$ より　$\dfrac{x}{2}+4\leqq-7$　…答

ポイント

不等号の記号

x と3の大小関係を不等号を使って表すと，次の4通りが考えられる。

$x>3$　「x が3より大きい」

$x<3$　「x が3より小さい」または「x が3未満」

$x\geqq3$　「x が3以上」

$x\leqq3$　「x が3以下」

もっとくわしく

上の等式 $4x-6=30$ を方程式といい，次の単元で扱いますが，一足早く，x の値を求めてみましょう。

両辺に6をそれぞれ加えて，$4x-6\boxed{+6}=30\boxed{+6}$ より，$4x=36$ と変形します。すると，x の値が求められるのではないでしょうか。

また，不等式 $\dfrac{x}{2}+4\leqq-7$ について x の値を求めるのは，高校生になってからですので，お楽しみに！

授業動画は
こちらから

➡️ 解説は別冊p.9へ

1 次の量を［　］内の単位で表しなさい。

(1) x 分　［時間］

(2) y L　［mL］

(3) $z\,\mathrm{m}^2$　［cm^2］

2 次の計算をしなさい。

(1) $-1.5x+0.5+2x$

(2) $(2a-3)-(-a-2)$

(3) $\left(14x-\dfrac{21}{4}\right)\times\left(-\dfrac{8}{7}\right)$

3 次の2つの式を足しなさい。また，左の式から右の式を引きなさい。

　　$6x+2$　　　　　　$7-x$

4 右の直角三角形で，次の①と②はどのような数量を表していると考えられるか。

また，そのときの単位を答えなさい。

① $a+b+c$

② $\dfrac{ab}{2}$

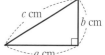

5 右の図のように，同じ大きさの円を正三角形の形に並べるとき，次の各問いに答えなさい。

(1) 1辺の個数が7個のときの全部の個数を求めなさい。

(2) 1辺の個数がn個のときの全部の個数を，nを使って次のア〜ウのように表した。どのように考えて表したか説明しなさい。

　　ア：$n\times3-3$

　　イ：$(n-1)\times3$

　　ウ：$(n-2)\times3+3$

(3) 上のア〜ウを最も簡単な式で表しなさい。

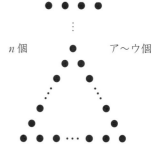

1辺の個数	全部の個数
2個	3個
3個	6個
4個	9個
n個	ア〜ウ個

Lesson 4 方程式

このLessonのイントロ♪

「方程式」という言葉は，"恋の方程式"とか"勝利の方程式"などと日常でも使われることが多いです。方程式とは一体なんなのでしょうか？　このLessonでしっかり理解してくださいね。

✏ Lesson 4 の前に…
おさらいテスト

🐾解説は別冊p.10へ

数と計算（小学校）

(1) 次の ☐ に当てはまる数を答えなさい。

① $12+$ ☐ $=35$ ② ☐ $-17=25$

③ ☐ $×12=180$ ④ $54÷$ ☐ $=3$

⑤ ☐ $×\dfrac{2}{3}=\dfrac{8}{9}$ ⑥ $\dfrac{5}{8}÷$ ☐ $=\dfrac{5}{4}$

(2) 次の ☐ に当てはまる1〜9の整数を答えなさい。

① ア $÷3+4×$ イ $=10$ ② $(9×$ ウ $-$ エ $)÷2=10$

(3) 次の ☐ に当てはまる＋，－，×，÷を答えなさい。

① $(30$ ア $6)×3=17$ イ 2 ② 2 ウ $4×3=7$ エ 2

---

1 等式の性質

授業動画は
こちらから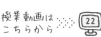

22

　xに特別な値を代入すると成り立つ等式を，xについての**方程式**といいます。方程式を成り立たせる文字の値を，その方程式の**解**といい，解を求めることを，**方程式を解く**といいます。

例題 次の方程式のうち，-3が解であるものを選びなさい。
　① $2(x-3)=0$　　② $x+3=1$　　③ $-2(x+2)=x+5$

解答 ①，②，③の式に$x=-3$を代入すると，③のみ成り立つ。
　　　よって，-3が解である方程式は③　…**答**

補足 解である数を与えられたら，代入してイコールが成立するかを調べるだけで答えがわかります。方程式を解かなくてもいいですよ。

Check 1　次の方程式のうち，-4が解であるものを選びなさい。　🐾解説は別冊p.10へ

(1) $2(x+4)=0$　　(2) $x-4=1$　　(3) $-2(1-x)=x-6$

両辺に同じ数を足しても，引いても，掛けても，割っても等式は成り立ちます。もちろん，左辺と右辺を入れ替えても，等式は成り立ちます。

 等式の性質

① $A=B$　ならば　$A+C=B+C$

② $A=B$　ならば　$A-C=B-C$

③ $A=B$　ならば　$A \times C=B \times C$

④ $A=B$　ならば　$\dfrac{A}{C}=\dfrac{B}{C}$　（ただし，$C \neq 0$）
Cは0以外の数

⑤ $A=B$　ならば　$B=A$

イコールの
左側と右側に
同じことをしても，
イコールなのね

例1　$x-4=1$　　両辺に
　　　$x=5$　　　$+4$

例2　$x+3=7$　　両辺に
　　　$x=4$　　　-3

例3　$-\dfrac{x}{5}=6$
　　　　　　　　両辺に
　　　　　　　　$\times(-5)$
　　　$x=-30$

例4　$-2x=-6$　　両辺に
　　　$x=3$　　　$\div(-2)$

2 1次方程式の解きかた

授業動画は
こちらから

左辺の項を右辺へ，右辺の項を左辺へ符号を変えて移すことを**移項**といいます。移項をすると＋●は－●に，－■は＋■に変わります。

例　　　　移項
$2x \boxed{+7} = \boxed{-x} -2$
　　　　移項
$2x \boxed{+x} = -2 \boxed{-7}$

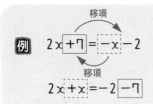

移動すると
コロッと変わって
しまうんだな
軽いヤツだぜ

1次式（xやyが1回だけ掛けられている式）の方程式を**1次方程式**といいます。

 1次方程式の解きかた

① 係数が小数や分数のとき，**両辺を何倍かして整数にする。**

② **カッコがあるときは，カッコをはずす。**

③ **文字を含む項を左辺に，数の項を右辺に移項し，同類項をまとめる。**

④ 両辺をxの係数で割り，"$x=●$"の形にして解を求める。

例1

$$2x \underline{+4} = \underline{-x} + 10$$
移項して
文字を左辺，数を右辺に

$$2x + x = 10 \underline{-4}$$

$$3x = 6$$
両辺をxの係数
3で割る

$$x = 2$$

例2

$$x + 2(x-3) = -(x-10)$$
カッコをはずす

$$x + 2x \underline{-6} = \underline{-x} + 10$$
移項して
文字を左辺，数を右辺に

$$x + 2x + x = 10 + 6$$

$$4x = 16$$
両辺をxの係数
4で割る

$$x = 4$$

例3

$$0.3x + 1.4 = -0.4$$
両辺を10倍して
小数をなくす

$$10 \times (0.3x + 1.4) = 10 \times (-0.4)$$

$$3x + 14 = -4$$
移項して
文字を左辺，
数を右辺に

$$3x = -4 - 14$$

$$3x = -18$$
両辺をxの係数
3で割る

$$x = -6$$

例4

$$\frac{x}{3} - \frac{3x-2}{2} = 8$$
両辺を6倍して
分数をなくす

$$6 \times \left(\frac{x}{3} - \frac{3x-2}{2} \right) = 6 \times 8$$

$$2x - 3(3x-2) = 48$$
カッコをはずす

$$2x - 9x + 6 = 48$$
移項して
文字を左辺，
数を右辺に

$$2x - 9x = 48 - 6$$

$$-7x = 42$$
両辺をxの係数
-7で割る

$$x = -6$$

Check 2 次の方程式を解きなさい。

解説は別冊p.11へ

(1) $0.3x + 0.4 = 0.22x + 0.08$

(2) $\dfrac{x-7}{2} - \dfrac{x}{5} = -2$

---

3 比例式

授業動画は
こちらから

2つの比の$m:n$と$p:q$が等しいとき，$m:n=p:q$と表し，これを**比例式**といいます。また，$\dfrac{m}{n}$を$m:n$の**比の値**といいます。$p:q$の比の値は，$\dfrac{p}{q}$です。比が等しいときは，比の値も等しいので，$m:n=p:q$のとき$\dfrac{m}{n}=\dfrac{p}{q}$となります。この両辺に$nq$を掛けると，$mq=np$が導かれます。比例式の公式として覚えておきましょう。

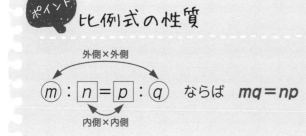

ポイント **比例式の性質**

外側×外側

$m : \boxed{n} = \boxed{p} : q$ ならば $mq = np$

内側×内側

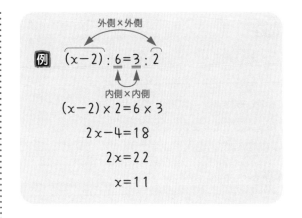

例 $(x-2):6=3:2$

外側×外側

内側×内側

$(x-2)×2=6×3$

$2x-4=18$

$2x=22$

$x=11$

比例式が出たら
(外×外)=(内×内)
と覚えておくわ

Check 3 次の比例式について，xの値を求めなさい。　　　📖解説は別冊p.11へ

(1)　$4:x=2:7$　　　　(2)　$(x+1):5=4:2$　　　　(3)　$9x:8=\dfrac{x-2}{8}:\dfrac{1}{3}$

---

4 1次方程式の利用

授業動画は
こちらから　　

　1次方程式を利用して文章問題を解いてみましょう。求める数量を文字xで表し，等しい関係を見つけて方程式を作ります。解が求まったら，単位をつけて答えにしましょう。次の **例題** の解きかたを見て学びましょう。

例題 200円のケーキと150円のプリンを合わせて12個買い，150円の箱に入れると，合計金額が2300円になった。ケーキとプリンをそれぞれ何個ずつ買ったか求めなさい。

解答 200円のケーキをx個買ったとすると，◀━━ ❶求める数量を文字xで表す

　　　150円のプリンは $(12-x)$ 個となるので

　　　　$200x+150(12-x)+150=2300$ ◀━━ ❷等しい関係を見つけて，方程式を作る

　　　　$200x+1800-150x+150=2300$

　　　　　　　　　　$50x=2300-1950$　⎫
　　　　　　　　　　$50x=350$　　　　　⎬ ❸解く
　　　　　　　　　　$x=7$　　　　　　　⎭

　　　200円のケーキ7個，150円のプリン5個 …**答**

❹単位をつけて完成！

授業動画は
こちらから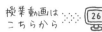

➡️ 解説は別冊p.11へ

1 次の方程式または比例式について，xの値を求めなさい。

(1) $5x - 2(x - 3) = 9$

(2) $0.3(x + 0.4) = 0.22x + 0.04$

(3) $\dfrac{2x - 7}{3} = \dfrac{3x - 5}{4}$

(4) $2x : (x - 8) = 5 : 2$

2 50円切手と80円切手を合わせて10枚買ったとき，代金は710円であった。次の〔　　〕に当てはまる数を入れて，50円切手と80円切手の枚数を求めなさい。

50円切手をx枚買ったとすると，80円切手は（ ア $-x$）枚と表される。したがって

$$50x + 80(\boxed{ ア } - x) = \boxed{ イ }$$

$$-30x = \boxed{ ウ }$$

$$x = \boxed{ エ }$$

$x = \boxed{ エ }$ は問題に適している。

80円切手は $\boxed{ ア } - \boxed{ エ } = \boxed{ オ }$

よって，答えは，50円切手 $\boxed{ エ }$ 枚，80円切手 $\boxed{ オ }$ 枚　となる。

3 次の各問いに答えなさい。

(1) ある数と5を掛け，その積から5を引き，その差を5で割ったら5になった。ある数をxとして方程式を作り，ある数を求めなさい。

(2) あるクラスの生徒は42人で，男子は女子より4人多い。男子の人数をx人として方程式を作り，男女の人数をそれぞれ求めなさい。

(3) アメを1人4個ずつ配ると13個余り，1人7個ずつ配ると8個足りない。分ける人数をx人として方程式を作り，分ける人数を求めなさい。

もっとくわしく

上の **3** の(3)は，中学入試の定番で過不足算といいます。
これは，（余った個数と不足した個数の和）÷（1人あたりの量の差）＝（人数）と考えても解くことができます。
アメを分ける人数は，(13＋8)÷(7－4) で求められるのです。
方程式を使って求めた答えと等しくなりましたか？

このLessonのイントロ♪

2つの数量の一方が2倍，3倍，……になると，それにともなって，もう一方も2倍，3倍，……となるとき，これらの2つの数量は比例の関係にあるといいます。数学では，文字を使うことにより，簡単に比例を表すことができます。

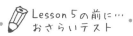
➡️**解説は別冊p.12へ**

等しい比・比例（小学校）

(1) 次の中から3：4と等しい比をすべて選びなさい。

　　ア：　2：3　　　イ：　4：3　　　ウ：　6：8　　　エ：　$\dfrac{3}{2}$：2

(2) 4：6と等しい比を2つ作りなさい。

(3) 次の　　　　に当てはまる正の整数を求めなさい。

　　① 2：3=　ア　：12　　　　② 25：イ　=　イ　：1

(4) 90個あるビーズを姉と妹で8：7の比に分けると，それぞれ何個ずつになるか求めなさい。

---

1 関数

授業動画は
こちらから ····

　xの値が1つ決まると，それに対応してyの値がただ1つに決まるとき，yはxの**関数**であるといいます。x，yのように，いろいろな値をとる文字のことを**変数**といい，変数がとることのできる値の範囲を**変域**といいます。

例
　$x>3$　　　　　……xは3より大きい
　$x\geqq-5$　　　……xは－5以上
　$x<6$　　　　　……xは6より小さい
　$x\leqq1$　　　　……xは1以下
　$0<x<8$　　　……xは0より大きく8より小さい
　$-3\leqq x\leqq-1$　……xは－3以上，－1以下

オレの家庭内の順位は
犬以下だ！

例題 変数xが次のような数直線で表される値をとるとき，xの変域を不等号を使って表しなさい。ただし図で，●は変域にその数を含むことを，○はその数を含まないことをそれぞれ示している。

① 　　　②

補足 「含む場合は●」，「含まない場合は○」というのは，数学のルールなので，説明なしでもわかるようにしよう。

解答 ①　－2より大きいことを表しているから　$x>-2$　…**答**
　　　　②　4以上7以下であることを表しているから　$4\leqq x\leqq7$　…**答**

Check 1

解説は別冊p.12へ

（1）　変数 x が次の数直線で表される値をとるとき，x の変域を不等号を使って表しなさい。

① $\quad$ ―7 ―6 ―5 ―4 ―3 ―2

② $\quad$ ―4 ―3 ―2 ―1 0 1

（2）　変数 x のとる値が―8より大きく，―5以下のとき，x の変域を右の数直線に記しなさい。

―9 ―8 ―7 ―6 ―5 ―4

2 比例

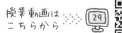
授業動画はこちらから 29

y が x の関数で，$y=ax$ の式で表されるとき，**y は x に比例する**といいます。また，一定の数やそれを表す文字のことを**定数**といいます。$y=ax$ の式の文字 a は定数で，特にこの a を**比例定数**といいます。では 例題 で比例の式について理解を深めましょう。

例題1 次の①～④の式で表される x と y の関係のうち，y が x に比例するものを選び，記号で答えなさい。また，選んだものについて，比例定数を答えなさい。

① $\quad y=-2x$ ② $\quad y=x+1$ ③ $\quad y=\dfrac{2}{x}$ ④ $\quad y=-\dfrac{x}{3}$

解答 $y=ax$ の式で表されるとき，y は x に比例するので

$\qquad$ **①と④** …答

$\qquad$ 比例定数は① **―2**，④ $-\dfrac{1}{3}$ …答

④は"$y=-\dfrac{1}{3}x$"と考えられるのね気づかなかったわ

例題2 y は x に比例し，$x=2$ のとき $y=8$ となる。このとき，次の各問いに答えなさい。

① $\quad y$ を x の式で表しなさい。

② $\quad x=-2$ のとき，y の値を求めなさい。

③ $\quad y=\dfrac{4}{3}$ のとき，x の値を求めなさい。

解答 ① $\quad y$ は x に比例するから，比例定数を a とすると，$y=ax$ と表すことができる。$x=2$ のとき $y=8$ であるから，$8=a\times2$ より，$a=4$ となる。

$\qquad$ したがって　**$y=4x$** …答

② $\quad y=4x$ に $x=-2$ を代入すると

$\qquad y=4\times(-2)=$ **―8** …答

③ $\quad y=4x$ に $y=\dfrac{4}{3}$ を代入すると，$\dfrac{4}{3}=4x$ より

$\qquad x=\dfrac{1}{3}$ …答

この問題は重要でおま！①～③までちゃんと解けるようにな

Check 2 yはxに比例し，$x=-2$のとき$y=8$となる。このとき，次の各
問いに答えなさい。

解説は別冊p.12へ

(1) yをxの式で表しなさい。

(2) $x=2$のとき，yの値を求めなさい。

(3) $y=-\dfrac{4}{3}$のとき，xの値を求めなさい。

3 座標

授業動画は
こちらから

右の図のように，点Oで垂直に交わる2つの数直線を考え
るとき，**横の数直線をx軸，たての数直線をy軸**といい，x
軸とy軸を合わせて**座標軸**，座標軸の交点Oを**原点**といいます。

右の図の点Pは $(-3，2)$ と表され，-3を点Pの**x座標**，
2を点Pの**y座標**，$(-3，2)$を点Pの**座標**といいます。

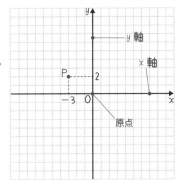

例題 右の図で，点A，点Bの座標を答えなさい。

解答 点Aのx座標は2，y座標は3より
点Aの座標は **(2，3)** …**答**
点Bのx座標は-1，y座標は-2より
点Bの座標は **(-1，-2)** …**答**

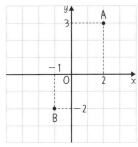

Check 3 下の図で，点A, B, C, D, Eの座標を答えなさい。

解説は別冊p.13へ

"座標" なんていうと
難しいけど，
要はどこに点が
打ってあるかってことだな

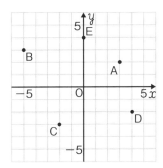

4 比例のグラフ

🖥31

比例$y=ax$のグラフは，**原点を通る直線**で，**$a>0$のとき，右上がりのグラフ，$a<0$のとき，右下がりのグラフ**になります。$a>0$ではxが増える（右に動く）とyが増え（上に動き），$a<0$ではxが増える（右に動く）とyが減る（下に動く）からです。

[$a>0$の$y=ax$]

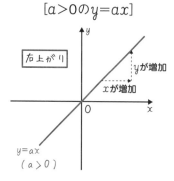

[$a<0$の$y=ax$]

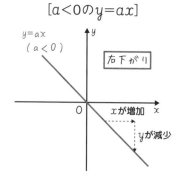

グラフからaを読みとるには $a=\dfrac{(yの増加量)}{(xの増加量)}$ を計算しましょう。グラフが右へ1，上へ3進んでいたら$a=\dfrac{3}{1}=3$なので$y=3x$，右へ3，下へ2進んでいたら$a=\dfrac{-2}{3}=-\dfrac{2}{3}$なので$y=-\dfrac{2}{3}x$となります。

例題 $y=2x$について，表を完成させ，グラフをかきなさい。

x	…	−3	−2	−1	0	1	2	3	…
y	…	−6						6	…

解答 $y=2x$に$x=-2$を代入して，$y=2\times(-2)=-4$より，$x=-2$のとき，$y=-4$をとる。
同様に，$x=-1$のとき$y=-2$，$x=0$のとき$y=0$，$x=1$のとき$y=2$，$x=2$のとき$y=4$をとるので，表は，下のようになる。
この表をもとに，xとyの組を座標とする点$(-3, -6)$，$(-2, -4)$，$(-1, -2)$，$(0, 0)$，$(1, 2)$，$(2, 4)$，$(3, 6)$を図にかき入れ，直線で結ぶと，$y=2x$のグラフは右のようになる。

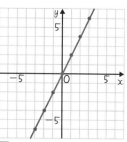

…答

x	…	−3	−2	−1	0	1	2	3	…
y	…	−6	**−4**	**−2**	**0**	**2**	**4**	6	…

Check 4 $y=-\dfrac{1}{2}x$について，表を完成させ，上の**例題**の図にグラフをかきなさい。

📖 解説は別冊p.13へ

x	…	−3	−2	−1	0	1	2	3	…
y	…		1					$-\dfrac{3}{2}$	…

Lesson 5 の力だめし

授業動画は
こちらから ····

解説は別冊p.13へ

1 yがxに比例しているとき，表の⬚をうめなさい。

x	1	2	3	4	5
y	3	ア	9	イ	15

2 yがxに比例し，$x=-2$のとき$y=-6$である。このとき，次の各問いに答えなさい。

(1) yをxの式で表しなさい。

(2) $x=-5$のとき，yの値を求めなさい。

(3) $y=\dfrac{3}{2}$のとき，xの値を求めなさい。

3 下の①～③の直線の式をそれぞれ求めなさい。

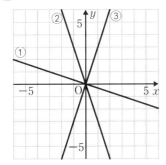

4 2点 $(3,\ -2)$，$(s,\ 6)$ が，原点を通る同じ直線上にあるとき，次の各問いに答えなさい。

(1) この直線の式を求めなさい。　　　　(2) sの値を求めなさい。

5 点A$(3,\ 4)$ について，次の各点の座標を求めなさい。

(1) x軸について対称な点B

(2) y軸について対称な点C

(3) 原点について対称な点D

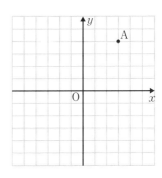

Lesson 6 反比例と比例・反比例の利用

〔中学1年〕

このLessonのイントロ♪

Lesson5では比例について学びました。今回は、2つの数量の一方が2倍，3倍，……になると，それにともなって，もう一方が $\frac{1}{2}$ 倍， $\frac{1}{3}$ 倍，……になる反比例の数量の関係について勉強します。そして，比例と反比例の文章問題にも挑戦しましょう。

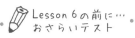Lesson 6の前に…
おさらいテスト

➡解説は別冊p.14へ

比例（中学1年）

(1) yがxに比例しているとき，次の表を完成させなさい。

①

x	1	2	4	6	8
y	ア	-4	イ	ウ	エ

②

x	-8	-6	-4	-2	-1
y	オ	カ	-6	キ	ク

(2) 次のア～エのうち，yがxに比例するものを選びなさい。また，選んだものについて，比例定数を答えなさい。

ア：$y=\dfrac{4}{x}$ 　　　イ：$y=4x$ 　　　ウ：$y=\dfrac{x}{4}$ 　　　エ：$y=-4x$

(3) yはxに比例し，$x=4$のとき$y=1$となる。このとき，次の各問いに答えなさい。

① yをxの式で表しなさい。 　　　② $x=-8$のとき，yの値を求めなさい。

③ $y=-\dfrac{3}{4}$のとき，xの値を求めなさい。

1 反比例

授業動画は
こちらから ･･･

yがxの関数で，$y=\dfrac{a}{x}$ の式で表されるとき，**yはxに反比例する**といいます。また，aを**比例定数**といいます。aは決まった値なので変化しません。xが正の数の場合，xが大きくなるにつれて，yの絶対値は小さくなり，0に近づきます。xが負の数の場合は，xが大きくなるにつれて，yの絶対値は大きくなります。

例題1 次の①～④の式のうち，yがxに反比例するものを選び，記号で答えなさい。また，選んだものについて，比例定数を答えなさい。

① $y=\dfrac{3}{x}$ 　　② $y=-\dfrac{x}{3}$ 　　③ $y=\dfrac{x}{3}$ 　　④ $y=-\dfrac{3}{x}$

解答 $y=\dfrac{a}{x}$ の式で表されるとき，yはxに反比例するので，**①と④** …答

　　　比例定数は① **3**，④ **−3** …答

補足 ②は$y=-\dfrac{1}{3}x$，③は$y=\dfrac{1}{3}x$なので，$y=ax$の形をした比例の式です。

反比例では
xが下に（分母に）あるんだな

例題2 yはxに反比例し，$x=2$のとき$y=8$となる。このとき，次の各問いに答えなさい。

① yをxの式で表しなさい。

② $x=-2$のとき，yの値を求めなさい。

③ $y=\dfrac{1}{2}$のとき，xの値を求めなさい。

解答 ① yはxに反比例するから，比例定数をaとすると，$y=\dfrac{a}{x}$ と表すことができる。

$x=2$のとき$y=8$であるから，$8=\dfrac{a}{2}$より，$a=16$となる。したがって

$$y=\dfrac{16}{x} \quad \cdots 答$$

② $y=\dfrac{16}{x}$ に$x=-2$を代入すると $y=\dfrac{16}{-2}=-8 \quad \cdots 答$

③ $y=\dfrac{16}{x}$ に$y=\dfrac{1}{2}$を代入すると $\dfrac{1}{2}=\dfrac{16}{x}$

両辺に$2x$を掛けて $x=32 \quad \cdots 答$

Check 1 yはxに反比例し，$x=-2$のとき$y=8$となる。このとき，次の各問いに答えなさい。 ➡ 解説は別冊p.15へ

（1）yをxの式で表しなさい。

（2）$x=2$のとき，yの値を求めなさい。

（3）$y=\dfrac{1}{2}$のとき，xの値を求めなさい。

2 反比例のグラフ

授業動画は
こちらから

反比例$y=\dfrac{a}{x}$ のグラフは，下のようになります。これを**双曲線**といいます。**$a>0$のときは右上と左下に，$a<0$のときは右下と左上にグラフがあります**。グラフは，x軸とy軸にどんどん近づいていきますが，決して交わることはありません。

$$\left[a>0のy=\dfrac{a}{x}\right]$$

$$\left[a<0のy=\dfrac{a}{x}\right]$$

$y=\dfrac{a}{x}$

$y=\dfrac{a}{x}$

例題 $y=\dfrac{6}{x}$ について，表を完成させ，グラフをかきなさい。

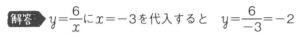

x	$\cdots$	-6	-3	-2	-1	0	1	2	3	6	$\cdots$
y	$\cdots$	-1				✕				1	$\cdots$

注意 分母に x があり，$x=0$ だと式が成り立たないので，$x=0$ のところは✕にします。

解答 $y=\dfrac{6}{x}$ に $x=-3$ を代入すると $y=\dfrac{6}{-3}=-2$

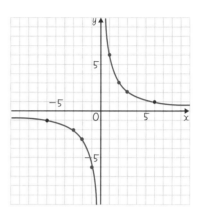

同じように，$x=-2$ を代入すると $y=-3$

$x=-1$ を代入すると $y=-6$

$x=1$ を代入すると $y=6$

$x=2$ を代入すると $y=3$

$x=3$ を代入すると $y=2$ となるので，表は下のようになる。

この表をもとに，x と y の座標の点を図にかき入れ，

曲線で結ぶと，$y=\dfrac{6}{x}$ のグラフは右のようになる。

x	$\cdots$	-6	-3	-2	-1	0	1	2	3	6	$\cdots$
y	$\cdots$	-1	**-2**	**-3**	**-6**	✕	**6**	**3**	**2**	1	$\cdots$

$\cdots$ **答**

Check 2

$y=-\dfrac{12}{x}$ について，表を完成させ，右の図にグラフをかきなさい。

解説は別冊 p.15 へ

x	$\cdots$	-6	-4	-3	-2	-1	0	1	2	3	4	6	$\cdots$
y	$\cdots$		3				✕				-3		$\cdots$

軸に交わりそうで
交わらない……
ギリギリ感がいいのよ

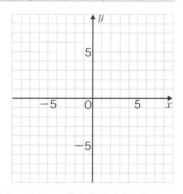

3 比例と反比例の利用

ここで，Lesson 5とLesson 6の知識を使う文章問題に挑戦してみましょう。文章をよく読み，自分で比例や反比例の式を立てられるようにしましょう。

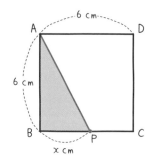

例題1 右の図のような正方形がある。点PはBからCまで動き，動いた長さをx cmとするとき，色のついた三角形ABPの面積をy cm²として，次の各問いに答えなさい。
① yをxの式で表しなさい。
② xとyの変域を求めなさい。

解答 ① 三角形ABPの面積y cm²は，底辺BP＝x cm，高さAB＝6 cmより
$$y＝x×6÷2＝3x$$
よって　**$y＝3x$** …答
② 点PはBからCまで動くので，動いた長さx cmのとりうる範囲は，0 cm以上，6 cm以下
よって，xの変域は　**$0≦x≦6$** …答
また，$y＝3x$に$x＝0$と$x＝6$をそれぞれ代入すると
$$y＝3×0＝0, \quad y＝3×6＝18$$
よって，yの変域は　**$0≦y≦18$** …答

例題2 右の図のように，2つの歯車がかみ合って回転している。小さい歯車の歯の数は15で，1分間に20回転する。大きい歯車の歯の数をx，1分間の回転数をyとするとき，yをxの式で表しなさい。

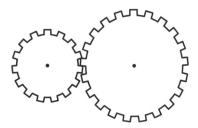

解答 小さい歯車は1分間に$15×20＝300$回，大きい歯車とかみ合う。
このとき，大きい歯車は1分間に$x×y＝xy$回小さい歯車とかみ合う。
大小の歯車が1分間にかみ合う歯の数は同じであるから，
$$xy＝300より \quad y＝\frac{300}{x} \quad …答$$

補足 大きい歯車の歯の数を30とすると，$y＝\dfrac{300}{x}$に$x＝30$を代入して
$$y＝\frac{300}{30}＝10$$
よって，大きい歯車の歯の数が30のときは，1分間に10回転するということになります。

Lesson 6 の 力だめし

授業動画は
こちらから

➡ 解説は別冊p.15へ

1 y が x に反比例しているとき，表の ▢ をうめなさい。

x	1	2	3	4	5
y	12	ア	4	イ	ウ

2 y が x に反比例し，$x=-2$ のとき，$y=-6$ である。このとき，次の各問いに答えなさい。

(1) y を x の式で表しなさい。

(2) $x=-5$ のとき，y の値を求めなさい。

(3) $y=\dfrac{3}{2}$ のとき，x の値を求めなさい。

3 右の①～④のグラフの式を，次のア～エの中から選びなさい。

ア：$y=\dfrac{2}{x}$　　　イ：$y=-\dfrac{2}{x}$

ウ：$y=\dfrac{8}{x}$　　　エ：$y=-\dfrac{8}{x}$

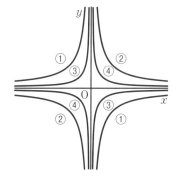

4 右の図のような長方形がある。点PはBからCまで動き，動いた長さを x cm とするとき，色のついた三角形ABPの面積を y cm^2 として，次の各問いに答えなさい。

(1) y を x の式で表しなさい。

(2) x と y の変域を求めなさい。

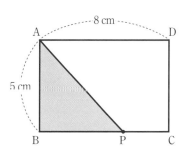

5 右の図のように，2つの歯車AとBがかみ合って回転している。

歯車Aの歯の数は20で，1分間に36回転する。歯車Bの歯の数を x，1分間の回転数を y とするとき，次の各問いに答えなさい。

(1) y を x の式で表しなさい。

(2) 歯車Bの歯の数が48のとき，1分間に何回転するか求めなさい。

(3) 歯車Bが1分間に18回転するとき，歯車Bの歯の数を求めなさい。

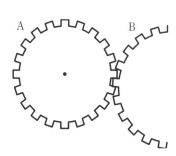

Lesson 1 平面図形

このLessonのイントロ♪

図形は苦手な人の多い単元でもあります。頭の中でしっかりとイメージできるかどうかがポイントです。この本では図を多くとり入れていますが、自分でもイメージできるようにトレーニングしていきましょう。作図も、自分でノートにやるようにしてくださいね。

Lesson 7の前に…
おさらいテスト

➡解説は別冊p.16へ

平面図形（小学校）

（1） 下の①～⑥の図形のうち，線対称な図形を選びなさい。また，対称の軸がいくつあるか答えなさい。

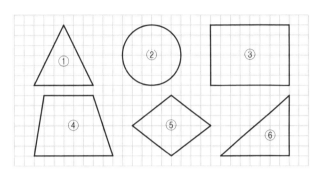

（2） 1組の三角定規を使ってできる，右のア～エの角の大きさを求めなさい。

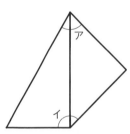
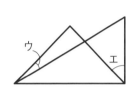

1 直線と線分

授業動画は
こちらから ⋯⋯ 🖥 [39]

39

　両方向に限りなく延びたまっすぐな線を**直線**といい，片側の方向にだけ限りなくまっすぐにのびた線を**半直線**といいます。また，直線の一部分で両端のある線を**線分**といいます。

　具体的に下の図を見ながら説明しましょう。2点A，Bを通る直線を直線ABと表します。この直線ABのうち，点Aから点Bのほうへの延長線を半直線AB，点Bから点Aのほうへの延長線を半直線BA，点Aから点Bまでの部分を線分ABと表すのです。

直線AB　　　**半直線AB**　　　**半直線BA**　　　**線分AB**
A　　　B　　　A　　　B　　　A　　　B　　　A　　　B

　線分ABの長さを2点A，B間の**距離**といい，ABと表します。2つの線分ABとCDの長さが等しいことをAB＝CDと書きます。

　また，ある点と直線との距離を測りたい場合は，点から直線へと垂直に線を引き，点と交点を結ぶ線分の長さを測ります。

平面図形　**53**

➡解説は別冊p.16へ

Check 1 右の図において，1目盛りを1cmとするとき，次の①〜③の距離は何cmになるか求めなさい。

（1） 点Bと直線ℓ
（2） 点Bと直線AC
（3） 直線ACと直線ℓ

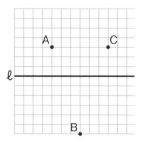

2直線AB，CDが垂直に交わるときは**AB⊥CD**，平行であるときは**AB//CD**と書きます。

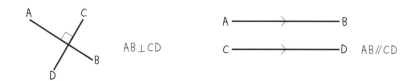

半直線OAとOBによって作られる下の図のような角を，∠AOBまたは∠BOAと書きます。また，三角形ABCを△ABCと表します。

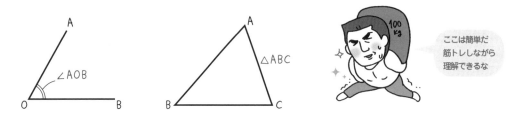

ここは簡単だ
筋トレしながら
理解できるな

2 図形の移動

授業動画は
こちらから

図形の移動には，次にあげる3種類があります。それぞれの動きかたと特徴をおさえましょう。

平行移動は一定の方向に一定の距離だけずらす移動のことです。それぞれの点を同じ距離だけ動かすので，次ページの図では，**AA′＝BB′＝CC′**になります。

回転移動はある点を中心に一定の角度だけ回す移動のことです。中心になる点を**回転の中心**といいます。この点に針をさして，コンパスを回すイメージです。半径が同じになるので，次ページの図では**OA＝OA′，OB＝OB′，OC＝OC′**になります。

対称移動はある直線で折り返す移動のことです。折り返しの軸になる直線を**対称の軸**といいます。下の図では**AA′⊥ℓ，BB′⊥ℓ，CC′⊥ℓ**となります。また，移動前の点と移動後の点は対称の軸からの距離も等しくなるので，**AP₁＝A′P₁，BP₂＝B′P₂，CP₃＝C′P₃**となります。

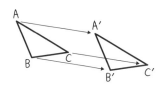

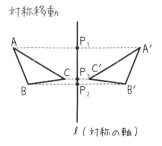

Check 2

右の図のように正方形をア～クの三角形に分けたとき，アの三角形について，次の(1)～(3)に当てはまる三角形をイ～クより答えなさい。

➡️解説は別冊p.16へ

(1) 平行移動して重なる三角形
(2) 点Oを回転の中心として，回転移動して重なる三角形
(3) 線分ACを対称の軸として，対称移動して重なる三角形

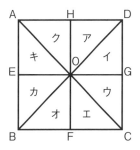

3 作図

授業動画はこちらから 41

定規とコンパスだけを使って図をかくことを**作図**といいます。定規は長さを測るのに使ってはいけません。線をまっすぐに引くためだけに使います。

特に，**垂線，垂直二等分線，角の二等分線**の３つは，基本となる作図なので，しっかりとマスターしましょう。

垂線の作図は,「直線上にない点を通る場合」と,「直線上にある点を通る場合」の2パターンがあります。

垂線❶：直線ℓ上にない点Pを通り，直線ℓに垂直な直線の作図

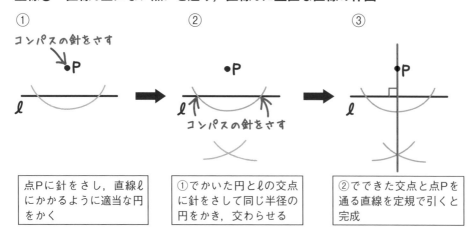

①	②	③
点Pに針をさし，直線ℓにかかるように適当な円をかく	①でかいた円とℓの交点に針をさして同じ半径の円をかき，交わらせる	②でできた交点と点Pを通る直線を定規で引くと完成

垂線❷：直線ℓ上にある点Pを通り，直線ℓに垂直な直線の作図

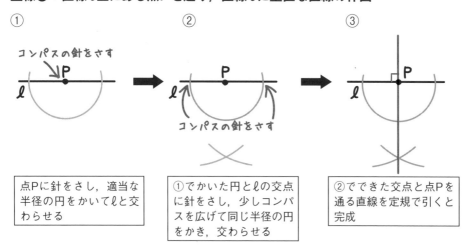

①	②	③
点Pに針をさし，適当な半径の円をかいてℓと交わらせる	①でかいた円とℓの交点に針をさし，少しコンパスを広げて同じ半径の円をかき，交わらせる	②でできた交点と点Pを通る直線を定規で引くと完成

　垂直二等分線，角の二等分線の作図はそれぞれ1パターンです。手順を覚えましょう。

垂直二等分線：線分ABの垂直二等分線

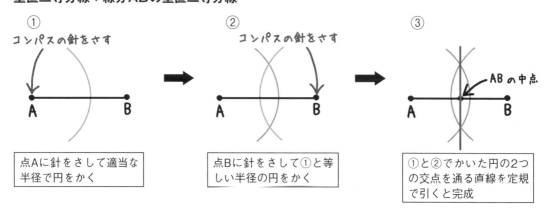

①	②	③
点Aに針をさして適当な半径で円をかく	点Bに針をさして①と等しい半径の円をかく	①と②でかいた円の2つの交点を通る直線を定規で引くと完成

角の二等分線：∠ABCの二等分線の作図

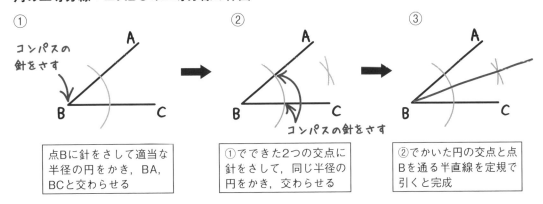

① 点Bに針をさして適当な半径の円をかき，BA，BCと交わらせる

② ①でできた2つの交点に針をさして，同じ半径の円をかき，交わらせる

③ ②でかいた円の交点と点Bを通る半直線を定規で引くと完成

　線分ABの垂直二等分線上の点は，点A，点Bから等しい距離にあり，∠ABCの二等分線上の点は辺BA，BCからの距離が等しくなります。**「2点から等距離の点の作図→垂直二等分線」，「2辺から等距離の点の作図→角の二等分線」** と覚えましょう。

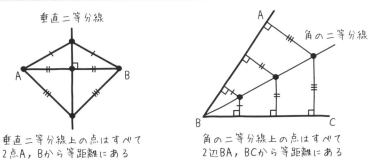

垂直二等分線上の点はすべて2点A，Bから等距離にある

角の二等分線上の点はすべて2辺BA，BCから等距離にある

Check 3 次の(1)，(2)の点の作図をしなさい。　　➡️ 解説は別冊p.17へ

(1) 下の図1について，2点A，Bから等しい距離にある直線ℓ上の点P

(2) 下の図2について，辺ABと辺BCから等しい距離にある辺AC上の点Q

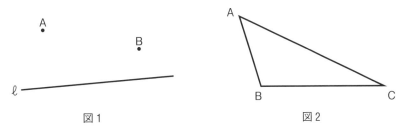

図1　　　　　　　　　　　　図2

作図のしかた理解したぜ

ケガはしたけどな

なんでコンパスでそんな大ケガしてるんだワン？

授業動画は
こちらから

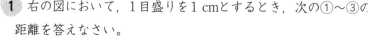

🔖 解説は別冊p.17へ

1 右の図において，1目盛りを1 cmとするとき，次の①〜③の
距離を答えなさい。

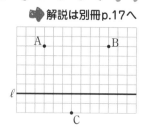

① 点Bと直線ℓ

② 点Cと直線AB

③ 直線ABと直線ℓ

2 下の図(1)，(2)において，∠aと∠bをA，B，C，D，Oを使って表しなさい。

(1)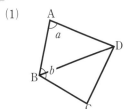

(2)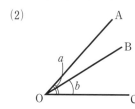

3 右の図の△ABCを1回の移動で①，②，③の三角形に重ねる
ためには，それぞれ平行移動，回転移動，対称移動のうちどの
移動を行えばよいか答えなさい。

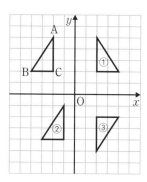

4 右の図の△ABCにおいて，(1)，(2)にしたがっ
て移動させた△DEFをそれぞれかきなさい。た
だし，点Aの移動後の点を点Dとする。

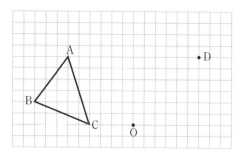

(1) △ABCを平行移動させた△DEF

(2) △ABCを点Oを回転の中心として回転移動
させた△DEF

5 右の図のように，ア〜クの同じ形をした四角形がある。アの四角形について，次の(1)〜(5)に当てはまるものを，イ〜クより答えなさい。

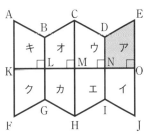

(1) 平行移動して重なる四角形

(2) 点Mを中心として回転移動して重なる四角形

(3) CHを対称の軸として対称移動して重なる四角形

(4) 点Nを中心として180°回転移動したあと，平行移動して重なる四角形

(5) 平行移動したあとにKOを対称の軸として対称移動して重なる四角形

6 右の△ABCについて，コンパスと定規を用いて，次の(1)，(2)の作図をしなさい。

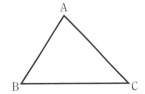

(1) 頂点Aから辺BCへ下ろした垂線

(2) 辺ACの中点M

7 下の△ABCについて，次の(1)，(2)の点の作図をしなさい。

(1) 3点A，B，Cから等しい距離にある点O

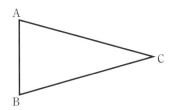

(2) 3辺AB，BC，CAから等しい距離にある点I

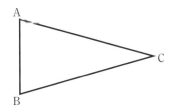

Lesson 8 空間図形

このLessonのイントロ♪

空間図形では，立体を正面から見たり，真上から見たりします。「立体をこっちから見るとどうなるかな？」などとイメージしながら読んでくださいね。

空間図形（小学校）

解説は別冊p.19へ

(1) 右の半球において，□に当てはまる言葉を入れなさい。

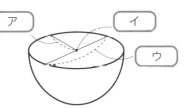

(2) 直方体と立方体の特徴についてまとめた次の表について，□に当てはまる数を入れなさい。

	直方体	立方体
面の数	ア	6
辺の数	12	イ
頂点の数	ウ	8
形も大きさも等しい面	2つずつ エ 組	オ
長さが等しい辺	カ つずつ3組	キ

1 いろいろな立体

授業動画はこちらから

　合同で平行な2つの図形が底面となり，底面と垂直な長方形が側面となっている立体を**角柱**といいます。2つの底面が円で，側面が曲面で囲まれた立体を**円柱**といいます。角柱と円柱をまとめて**柱体**といいます。

三角柱　　四角柱　　五角柱　　円柱

　下の図のように多角形の底面1つと，三角形の側面で囲まれた立体を**角錐**，円の底面1つと曲面である側面で囲まれた立体を**円錐**といいます。円錐の頂点を通る底面に垂直な平面で切ると，その切り口は二等辺三角形になります。

三角錐　　四角錐　　五角錐　　円錐

立方体や三角錐などのように，平面だけで囲まれた立体を**多面体**といいます。その中で，**すべて合同な正多角形で囲まれた立体**を**正多面体**といいます。正多面体は**正四面体，正六面体，正八面体，正十二面体，正二十面体**の5つだけです。

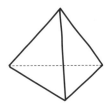 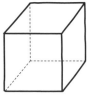 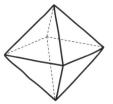 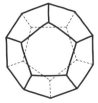 

正四面体　　　正六面体（立方体）　　　正八面体　　　　　正十二面体　　　　　正二十面体

　ここまでで出てきた，いろいろな図形の形，特徴，面の形などを理解して，図形の名称を言われたら，どのような形になるかイメージして，実際にかけるようにしましょう。

Check 1
➡ 解説は別冊p.19へ

(1)　下の表の□□□を埋めなさい。

(2)　できあがった表をもとに，（頂点の数）＋（面の数）－（辺の数）にどんな関係があるか答えなさい。

	五角柱	四角錐	四面体	正八面体
頂点の数	10	5	エ	カ
面の数	ア	イ	4	8
辺の数	15	ウ	オ	キ

　立体の各辺にはさみを入れて，広げたものを展開図といいます。立体の「どの辺にはさみを入れて，どの辺は切らずに残すと展開されるか」をイメージしましょう。展開図をかいたあとは，組み立ててもとの立体に戻るか確認しましょうね。

立方体（正六面体）の展開図　　　**正四面体の展開図**

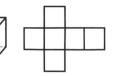 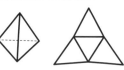

いつも包丁使ってるから切るのは得意よ

Check 2　右の正三角柱と円柱の展開図をかきなさい。
➡ 解説は別冊p.19へ

2 直線と平面の位置関係

ここでは，直線や平面の位置関係について学んでいきましょう。

まずは2直線の位置関係についてです。2つの直線は"**交わる**"，"**平行**"，"**ねじれの位置**"の3つの関係性があります。"交わる"と"平行"は同じ平面上に2つの直線があります。ねじれの位置は，2つの直線が同じ平面上になく立体的なものです。

ねじれの位置は
高速道路の
立体交差のようなものだね
オレ，免許もってないけど…

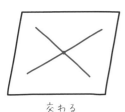
交わる

平行

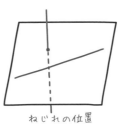
ねじれの位置

次に直線と平面の位置関係です。"**直線が平面上にある**"，"**直線が平面と交わる**"，"**直線が平面と交わらない（直線と平面が平行）**"の3種類があります。"直線が平面上にある"というのは，面の上に直線がのっている場合などです。"直線が平面と交わる"は直線が平面を貫通する場合です。その2つ以外は"直線が平面と交わらない（直線と平面が平行）"です。

直線が平面上にある

直線が平面と交わる

直線が平面と交わらない
（平行）

"ある"，"交わる"
はわかりやすい
それ以外は"平行"
と思うでおま！

最後に平面と平面の位置関係ですが，これは簡単です。"**交わる**"と"**交わらない（平行）**"の2つです。

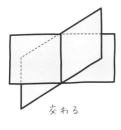
交わる

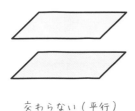
交わらない（平行）

私と学くんの
運命は
交わるかしら？

例題 右の図の立方体について，次の各問いに答えなさい。

① 辺ABと平行な辺の数を求めなさい。
② 辺ABとねじれの位置にある辺をすべて答えなさい。
③ 辺ABと平行な面の数を求めなさい。
④ 面AEFBと平行な辺の数を求めなさい。

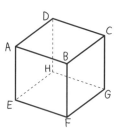

解答 ① 辺ABと平行な辺は，辺EF，辺HG，辺DCの**3本** …答

② 辺ABと同じ平面上にない辺は，面EFGH，面CDHGにあるので，辺ABとねじれの位置にある辺は，**辺EH，辺FG，辺DH，辺CG** …答

③ 辺ABは，面ABFEと面ABCD上にある（含まれる）。また辺ABは面AEHDと面BFGCに交わる。よって，残っている面EFGHと面CDHGが辺ABと平行なので**2つ** …答

④ 面AEFBを構成する辺でなく，交わりもしない辺なので，面DHGCの4辺である。よって，**4本** …答

Check 3 右の図の三角柱について，次の各問いに答えなさい。

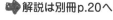 解説は別冊p.20へ

(1) 辺ABと平行な辺の数を求めなさい。
(2) 辺ABとねじれの位置にある辺をすべて答えなさい。
(3) 辺ABと平行な面の数を求めなさい。
(4) 面ABCと平行な辺の数を求めなさい。

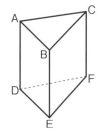

3 立体のいろいろな見かた

授業動画はこちらから

面の動きとして立体を見る

円柱は底面の円が垂直に上下に動いてできた立体と考えられます。また三角柱や四角柱などの角柱も，底面の図形が上下に動いてできた立体と考えることができます。

また，円柱は下の真ん中の図のように直線を軸にして，長方形を回転させてできた立体と考えることができます。円錐も三角形を回転させてできた立体と考えられます。

このように平面図形を直線の周りに1回転させてできる立体を**回転体**といい，この直線を**回転の軸**といいます。また側面をえがく線分のことを**母線**といいます。

それぞれ面の動きを残像として積み重ねて，どんな立体ができるかを考えましょう。

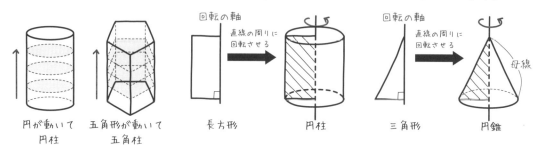

円が動いて円柱　　五角形が動いて五角形　　長方形　→　円柱　　三角形　→　円錐

Check 4 下の(1),(2)の図を直線ℓを軸に1回転させてできる立体の
名前をそれぞれ答えなさい。

解説は別冊p.20へ

(1)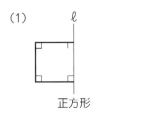
正方形

(2)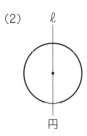
円

　回転体を回転の軸を含む平面で切った切り口は，回転の軸を対称の軸とする線対称な図形になります。

　また，回転体を回転の軸に垂直な平面で切ると，その切り口は円になります。

例1 円錐と球を回転の軸を含む
平面で切ると，その切り口は
二等辺三角形と円になる。ど
ちらも，回転の軸を対称の軸
とした線対称な図形である。

円錐の切り口は
二等辺三角形

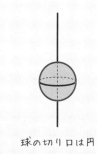
球の切り口は円

例2 円柱，円錐を回転の軸に垂直
な平面で切ると，切り口は円
になる。

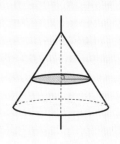

Check 5 円柱と半球を回転の軸を含む平面で切ると，その切り口はどの
ような図形になるか。その名称を答えなさい。

解説は別冊p.20へ

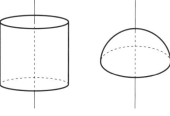

♣ 2方向から立体を見る

立体を正面から見た図を**立面図**，真上から見た図を**平面図**といいます。例えば，円柱を正面から見た図（立面図）は長方形で，真上から見た図（平面図）は円です。１方向から見ただけではわからない立体の形も，このように２方向から見ることでわかります。立面図と平面図をまとめて**投影図**といいます。立体に光を当てて，スクリーンに投影するイメージですね。

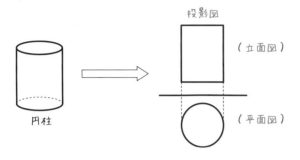

ものごとはいろいろな
方向から見ると
よくわかるってことね

例題 右の投影図が表している図形の名称を答え，その見取り図をかきなさい。

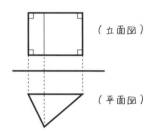

（立面図）

（平面図）

解答 平面図が三角形なので，底面は三角形。
立面図が長方形なので，この立体は**三角柱** …**答**
見取り図は右のようになる。

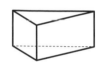

補足 上の**例題**の立面図に，たてに線が入っているのは，そこが面の切り替わりの部分だから。そのため見取り図は，手前側に出っぱった三角柱にしなくてはいけません。

Check 6 下の投影図が表している図形の名称を答え，その見取り図をかきなさい。　　**➡ 解説は別冊p.20へ**

(1)

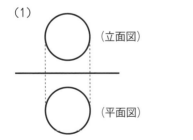

（立面図）

（平面図）

(2)

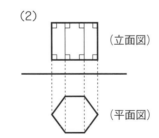

（立面図）

（平面図）

➡️ 解説は別冊p.20へ

1 下の表において，展開図を参考にして，表の空らんをうめなさい。

	正四面体	正六面体	正八面体	正十二面体	正二十面体
面の形	正三角形				
頂点の数	4				
面の数	4				
辺の数	6				

正四面体　　　正六面体　　　正八面体　　　正十二面体　　　正二十面体

  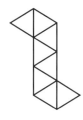 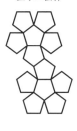 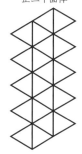

2 右の直方体において，次の2つの辺や面はどのような位置関係にあるか，"平行"，"交わる"，"ねじれの位置"の3つから答えなさい。

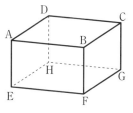

(1) 辺ABと辺HG　　(2) 辺EFと辺FG　　(3) 辺ABと辺CG

(4) 辺AEと面BFGC　　　(5) 辺ABと面BFGC

(6) 面AEFBと面DHGC　　(7) 面ABCDと面BFGC

3 右の図のような，円錐と円柱をつなぎ合わせた鉛筆の形をした立体について，次の各問いに答えなさい。

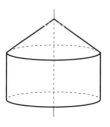

(1) 回転の軸を含む平面で切ったとき，切り口の図形は回転の軸に対してどのような図形になっているか。

(2) 回転の軸に垂直な平面で切ったとき，切り口の図形の名称を答えなさい。

4 次の投影図はどんな立体を表したものか答えなさい。

①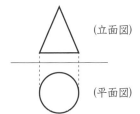

（立面図）

（平面図）

②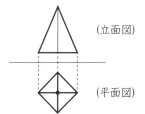

（立面図）

（平面図）

 # Lesson 9 図形の計量

このLessonのイントロ♪

円周の長さの公式は、覚えていますか？ 「直径×円周率（約3.14）」ですね。でも、これは算数の公式で、数学では、円周は$2\pi r$、円の面積はπr^2となります。πは円周率を表していて、算数のように約3.14とせず、$\pi=3.141592\cdots$と、文字を使って正確に表します。これは算数と数学の大きな違いですね。

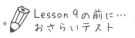
解説は別冊p.20へ

図形の計量（小学校）

次の立体の体積を求めなさい。ただし，円周率はπとする。

（1）直方体

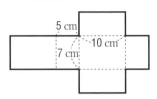

（2）円柱

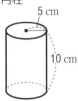

（3）正四角錐

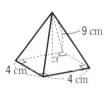

1 円とおうぎ形

授業動画は
こちらから

🔵円について

　小学校では円周率は3.14と教わり，円周の長さは「直径×3.14」，円の面積は「半径×半径×3.14」と習いました。中学校では，円周率はπを使って，円の半径はrで表します。**円周の長さは$2r×π$なので$2\pi r$，円の面積は$r×r×π$なのでπr^2となります。**理解しておきましょう。

　　　　　　　直径×円周率　　　　　　　　　　　　半径×半径×円周率

 πを使った円周の長さ・円の面積の表しかた

半径rの円において

　　　円周の長さ：$\underset{直径}{2r}×π=2\pi r$

　　　円の面積：$\underset{半径}{r}×\underset{半径}{r}×\underset{円周率}{π}=\pi r^2$

　円周の一部を**弧**といい，2点A，Bを両端とする弧ABを$\overset{\frown}{AB}$と表します。また，円周上の2点A，Bを結ぶ線分を**弦AB**といいます。弦がいちばん長くなるのは，円の直径となるときです。そして，**どんな弦でも，垂直二等分線を引くと，必ず円の中心を通ります。**

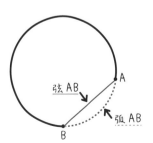

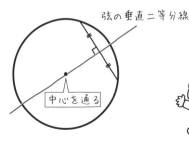

弦の垂直二等分線は
円の中心を通るでおま

🔴 円の接線

円と直線が1点だけで交わるとき，円と直線は**接する**といい，その直線を**接線**，交点を**接点**といいます。**円の接線は，接点を通る半径に垂直になります**。

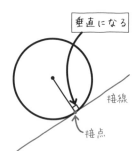

垂直になる

接線

接点

例題 右の図において，半直線PAは円Oの接線で点Aは接点である。∠OPA＝30°のとき，∠AOPの大きさを求めなさい。

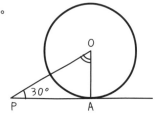

解答 OA⊥APより，△OAPは∠OAP＝90°の直角三角形なので

∠AOP＝180°－$\underbrace{90°}_{\angle OAP}$－$\underbrace{30°}_{\angle OPA}$＝**60°** …**答**

Check 1 右の図において，半直線PAは円Oの接線で点Aは接点である。∠AOP＝55°のとき，∠APOの大きさを求めなさい。

➡️ 解説は別冊p.20へ

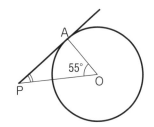

🔴 おうぎ形

円の弧とその両端を通る2つの半径で囲まれた右のような図形を**おうぎ形**といいます。また，2つの半径が作る角をおうぎ形の**中心角**といいます。

おうぎ形は，ピザを切り分けるようなイメージで，「円の一部を切りとった形」と考えましょう。円全体は，中心角が360°なので，次のような公式が成立します。

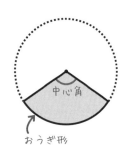

中心角

おうぎ形

ポイント おうぎ形の弧の長さと面積の公式

半径 r，中心角 $a°$ のおうぎ形の弧の長さ ℓ，面積 S は

$$\ell = \underbrace{2\pi r}_{\text{円周}} \times \frac{a}{360}$$

$$S = \underbrace{\pi r^2}_{\text{円の面積}} \times \frac{a}{360}$$

"円" のものに中心角の割合の $\frac{a}{360}$ を掛ければいいのね

例題 半径4 cm，中心角$a°$のおうぎ形の面積が$2\pi\,cm^2$のとき，次の各問いに答えなさい。

(1) aの大きさを求めなさい。

(2) このおうぎ形の弧の長さを求めなさい。

(3) このおうぎ形の周の長さを求めなさい。

$\pi=3.14$とすると
6.28cm^2ということ

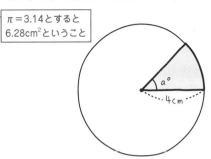

解答 (1) $S=\pi r^2\times\dfrac{a}{360}$の公式に当てはめて

$$\underset{S}{2\pi}=\pi\times\underset{r^2}{4^2}\times\frac{a}{360}$$

$$\overset{1}{2\pi}=\overset{8}{16\pi}\times\frac{a}{\underset{45}{360}}$$

まず両辺を2πで割って　$1=8\times\dfrac{a}{360}$

右辺の$8\times\dfrac{a}{360}$は$\dfrac{8}{360}a$ということなので

約数8で割ると$\dfrac{a}{45}$となる

よって　$\dfrac{a}{45}=1$なので，

両辺に45を掛けて

$a=45$　…**答**

(2) $\ell=2\pi r\times\dfrac{a}{360}$より

$$\ell=\overset{1}{2}\pi\times\overset{1}{4}\times\frac{\overset{1}{45}}{\underset{\underset{80}{360}}{360}45}$$

2，4，45の順に約分しよう

$$=\pi\ (cm)\ \ \cdots\text{答}$$

(3) おうぎ形の周の長さは，弧の長さに半径2つ分を足したものなので

$\pi+8\ (cm)$　…**答**

Check 2

右の図形は1辺が8 cmの正方形に，おうぎ形を組み合わせたものである。斜線部分の周の長さと面積を求めなさい。

8 cm

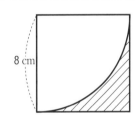

➡ 解説は別冊p.21へ

もっとくわしく

おうぎ形の弧の長さと面積の公式の右辺の違いについて考えてみます。

$$\ell=2\pi r\times\frac{a}{360}\quad\cdots\cdots①$$

$$S=\pi r^2\times\frac{a}{360}\quad\cdots\cdots②$$

①式の両辺に$\dfrac{1}{2}r$を掛けると

$$\frac{1}{2}r\times\ell=\frac{1}{2}r\times2\pi r\times\frac{a}{360}$$

$$\frac{1}{2}\ell r=\pi r^2\times\frac{a}{360}$$

となり，これと②式より

$$S=\frac{1}{2}\ell r$$

となります。おうぎ形の面積を求めるとき，半径と弧の長さがわかっている場合は，この式を使うとより簡単に求めることができます。

② 立体の表面積

立体のすべての面の面積の和を**表面積**，側面の面積の和を**側面積**，1つの底面の面積を**底面積**といいます。よって，**角柱・円柱の表面積＝側面積＋底面積×2**となり，**角錐・円錐の表面積＝側面積＋底面積**となります。角柱・円柱は上面と下面が同じ底面積になるので"×2"とします。

例題 次の円錐の表面積を求めなさい。

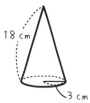

まずは展開図にするでおま
底面の円周と
側面のおうぎ形の弧の長さが
等しいでおまよ

解答 右図のように展開して考える。

弧の長さ＝円周

$$2\pi \times 18 \times \frac{a}{360} = 2\pi \times 3$$

底面の円の面積と円周を求めると
円の面積は　$\pi \times 3^2 = 9\pi \,(\text{cm}^2)$ ……①
円周の長さは　$2\pi \times 3 = 6\pi \,(\text{cm})$
ここで底面の円周の長さと，側面のおうぎ形の弧の長さが等しいことより，おうぎ形の中心角を$a°$とすると

$$\overset{1}{2\pi} \times 18 \times \frac{a}{360} = 6\pi^{3}$$

$$\overset{1}{18} \times \frac{a}{360_{20}} = 3$$

$$a = 60$$

よって，$a=60°$，半径18 cmのおうぎ形の面積は

$$\pi \times 18^2 \times \frac{60}{360} = 54\pi \,(\text{cm}^2) \quad \cdots\cdots②$$

←　p.71の「もっとくわしく」で示した
$S = \frac{1}{2}\ell r$ の式を使うと

$$\frac{1}{2} \times 6\pi \times 18 = 54\pi \,(\text{cm}^2)$$

と簡単に求められる

①，②より表面積は

$$9\pi + 54\pi = \mathbf{63\pi} \,\textbf{(cm}^2\textbf{)} \quad \cdots 答$$

Check 3　次の立体の表面積を求めなさい。　　　　　➡ 解説は別冊p.21へ

(1)

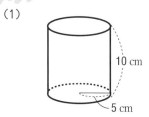

(2)

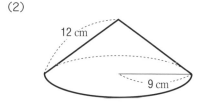

3 立体の体積と球

授業動画は
こちらから ⇢ 51

角柱・円柱の体積は底面積×高さで求められます。角錐・円錐は同じ底面積の角柱・円柱に比べて体積は $\frac{1}{3}$ になるとわかっているので，**角錐・円錐の体積は $\frac{1}{3}$ ×底面積×高さ**となります。文字を使って，体積公式として表すと次のようになります。

 ## 立体の体積公式

底面積 S，高さ h のときの体積 V は

$$\text{角柱・円柱} \Rightarrow V = Sh \quad (\text{円柱の場合} \quad V = \underset{S}{\underline{\pi r^2}} h)$$

$$\text{角錐・円錐} \Rightarrow V = \frac{1}{3}Sh \quad \left(\text{円錐の場合} \quad V = \frac{1}{3}\underset{S}{\underline{\pi r^2}} h\right)$$

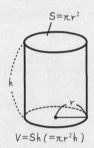

$$S = \pi r^2$$
$$V = Sh\ (= \pi r^2 h)$$

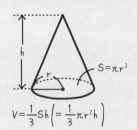

$$S = \pi r^2$$
$$V = \frac{1}{3}Sh\left(= \frac{1}{3}\pi r^2 h\right)$$

球の表面積と体積については，次のような公式があります。忘れてしまいがちですが重要なので，しっかり覚えてくださいね。

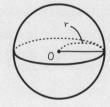 ## 球の表面積と体積

半径 r の球の表面積を S，
体積を V とすると

$$S = 4\pi r^2$$

$$V = \frac{4}{3}\pi r^3$$

覚えないと
学くんと同じ高校に
行けない〜

補足 表面積 $S = 4\underset{\pi r^2}{\underline{\pi r^2}}$ は「ボールは円の4つ分」

体積 $V = \frac{4}{3}\pi r^3$ は「$\underset{3の上}{\underline{身の上}}$ が $\underset{}{\underline{心配}}$あるので $\underset{4\pi r^3}{\underline{参上}}$する」

と覚えておきましょう。

例題 半径3cmの半球の表面積と体積を求めなさい。

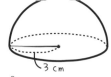

解答 半径3cmの球の表面積は　$4\pi \times 3^2 = 36\pi$（cm²）
半球なので2で割って18π（cm²）
また，平面の部分の面積は，半径3cmの円なので　$\pi \times 3^2 = 9\pi$（cm²）
よって
$$18\pi + 9\pi = \boldsymbol{27\pi}\,\textbf{(cm}^2\textbf{)}\quad\cdots答$$

次に，半径3cmの球の体積は　$\dfrac{4}{3}\pi \times 3^3 = 36\pi$（cm³）

よって，半球の体積は**18π（cm³）**　…答

Check 4　直径12cmの半球の表面積と体積を求めなさい。

➡ 解説は別冊p.21へ

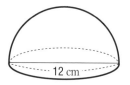

もっとくわしく

右の図は，底面の直径と高さが2rの円柱に，円錐と球がちょうど入っています。底面の半径がr，底面積πr^2，高さが$2r$より，円柱の体積は
　$\pi r^2 \times 2r = 2\pi r^3$（cm³）

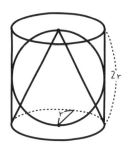

円錐の体積は円柱の体積の$\dfrac{1}{3}$より

$$2\pi r^3 \times \frac{1}{3} = \frac{2}{3}\pi r^3 \,(\text{cm}^3)$$

また，球の体積は$\dfrac{4}{3}\pi r^3$（cm³）より，円錐，球，円柱の体積の比は

$$\frac{2}{3}\pi r^3 : \frac{4}{3}\pi r^3 : 2\pi r^3 = 1 : 2 : 3$$

となります。

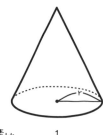 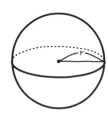 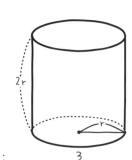

体積比　　　1　　　　：　　　　2　　　　：　　　　3

Lesson 9 の 力だめし

授業動画は
こちらから

解説は別冊p.21へ

1 右の図について，次の □ に当てはまる言葉や記号，数を入れなさい。

半直線PAと円Oとが1点を共有するとき，

半直線PAは円Oに ［ア］ といい，

半直線PAを円Oの ［イ］，点Aを ［ウ］ という。

また，半直線PBも円Oの ［イ］ とすると，

∠OAP＝∠ ［エ］ ＝ ［オ］ °より，

∠AOB＝ ［カ］ °となる。

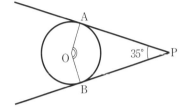

2 下の図の円柱について，次の各問いに答えなさい。

(1) 展開図の □ に当てはまる値を答えなさい。

(2) 円柱の表面積と体積を求めなさい。

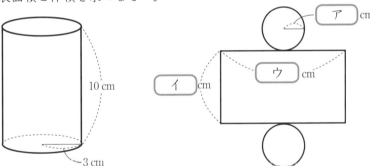

3 右の図の円錐について，次の各問いに答えなさい。

(1) 展開図の □ に当てはまる値を答えなさい。

(2) 円錐の表面積と体積を求めなさい。

4 右の図のように，長方形とおうぎ形を組み合わせた図形を，線分ABを軸として1回転させてできる立体の表面積と体積を求めなさい。

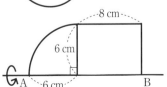

Lesson 10 資料の活用

このLessonのイントロ♪

勉強しすぎて，「流行に乗り遅れそう」などと悩んでいる人はいませんか。流行を英語やフランス語でモードといいます。今回，学習する資料の活用では，このモードという言葉も出てきます。

資料の活用（小学校）

(1) 学級で行ってみたい国のアンケートをとったところ，右のようになった。このとき，次の各問いに答えなさい。

① 表の◯◯に当てはまる数を入れなさい。

② アメリカ，フランス，中国に行ってみたい人はクラスのどれくらいの割合か，%で答えなさい。

行ってみたい国

国名	人数（人）
アメリカ	8
イギリス	ア
フランス	6
ロシア	イ
中国	4
その他	ウ

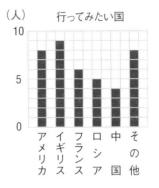

(2) ある中学校の部活動と委員会の参加・不参加を調べたところ，右のような結果になった。このとき，次の各問いに答えなさい。

① 部活動と委員会のどちらにも参加している人は何人いるか。

② このクラスは全員で何人いるか。

部活動＼委員会	参加	不参加
参加	15	14
不参加	6	5

1 度数の分布

授業動画はこちらから

右の表は，あるクラスの体重をまとめたものです。この表を見ながら，資料の活用で重要な用語をまとめてみましょう。

資料の最大のものから最小のものを引いた差を**範囲**といいます。例えば，体重の最も重い人が70kg，最も軽い人が30kgの場合，70－30＝40（kg）が範囲です。

体重（kg）	階級値	度数（人）	累積度数（人）
30以上～40未満	35	5	5
40　～50	45	19	24
50　～60	55	13	37
60　～70	65	3	40
計		40	

資料を整理する区間を**階級**，区間の幅を**階級の幅**，階級の真ん中の値を**階級値**といいます。上の表では，30 ～ 70（kg）を4つの階級に分けてあり，階級の幅は10（kg）です。

各階級に含まれる資料の個数を**度数**，資料の散らばりの様子を**分布**といい，階級ごとにその度数を表した表を**度数分布表**といいます。上の表では，度数はその体重の人数を示しています。また，最初の階級から，ある階級までの度数の合計を**累積度数**といいます。上の表は，度数分布表に累積度数を含めたものです。

また，度数分布表の結果を柱状のグラフで表したものを**ヒストグラム**，折れ線グラフで表したものを**度数折れ線**といいます。

補足 度数折れ線の点は，階級の真ん中の値（階級値）にとります。また，左はし，右はしの0になる点は，その隣の階級の真ん中の値（階級値）にとります。

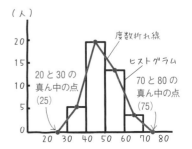

Check 1 あるクラスで握力について調べたところ，右下の度数分布表のようになった。このとき，次の各問いに答えなさい。

解説は別冊p.22へ

（1） クラスの人数を答えなさい。

（2） この表の範囲を答えなさい。

（3） この表の階級の幅を答えなさい。

（4） 28kg以上32kg未満の階級の階級値と度数を答えなさい。

（5） 度数分布表の累積度数のア～オに当てはまる数を答えなさい。

（6） この度数折れ線分布表を，ヒストグラムと度数折れ線に表しなさい。

握力（kg）	階級値	度数（人）	累積度数（人）
20以上～24未満	22	4	ア
24 ～28	26	8	イ
28 ～32	30	16	ウ
32 ～36	34	10	エ
36 ～40	38	2	オ
計		40	

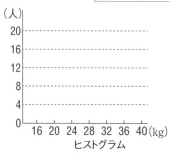

ヒストグラム

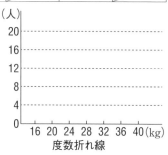

度数折れ線

2 資料の比較・代表値

授業動画はこちらから

引き続き，右の表を使って，重要な用語をまとめましょう。各階級の度数の合計に対する割合を**相対度数**といいます。

30kg以上40kg未満の相対度数は

$5 \div 40 = 0.125$

40kg以上50kg未満の相対度数は $\quad 19 \div 40 = 0.475$

50kg以上60kg未満の相対度数は $\quad 13 \div 40 = 0.325$

60kg以上70kg未満の相対度数は $\quad 3 \div 40 = 0.075$

体重（kg）	階級値	度数（人）	累積度数（人）	相対度数	累積相対度数
30以上～40未満	35	5	5	0.125	0.125
40 ～50	45	19	24	0.475	0.600
50 ～60	55	13	37	0.325	0.925
60 ～70	65	3	40	0.075	1.000
計		40		1.000	

$$相対度数 = \frac{その階級の度数}{度数の合計}$$

また，$\left\lceil\dfrac{（階級値 \times 度数）の合計}{度数の合計}\right\rfloor$ で**平均値**が求められます。

$$平均値 = \frac{（階級値 \times 度数）の合計}{度数の合計}$$

$$\frac{35 \times 5 + 45 \times 19 + 55 \times 13 + 65 \times 3}{40} = \frac{175 + 855 + 715 + 195}{40} = \frac{1940}{40} = 48.5 \ (kg)$$

資料を大きさの順に並べたとき，中央にくる値を**中央値（メジアン）**といいます。資料の個数が偶数の場合は，中央にある2つの値の平均値を中央値とします。

また，度数分布表から中央値を求めるときは，階級値を用います。上の表の40人のクラスでは，20番目と21番目の値は，どちらも40kg以上50kg未満の階級にあるので，中央値は45kgです。もし，20番目の人が40kg以上50kg未満，21番目の人が50kg以上60kg未満だった場合は，中央値は $\dfrac{45+55}{2} = 50kg$ となります。

資料の中で最も個数の多い値を，**最頻値（モード）**といいます。40kg以上50kg未満の階級の度数が19人といちばん多いので，その階級値の45kgが最頻値となります。

また，最初の階級から，ある階級までの相対度数の合計を**累積相対度数**といいます。前ページの度数分布表は，累積度数と相対度数，累積相対度数まで含めたものです。

Check 2

あるクラスで握力について調べたところ，右下の度数分布表のようになった。このとき，次の各問いに答えなさい。　　　➡解説は別冊p.23へ

(1) 中央値を求めなさい。
(2) 最頻値を求めなさい。
(3) 平均値を求めなさい。
(4) 度数分布表の ［ ア ］〜［ サ ］ に当てはまる数を答えなさい。

握力（kg）	階級値	度数（人）	相対度数	累積相対度数
20以上〜24未満	22	4	［ ア ］	［ キ ］
24 〜28	26	8	［ イ ］	［ ク ］
28 〜32	30	16	［ ウ ］	［ ケ ］
32 〜36	34	10	［ エ ］	［ コ ］
36 〜40	38	2	［ オ ］	［ サ ］
計		40	［ カ ］	

Lesson10 の力だめし

授業動画はこちらから 56

➡解説は別冊p.23へ

1 左下の度数分布表は，あるクラスで二重跳びの回数を調べたものである。このとき，次の各問いに答えなさい。

56

(1) 表の［　　　］に当てはまる数を答えなさい。
(2) 表をもとに，ヒストグラムと度数折れ線を作りなさい。

二重跳び（回）	階級値	度数（人）	累積度数（人）	相対度数	累積相対度数
8以上〜10未満	9	4	［ カ ］		
10 〜12	［ ア ］	8	［ キ ］		
12 〜14	13	8	［ ク ］		
14 〜16	［ イ ］	［ エ ］	32		
16 〜18	［ ウ ］	4	［ ケ ］		
18 〜20	19	［ オ ］	［ コ ］		
計		40			

度数分布表

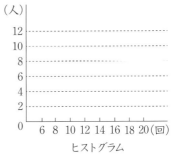

ヒストグラム

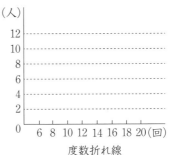

度数折れ線

2 上の **1** の表について，次の各問いに答えなさい。

(1) 最頻値を答えなさい。
(2) 平均値を小数を使って答えなさい。
(3) 上の表の相対度数と累積相対度数の欄をすべて埋めなさい。

このLessonのイントロ♪

今回は中学1年で勉強した文字式の延長です。みなさん、$2x+3x$の計算はできますよね（もちろん、$5x$）。それができれば、このLessonも難しくありません。ここでは、$2x+y+3x-4y$など、文字x、yについて計算をしていきます。$2x+3x=5x$、$y-4y=-3y$より、答えは、$5x-3y$となります。同じ文字の項どうしを計算すればいいんですね。

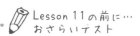
📙解説は別冊p.24へ

文字と式（中学1年）

(1)　半径が r cmの円について，次のものを文字式で表しなさい。

①　円周の長さ　　　　　　　　　　②　円の面積

(2)　次の式の項をいいなさい。また，文字を含む項の係数を答えなさい。

①　$3x-2$　　　　　　　　　　　②　$x+\dfrac{1}{2}$

(3)　$x=-4$のとき，次の式の値を求めなさい。

①　$2x^2$　　　　　　　　　　　②　$-x^3$

(4)　次の2つの式を足しなさい。また，左の式より右の式を引きなさい。

　　$3x-2$，　$4x-1$

1 式の計算

授業動画は
こちらから ⋯⋯

♟単項式，多項式，次数

　1つの項からできている式を**単項式**，2つ以上の項が足し合わされてできている式を**多項式**といいます。また，数だけの項を**定数項**といいます。これはLesson 3でやりましたね。

　単項式の**文字の掛けられている回数**を**次数**といいます。例えば"$2x$"の場合は，文字が1回掛けられているので次数は1になり，"$3xy$"や"x^2"などは，文字が2回掛けられているので次数は2になります。多項式では，**各項を見て，最も高い次数をその多項式の次数とします**。次数が1の式を**1次式**，次数が2の式を**2次式**，次数がnの式を**n次式**といいます。

例題 次の（ア）～（オ）の式について，次の各問いに答えなさい。

（ア）abc　　（イ）$2x-10$　　（ウ）$-\dfrac{xyz^3}{3}$　　（エ）$\dfrac{x-2y}{2}$　　　（オ）-17

①　単項式をすべて選び，その次数を答えなさい。

②　多項式をすべて選び，その次数を答えなさい。

解答 2つ以上の項が，足し算でつながっているのが多項式です。

　（イ）は$2x+(-10)$，（エ）は$\dfrac{x}{2}+\left(-\dfrac{2y}{2}\right)$となるので多項式，（ア），（ウ），（オ）は単項式です。

①　**（ア）次数3，（ウ）次数5，（オ）次数0**　…答

②　**（イ）次数1，（エ）次数1**　…答

定数項は
（イ）の−10，（オ）の−17の2つ
（オ）は文字がないから
0次式でおま

解説は別冊p.24へ

Check 1 次の（ア）～（オ）の式から多項式を選び，その次数を答えなさい。

（ア）x^2-3x-4　　（イ）y　　（ウ）$\dfrac{a+b}{4}$　　（エ）$2\pi r$　　（オ）$\dfrac{3}{4}x+\dfrac{1}{4}$

♣文字式の足し算・引き算

　多項式において，文字の部分が同じである項を**同類項**といいます。同類項は足したり引いたりすることができます。分配法則の逆$ax+bx=(a+b)x$を使って，まとめましょう。

例1
$$2x\underset{\sim}{+y}+3x\underset{\sim\sim}{-4y}$$
$$=2x+3x+y-4y\quad\text{並び替える}$$
$$=(2+3)x+(1-4)y\quad\text{同類項をまとめる}$$
$$=5x-3y$$

例2
$$(x+2y)-(-2x+3y)\quad\text{カッコをはずす}$$
$$=x+2y+2x-3y\quad\text{同類項をまとめる}$$
$$=(1+2)x+(2-3)y$$
$$=3x-y$$

例3
$$(6x-9y+15)\div(-3)\quad\text{まず−1で割る}$$
$$=(-6x+9y-15)\div3\quad\text{分配法則}$$
$$=-6x\div3+9y\div3-15\div3$$
$$=-2x+3y-5$$

この内容がわからなかったらLesson1, 2, 3を復習ダー！

例4
$$\dfrac{5a-6b}{3}-\dfrac{-3a-2b}{4}\quad\text{通分する}$$
$$\left(\dfrac{5a-6b}{3}=\dfrac{4(5a-6b)}{12},\ \dfrac{-3a-2b}{4}=\dfrac{3(-3a-2b)}{12}\right)$$
$$=\dfrac{4(5a-6b)-3(-3a-2b)}{12}$$
$$=\dfrac{20a-24b+9a+6b}{12}\quad\text{カッコをはずす}$$
$$=\dfrac{29a-18b}{12}\quad\left(\text{または}\quad\dfrac{29}{12}a-\dfrac{3}{2}b\right)$$

補足 例4は $\dfrac{5a-6b}{3}-\dfrac{-3a-2b}{4}=\dfrac{5}{3}a-2b-\left(-\dfrac{3}{4}a-\dfrac{1}{2}b\right)=\left(\dfrac{5}{3}+\dfrac{3}{4}\right)a+\left(-2+\dfrac{1}{2}\right)b=\dfrac{29}{12}a-\dfrac{3}{2}b$
と各項に分けてから計算しても解くことができます。自分のやりやすいほうで計算しましょう。

解説は別冊p.24へ

Check 2 次の計算をしなさい。

（1）$5x-3y-6x-2y$

（2）$(3x^2-7xy+2y^2)-(x^2-xy-2y^2)$

（3）$2.1(a-2b)-7.1(a-2b)$

（4）$\dfrac{5a-6b}{6}-\dfrac{-3a-2b}{4}$

📇文字式の掛け算・割り算

58　掛け算や割り算は，足し算や引き算と違って，同類項でなくても計算できます。数字と文字をそれぞれ計算し，割り算は逆数の掛け算に直してから計算します。

例1　$2x \times 7y = 14xy$ ←── $2 \times 7 = 14,\ x \times y = xy$

例2　$4a \times (-3ab) = -12a^2b$ ←── $4 \times (-3) = -12,\ a \times ab = a^2b$

例3　$7xy^2 \div \left(-\dfrac{14}{3}xy\right)$

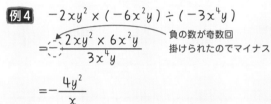

$$= 7xy^2 \times \left(-\dfrac{3}{14xy}\right)$$

割り算を逆数の掛け算に

$$= -\dfrac{\overset{1}{7xy^2} \times 3}{\underset{2}{14xy}}$$

←── 数どうし，文字どうしで約分する

符号はまとめて先頭に

$$= -\dfrac{3}{2}y$$

例4　$-2xy^2 \times (-6x^2y) \div (-3x^4y)$

$$= -\dfrac{2xy^2 \times 6x^2y}{3x^4y}$$

負の数が奇数回
掛けられたのでマイナス

$$= -\dfrac{4y^2}{x}$$

数は数，文字は文字で
分けて考えれば簡単ね

Check 3　次の計算をしなさい。

📢解説は別冊p.25へ

(1)　$6x \times (-3y)$

(2)　$12ab^2 \div (-4ab)$

(3)　$\dfrac{5}{3}xy \div \left(-\dfrac{xy}{6}\right)$

(4)　$-3ab \div \dfrac{5}{2a} \div \left(-\dfrac{6}{5}a^2b\right)$

🎎 式の値を求める

与えられた文字式の文字に，数を代入して計算した結果を，**式の値**というのでしたね (p.30)。式の値を求めるときは，式を簡単にしてから代入しましょう。

例題 $x=-3$，$y=-2$のとき，$3(x-2y)-2(2x-y)$ の値を求めなさい。

解答
$$3(x-2y)-2(2x-y)$$
$$=3x-6y-4x+2y$$
$$=(3-4)x+(-6+2)y$$
$$=-x-4y$$

カッコをはずし，
同類項をまとめて
式を簡単にする

ここで，$x=-3$，$y=-2$を$-x-4y$に代入すると
$$-(-3)-4(-2)=3+8=11$$ ← 負の数を代入するときは，カッコをつけるのを忘れずに！

（x）（y）

よって，$x=-3$，$y=-2$のとき，$3(x-2y)-2(2x-y)$の値は**11** …**答**

Check 4　$x=2$，$y=-5$のとき，次の式の値を求めなさい。　　　　　➡️ 解説は別冊p.25へ

(1)　$(x-3y)-(2x-y)$

(2)　$\dfrac{5}{3}x^2y^3 \div \left(-\dfrac{xy}{6}\right)$

---

2 文字式の利用

授業動画は
こちらから … 🖥 59

文字式を使って，いろいろな整数を表してみると次のようになります。ただし，ℓ，m，nは整数です。

連続する2つの整数	…… n，$n+1$
連続する3つの整数	…… $n-1$，n，$n+1$
偶数	…………………… $2n$
奇数	…………………… $2n-1$
連続する2つの奇数	…… $2n-1$，$2n+1$
3の倍数	……………… $3n$
3で割ると1余る数	…… $3n+1$
3で割ると2余る数	…… $3n+2$
2桁の自然数	………… $10m+n$

　　　　　　　　　　（mは1〜9，nは0〜9）

| 3桁の自然数 | ………… $100\ell+10m+n$ |

　　　　　　　　　　（ℓは1〜9，m，nは0〜9）

このように文字式を使って整数を表してみると，整数のルールが見えるようになります。例えば「連続する3つの整数の和」を考えてみましょう。左ページにあるように連続する3つの整数を$n-1$，n，$n+1$とおくと，その和は

$$(n-1)+n+(n+1)=3n \longleftarrow \text{3の倍数}$$

となります。ここから，"連続する3つの整数の和は，必ず3の倍数になる"という整数のルールが見えましたね。このLessonの冒頭のマンガで，インディが必ず勝てたのは，これを知っていたからなのですよ。

例題 次の □ に当てはまる数または式を入れなさい。

(1) nを整数とすると，$6n$は □ア の倍数である。

(2) 72を十の位と一の位に分けた数の和と考えると
$$72=10\times \boxed{イ}+\boxed{ウ}$$

(3) 連続する3つの奇数は，整数nを使って，$2n-1$，$2n+1$，$2n+\boxed{エ}$と表される。また，これらの和は
$$(2n-1)+(2n+1)+(2n+\boxed{エ})=\boxed{オ}n+\boxed{カ}$$
より，6で割ると □キ 余る数となる。

解答 (1) nを整数とすると，$6n$は6の倍数である。 □ア **6** …答

(2) $72=10\times7+2$となる。 □イ **7**, □ウ **2** …答

(3) 連続する3つの奇数は，整数nを使って，$2n-1$，$2n+1$，$2n+3$と表される。また，これらの和は
$$(2n-1)+(2n+1)+(2n+3)=6n+3$$
より，6で割ると3余る数となる。 □エ **3**, □オ **6**, □カ **3**, □キ **3** …答

Check 5 次の □ に当てはまる数または式を入れなさい。　　　　🐢解説は別冊p.25へ

十の位の数をa，一の位の数をbとすると，2桁の自然数は，$\boxed{ア}a+b$と表される。

また，この2桁の自然数の，十の位の数と一の位の数を入れ替えた数は，$\boxed{イ}b+a$と表される。

これらの差は，$(\boxed{ア}a+b)-(\boxed{イ}b+a)=\boxed{ウ}(a-b)$より，□エ の倍数となる。

♣等式の変形

$x+2y=3$ のような文字式を $x=3-2y$ のように "$x=$" の形に変形することを **xについて解く**といいます。同じ式を y について解くと，$2y=3-x$ から $y=\dfrac{3-x}{2}$ $\left(\text{または} \; y=\dfrac{3}{2}-\dfrac{1}{2}x\right)$ となります。

例1 $3x+6y=9$ を x について解くと
$$3x=-6y+9$$
$$x=-2y+3$$

例2 $3x+6y=9$ を y について解くと
$$6y=-3x+9$$
$$y=\frac{-3x+9}{6}$$
$$y=\frac{-x+3}{2} \quad \left(\text{または} \quad y=-\frac{1}{2}x+\frac{3}{2}\right)$$

これを等式の変形というんだってさ 簡単だね

Check 6　次の等式を [ ] の文字について解きなさい。　　➡解説は別冊p.25へ

(1)　$a+b+c=5$ 　$[b]$

(2)　$\ell=2\pi r$ 　$[r]$

Lesson 11 の力だめし

授業動画はこちらから

➡ 解説は別冊p.25へ

1 次の □ に＋，－，×，÷を当てはめて，計算式を完成させなさい。

(1) $x\ \boxed{ア}\ 5y\ \boxed{イ}\ 4y\ \boxed{ウ}\ 2x = 3x - y$

(2) $a^3\ \boxed{エ}\ b^2\ \boxed{オ}\ a\ \boxed{カ}\ b = a^2 b$

2 次の計算をしなさい。

(1) $4ab \times (-3b)$

(2) $-5x^2 y \div (-10xy^2)$

(3) $-7ab^2 \div \left(-\dfrac{14ab}{3} \right)$

(4) $-3xy \div \dfrac{6x}{5y} \div \left(-\dfrac{5}{2}y \right)$

3 次の等式を [ ] の文字について解きなさい。

(1) $abc = 10$ $[a]$

(2) $V : \pi r^3 = 2 : 3$ $[V]$

4 右の図において，次の各問いに答えなさい。

(1) 長方形Aの面積は，□ ab となる。空らんに当てはまる数を求めなさい。

(2) 長方形Bの面積をa，bを用いて表しなさい。

(3) 長方形Aの面積は，長方形Bの面積の何倍であるか求めなさい。

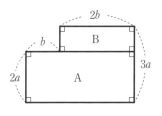

5 右下の図のように，大きい円の中に，同じ大きさの小さい円が2つ含まれている。このとき，次の各問いに答えなさい。

(1) 大きい円の円周と，小さい円2つの円周を合わせたものはどちらが長いか，答えなさい。

(2) 大きい円の面積は，小さい円2つの面積の和の何倍であるか求めなさい。

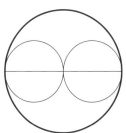

式の計算 **87**

Lesson 12 連立方程式

このLessonのイントロ♪

中学1年(Lesson4)で勉強した方程式では，文字xの値を求めました。今回は，求める文字が，xとyの2個あります。よって，方程式も2つ必要なので，方程式の前に『連立』がついています。文字が2個，式が2つになりますが，難しさは2倍ではありませんので，安心してくださいね。

🐟解説は別冊p.26へ

方程式（中学1年）

（1）次の方程式のうち，解が−2であるものをすべて選びなさい。

(ア) $x-2=0$　　　(イ) $\dfrac{1}{2}x=-1$　　　(ウ) $3(1-x)=9$

（2）次の①，②の方程式について，□に当てはまる数字を答えなさい。

① $2x-3=7$

$2x=$ ［ア］

$x=$ ［イ］

② $\dfrac{x+5}{3}=-2$

$x+5=$ ［ウ］

$x=$ ［エ］

（3）次の方程式を解きなさい。

① $0.3(0.1x-0.2)=1.2$

② $\dfrac{x-4}{2}-\dfrac{2x-1}{3}=-2$

1 連立方程式とその解

授業動画は
こちらから

🔵2元1次方程式とその解

　2つの文字を含む1次方程式を**2元1次方程式**といい，この方程式を成り立たせる2つの文字の値を，その方程式の**解**といいます。

　例えば，$3x-2y=1$はx, yの2つの文字を含む1次式なので，2元1次方程式です。

　この方程式の解は無数にあります。以下の表ではxを−3から3までの整数としたときの$3x-2y=1$が成り立つyを書きこんであります。

x	−3	−2	−1	0	1	2	3
y							

$3x-2y=1$となる
yを書きこむ →

x	−3	−2	−1	0	1	2	3
y	−5	$-\dfrac{7}{2}$	−2	$-\dfrac{1}{2}$	1	$\dfrac{5}{2}$	4

すべて$3x-2y=1$の解

Check 1　次の(ア)〜(オ)の中から，2元1次方程式$x+2y=6$を成り立たせる
x, yの値の組をすべて選び，記号で答えなさい。

🐟解説は別冊p.26へ

(ア) $x=2$, $y=2$　　　(イ) $x=-3$, $y=5$　　　(ウ) $x=1$, $y=3$

(エ) $x=4$, $y=1$　　　(オ) $x=-2$, $y=4$

🍡 連立方程式

　2つの方程式を1つの組にしたものが，**連立方程式**です。2元1次方程式1つでは解は無数にありましたが，2つを組にすると，解が1つに決まります。この方程式を成り立たせる文字の値の組を連立方程式の解といい，その解を求めることを，連立方程式を**解く**といいます。

例題 次の連立方程式の解を求めなさい。ただし$3x-2y=1$を満たすx，yの表を利用してよいものとする。

$$\begin{cases} 3x-2y=1 \\ x+y=-3 \end{cases}$$

$3x-2y=1$を満たすx，y

x	-3	-2	-1	0	1	2	3
y	-5	$-\dfrac{7}{2}$	-2	$-\dfrac{1}{2}$	1	$\dfrac{5}{2}$	4

解答 表のx，yの組み合わせから$x+y=-3$も満たすものを探せばいいので

$$x=-1,\ y=-2 \quad \cdots 答$$

x	-3	-2	-1	0	1	2	3
y	-5	$-\dfrac{7}{2}$	-2	$-\dfrac{1}{2}$	1	$\dfrac{5}{2}$	4

Check 2　次の連立方程式の解を，上の **例題** の表を利用して求めなさい。　　👉**解説は別冊p.27へ**

$$\begin{cases} 3x-2y=1 \\ x+y=7 \end{cases}$$

2つ式があると
x，yは1つに
決まるんじゃ

---

2 連立方程式の解きかた①（加減法）

 授業動画は
こちらから

63

　与えられた2つの式を足したり（加法），引いたり（減法）して，連立方程式の解を求める方法を，**加減法**といいます。加減法の解法パターンは2通りあります。次の例を参考にしっかりとマスターしてください。

> パターン❶　上の式と下の式を足したり引いたりするだけで，
> 文字が1つ消えてくれる

　これはラクなパターンです。すぐに答えが求められます。

例1 $\begin{cases} 3x-2y=1 & \cdots\cdots① \\ x+2y=3 & \cdots\cdots② \end{cases}$

$$\begin{array}{r} 3x-2y=1 \\ +\,)\ \ x+2y=3 \\ \hline 4x\ \ \ \ \ =4 \\ x\ \ \ \ \ =1 \end{array}$$

> yの係数が
> -2と2なので
> 足すと0になる

$x=1$を①式（もしくは②式）に

代入すると $y=1$

よって $x=1,\ y=1$

例2 $\begin{cases} 3x-2y=1 & \cdots\cdots① \\ x-2y=3 & \cdots\cdots② \end{cases}$

$$\begin{array}{r} 3x-2y=1 \\ -\,)\ \ x-2y=3 \\ \hline 2x\ \ \ \ \ =-2 \\ x\ \ \ \ \ =-1 \end{array}$$

> yの係数が
> 同じ-2なので
> 引くと0になる

$x=-1$を①式（もしくは②式）に

代入すると $y=-2$

よって $x=-1,\ y=-2$

パターン❷ 係数をそろえるために，上の式や下の式を何倍かしてから足したり引いたりして文字を1つ消す

これは少しめんどうです。等式の右辺と左辺に同じ数を掛けても等式は成り立ちます。その性質を利用します。

例3 $\begin{cases} 3x-2y=1 & \cdots\cdots① \\ x+y=2 & \cdots\cdots② \end{cases}$

②式を2倍して"$2y$"を作り出すと

$\qquad 2x+2y=4 \qquad \cdots\cdots②'$

よって

$$\begin{array}{r} 3x-2y=1 \\ +\,)\ \ 2x+2y=4 \\ \hline 5x\ \ \ \ \ =5 \\ x\ \ \ \ \ =1 \end{array}$$

> 足すと0になる

$x=1$を①式（もしくは②式）に

代入すると $y=1$

よって $x=1,\ y=1$

例4 $\begin{cases} 3x-2y=9 & \cdots\cdots① \\ x-3y=3 & \cdots\cdots② \end{cases}$

①式を3倍，②式を2倍して

"$6y$"を作り出すと

$\qquad 9x-6y=27 \qquad \cdots\cdots①'$

$\qquad 2x-6y=6 \qquad \cdots\cdots②'$

よって

$$\begin{array}{r} 9x-6y=27 \\ -\,)\ \ 2x-6y=6 \\ \hline 7x\ \ \ \ \ =21 \\ x\ \ \ \ \ =3 \end{array}$$

> 引くと0になる

$x=3$を①式（もしくは②式）に

代入すると $y=0$

よって $x=3,\ y=0$

補足 例1～例4 では，すべてyを消去していますが，xを消去してもかまいません。問題によってはxを消去したほうがいい場合もありますので，ラクに解ける方法を選びましょう。

3 連立方程式の解きかた② (代入法)

64

　片方の式を "$x=$" や "$y=$" の形にし，もう一方の式に代入して，1つの文字を消去する解きかたを**代入法**といいます。この方法で次の例1，例2の連立方程式を解いてみましょう。

例1 $\begin{cases} 3x-2y=1 & \cdots\cdots① \\ x=-2y+3 & \cdots\cdots② \end{cases}$

②式を①式に代入すると

$3(\underline{-2y+3})-2y=1$
　　　x

$-6y+9-2y=1$

$-8y=1-9$

$-8y=-8$

$y=1$

これを②式に代入して

$x=1$

よって　$x=1$, $y=1$

例2 $\begin{cases} x+y=3 & \cdots\cdots① \\ 2x+3y=5 & \cdots\cdots② \end{cases}$

①式より　$x=3-y$　　　$\cdots\cdots①'$

これを②式に代入すると

$2(\underline{3-y})+3y=5$
　　x

$6-2y+3y=5$

$y=-1$

これを①'式に代入して

$x=4$

よって　$x=4$, $y=-1$

もっとくわしく

慣れた上級者は，"$x=$" や "$y=$" の形にしなくても，"$2x=$" や "$3y=$" などの形で代入してもいいでしょう。

例1 は，①より，$-2y=1-3x$ とわかるので，②の $-2y$ にそれを代入し，$x=\underline{(1-3x)}+3$ として $x=1$ を導いても解けます。
　　　　　　　　　　　　　　　　　　　　　　　　　　　　　　　　$-2y$

- -

Check 3 　次の連立方程式を代入法で解きなさい。

🔸**解説は別冊p.27へ**

解きかたを
指定されていないときは，
加減法でも代入法でも
どっちで解いてもいいんダー

(1) $\begin{cases} 3x-2y=1 \\ 2y=x-3 \end{cases}$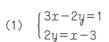

(2) $\begin{cases} y=\dfrac{3}{2}x-\dfrac{1}{2} \\ y=-x+2 \end{cases}$

(3) $\begin{cases} 3x-2y=9 \\ 3y=x-3 \end{cases}$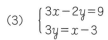

授業動画は
こちらから ・・・・ 65 66

➡️ **解説は別冊p.28へ**

1 2元1次方程式 $x - 2y = 5$ について，次の各問いに答えなさい。

(1) $x = -3$，-2，-1，0，1，2，3について，方程式が成り立つyの値を求めて，次の表を完成させなさい。

x	-3	-2	-1	0	1	2	3
y	-4	ア	イ	ウ	エ	$-\dfrac{3}{2}$	オ

(2) 上の表を参考にして，次の連立方程式の解を求めなさい。

① $\begin{cases} x - 2y = 5 \\ x + y = -1 \end{cases}$ ② $\begin{cases} x - 2y = 5 \\ x + y = 2 \end{cases}$

2 連立方程式 $\begin{cases} 3x + 2y = 16 & \cdots\cdots① \\ 2x + y = 9 & \cdots\cdots② \end{cases}$ について，次の(1)～(3)に答えなさい。

(1) ①式の方程式を満たすx，yの値の組を，次の(ア)～(エ)よりすべて選びなさい。

(2) ②式の方程式を満たすx，yの値の組を，次の(ア)～(エ)よりすべて選びなさい。

(3) ①式と②式の連立方程式の解を，次の(ア)～(エ)より選びなさい。

(ア) $x = 4$，$y = 2$　　(イ) $x = 1$，$y = 6$　　(ウ) $x = 2$，$y = 5$　　(エ) $x = 3$，$y = 3$

3 次の連立方程式の解答には誤りがある。どこに誤りがあるかを見つけ，正しい解答に直しなさい。

$\begin{cases} x + 2y = 6 & \cdots\cdots① \\ 2x - y = 1 & \cdots\cdots② \end{cases}$

[解答]　①式を2倍して　$2x + 4y = 6$　$\cdots\cdots①'$

$\begin{array}{r} 2x - y = 1 \quad \cdots\cdots② \\ -)\ 2x + 4y = 6 \quad \cdots\cdots①' \\ \hline -5y = -5 \end{array}$

$y = 1$

$y = 1$を①式に代入して　$x + 2 \times 1 = 6$

$x = 4$

よって　$x = 4$，$y = 1$

4 次の連立方程式を解きなさい。

(1) $\begin{cases} x + 3y = 9 \\ 2x - 5y = -4 \end{cases}$ (2) $\begin{cases} x + 2y = 10 \\ 3x + 4y = 26 \end{cases}$

Lesson 13 連立方程式の利用

このLessonのイントロ♪

Lesson12では，連立方程式の基本的な解きかたについて，学習しました。今回は，カッコのある連立方程式や係数に分数や小数の入ったいろいろな連立方程式の解きかたを学習します。また，身近にある問題を，連立方程式を利用して解く手順についても学習します。

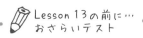

Lesson 13の前に…
おさらいテスト

➡解説は別冊p.28へ

方程式の利用（中学1年）

(1) 次の方程式を解きなさい。

① $-3(2x-1)=6(x-2)$

② $0.2(x+0.5)=0.05(2x-2)$

③ $\dfrac{3}{2}x-\dfrac{1}{6}=\dfrac{1}{3}x+8$

④ $\dfrac{3}{5}x-\dfrac{1}{2}=0.4x+0.3$

(2) ケーキを4個買い，30円の保冷剤を入れたとき，代金の合計が1290円となった。このとき，次の各問いに答えなさい。

① ケーキ1個の値段を x 円として，方程式を作りなさい。

② ケーキ1個の値段を求めなさい。

① いろいろな連立方程式の解きかた

授業動画は
こちらから

カッコのある連立方程式や，係数に分数や小数がある連立方程式は，中学1年の内容で学習した『1次方程式』と同じように，それぞれの方程式を簡単にしてから解きます。

ポイント　連立方程式の解きかた

❶ 係数が小数や分数のとき，**両辺を何倍かして係数を整数にする**。

❷ カッコがあるときは，カッコをはずして同類項をまとめる。

❸ ❶，❷によって簡単になった方程式を，加減法，または代入法で解く。

例1 連立方程式 $\begin{cases} 3x-y=5 & \cdots\cdots ① \\ \dfrac{1}{2}x+\dfrac{1}{6}y=\dfrac{1}{6} & \cdots\cdots ② \end{cases}$ を解く。

②式の両辺に6を掛けると ◀── 両辺を6倍して分数をなくす

$\qquad 3x+y=1 \quad \cdots\cdots ②'$

①＋②' より

$\qquad 3x-y=5 \quad \cdots\cdots ①$

$\underline{+)\quad 3x+y=1 \quad \cdots\cdots ②'}$ ◀── 加減法で解く

$\qquad 6x=6$

$\qquadx=1$

$x=1$ を①式（もしくは②'式）に代入して $y=-2$

よって $x=1, y=-2$

例2 連立方程式 $\begin{cases} y=3x+2 & \cdots\cdots① \\ 0.5x-0.4y=-0.1 & \cdots\cdots② \end{cases}$ を解く。

②式の両辺を10倍して　←── 両辺を10倍して小数をなくす

$\qquad 5x-4y=-1 \quad \cdots\cdots②'$

求める連立方程式は

$\qquad \begin{cases} y=3x+2 & \cdots\cdots① \\ 5x-4y=-1 & \cdots\cdots②' \end{cases}$

代入法により，①式を②'式に代入して　←── 代入法で解く

$\qquad 5x-4(3x+2)=-1$

$\qquad 5x-12x-8=-1$

$\qquad\qquad -7x=7$

$\qquad\qquad\quad x=-1$

これを①式に代入して　$y=3\times(-1)+2=-1$

よって　$x=-1,\ y=-1$

例3 連立方程式 $\begin{cases} 3x-y=3 & \cdots\cdots① \\ 5(x+y)-4(x+y)=1 & \cdots\cdots② \end{cases}$ を解く。

②式のカッコをはずすと　←── カッコをはずして同類項をまとめる

$\qquad 5x+5y-4x-4y=1$

$\qquad\qquad\qquad x+y=1 \quad \cdots\cdots②'$

①+②' より

$\qquad\quad 3x-y=3 \quad \cdots\cdots① \quad$←── 加減法で解く

$\qquad \underline{+)\quad x+y=1 \quad \cdots\cdots②'}$

$\qquad\qquad 4x\quad\ =4$

$\qquad\qquad\ x\quad =1$

$x=1$を①式（もしくは②'式）に代入すると　$y=0$

よって　$x=1,\ y=0$

- -

Check 1　次の連立方程式を解きなさい。　　　　　　　　　　解説は別冊p.29へ

(1) $\begin{cases} 2x-\dfrac{y-1}{3}=1 \\ x+y=5 \end{cases}$　　　　(2) $\begin{cases} -x+2y=-2 \\ 0.05x-0.14y=-0.1 \end{cases}$

(3) $\begin{cases} 3(x-2)-2y=y \\ x+y=6 \end{cases}$　　　　(4) $\begin{cases} \dfrac{x-1}{2}+\dfrac{y-1}{3}=-1 \\ 0.1(0.3x-0.2)+0.03y=-0.12 \end{cases}$

2 連立方程式の利用

ここでは，連立方程式を利用して文章問題を解いていきましょう。求める数をx，yとおいて式を立て，最後に求めた数が問題に適しているかを確認します。

ポイント 連立方程式の文章問題の解きかた

❶ 求めるものの数量をx，yとおく。

❷ x，yを使って，2つの等式を立てる。

❸ 連立方程式を解く。

❹ 求めたx，yの値が問題に適しているか確認し，単位をつけて答える。

❷の「2つの等式を立てる」というのが，1つの難関です。文章から読みとれるよう練習しましょう。

例題1 1本70円の鉛筆と1個50円の消しゴムを合わせて10個買うと，代金が660円になった。鉛筆と消しゴムをそれぞれ何個買ったか求めなさい。

解答 鉛筆をx本，消しゴムをy個買ったとすると　◀── 求めるものの数量をx，yとおく

$$\begin{cases} x+y=10 & \cdots\cdots① \\ 70x+50y=660 & \cdots\cdots② \end{cases}$$

◀── 合わせて10個買ったので①　代金が660円なので②

①式の両辺を5倍，②式の両辺を10で割ると

$$\begin{cases} 5x+5y=50 & \cdots\cdots①' \\ 7x+5y=66 & \cdots\cdots②' \end{cases}$$

②'式から①'式を引くと

$$\begin{array}{r} 7x+5y=66 \\ -)\underline{5x+5y=50} \\ 2x=16 \\ x=8 \end{array}$$

これを①式に代入して　$y=2$

ここで，$x=8$，$y=2$は問題に適している。

よって　**鉛筆8本，消しゴム2個**　…**答**

} 連立方程式を解く

} 確認して，単位をつけて答える

ちゃんと確認しないと間違えてしまうかも

Check 2　AとBの2種類の金属がある。Aが2個とBが5個で530 g，Aが3個とBが2個で410 gのとき，次の各問いに答えなさい。　▶**解説は別冊p.30へ**

(1)　Aの1個の重さをx g，Bの1個の重さをy gとして，連立方程式を立てなさい。

(2)　(1)の連立方程式を解き，A，Bの1個の重さをそれぞれ求めなさい。

例題2 地点Aから14 km離れた地点Bに行くのに，途中の地点Pまでは時速3 km，地点Pから地点Bまでは時速5 kmで歩いたところ，合計で4時間かかった。

地点Aから地点Pまでの道のりをx km，地点Pから地点Bまでの道のりをy kmとして，次の各問いに答えなさい。

(1) この問題中の数量の関係を次のように表にまとめてみた。◯に当てはまる数や文字式を入れなさい。

	AからP	PからB	合計
道のり	x km	y km	ア km
時間	イ 時間	ウ 時間	エ 時間

(2) 地点Aから地点Pまでの道のりと，地点Pから地点Bまでの道のりを答えなさい。

解答 (1) 問題文より，地点Aから地点Bまでは14 km。 ア **14** …答

地点Aから地点Pまでの道のりx kmを時速3 kmで歩いたので

$x \div 3 = \dfrac{x}{3}$ （時間）かかる。 イ $\dfrac{x}{3}$ …答

地点Pから地点Bまでの道のりy kmを時速5 kmで歩いたので

$y \div 5 = \dfrac{y}{5}$ （時間）かかる。 ウ $\dfrac{y}{5}$ …答

問題文より，地点Aから地点Bまで4時間かかる。 エ **4** …答

(2) 道のりをもとに方程式を作ると $x+y=14$ ……①

時間をもとに方程式を作ると $\dfrac{x}{3}+\dfrac{y}{5}=4$ ……②

x, yを使って2つの等式を立てる

①式と②式の連立方程式 $\begin{cases} x+y=14 & \cdots\cdots① \\ \dfrac{x}{3}+\dfrac{y}{5}=4 & \cdots\cdots② \end{cases}$ を解く。

①式の両辺を3倍すると $3x+3y=42$ ……①′
②式の両辺を15倍すると $5x+3y=60$ ……②′
加減法より②′式から①′式を引くと

$\begin{array}{r} 5x+3y=60 \quad \cdots\cdots②′ \\ -)\ 3x+3y=42 \quad \cdots\cdots①′ \\ \hline 2x=18 \\ x=\ 9 \end{array}$

連立方程式を解く

これを①式に代入すると

$9+y=14$
$y=5$

$x=9，y=5$は問題に適しているので

地点Aから地点Pまで9 km
地点Pから地点Bまで5 km …答

確認して，単位をつけて答える

大変な問題だったな
歩いたりせずに
車で行けば
すぐ着くのに

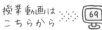
1 次の連立方程式を解きなさい。

(1) $\begin{cases} 3x - y = 3 \\ 2(x-y) - 3(x-y) = -1 \end{cases}$

(2) $\begin{cases} \dfrac{2}{3}x - \dfrac{3}{2}y = 1 \\ \dfrac{1}{3}x - \dfrac{y-2}{4} \end{cases}$

(3) $\begin{cases} 0.1y = 0.3x + 0.2 \\ 0.05x - 0.04y = -0.01 \end{cases}$

(4) $\begin{cases} -0.3x - 0.2y = 0.5 \\ \dfrac{3x+2y}{10} + \dfrac{y}{3} = \dfrac{1}{2} \end{cases}$

2 連立方程式 $\begin{cases} x - 2(x-y) = 5 \\ 2x - y = 2 \end{cases}$ について，次の各問いに答えなさい。

(1) 加減法で解きなさい。

(2) 代入法で解きなさい。

3 地点Aから10km離れた地点Bに行くのに，途中の地点Pまでは時速4km，地点Pから地点Bまでは時速3kmで歩いたところ，合計で3時間かかった。

地点Aから地点Pまでの道のりと，地点Pから地点Bまでの道のりを求めなさい。

4 次の食塩水の問題について， ［ ］に当てはまる数を答えなさい。

食塩水100gの中に食塩が6g含まれるとき，この食塩水を6％の食塩水という。

6％の食塩水200gの中には，食塩が ［ ア ］g含まれている。

今，10％の食塩水 x gと6％の食塩水 y gを混ぜ合わせて，7％の食塩水を600g作りたい。このとき，食塩水の量について，$x + y = $ ［ イ ］ ……① が成り立つ。

また，10％の食塩水 x gの中には，食塩が $x \times \dfrac{10}{100}$ (g) 含まれ，6％の食塩水 y gの中には，食塩が $y \times \dfrac{6}{100}$ (g) 含まれ，7％の食塩水600gの中には，食塩が ［ ウ ］g含まれるから，食塩の量について，$\dfrac{10}{100}x + \dfrac{6}{100}y = $ ［ ウ ］ ……② が成り立つ。

①，②式を連立させて解くと，$x = $ ［ エ ］，$y = $ ［ オ ］となる。

$x = $ ［ エ ］，$y = $ ［ オ ］は問題に適している。

よって，10％の食塩水は ［ エ ］g，6％の食塩水は ［ オ ］g

1次関数

〔中学2年〕

このLessonのイントロ♪

自動販売機，使ったことありますよね。お金を入れてボタンを押すと，ジュースが1本出てきます。これって，今回勉強する関数と同じです。xに数を1つ入れると，それにともなって，yに当てはまる数が1つ出てきます。もしかすると，自動販売機を最初に発明した人は，数学の関数をヒントにしているかもしれませんね。

Lesson 14の前に…
おさらいテスト

➡解説は別冊p.32へ

比例と反比例（中学1年）

(1) 次の◯◯◯に当てはまる文字式，数や言葉を入れなさい。

xの値が1つ決まると，それに対応してyの値がただ1つに決まるとき，yはxの ア であるという。

x，yを変数といい，変数がとることのできる値の範囲を イ という。

比例定数をa（$\neq 0$）とすると，yがxに比例するとき，$y=$ ウ と表せ，yがxに反比例するとき，$y=$ エ と表せる。

(2) 下の表について，次の各問いに答えなさい。

① yがxに比例するとき，下の表1の◯◯◯をうめなさい。また，yをxの式で表しなさい。

② yがxに反比例するとき，下の表2の◯◯◯をうめなさい。また，yをxの式で表しなさい。

表1

x	-4	-2	1	2	4
y	ア	6	イ	ウ	エ

表2

x	-4	-2	1	2	4
y	オ	6	カ	キ	ク

(3) $x=-\dfrac{2}{3}$に対して，$y=6$であるとき，次の各問いに答えなさい。

① yがxに比例するとき，yをxの式で表しなさい。また，$y=-12$のとき，xの値を求めなさい。

② yがxに反比例するとき，yをxの式で表しなさい。また，$y=-12$のとき，xの値を求めなさい。

(4) 次の①〜④について，xの変域が$1 \leqq x \leqq 2$のとき，yの変域をそれぞれ求めなさい。

① $y=4x$ ② $y=-4x$ ③ $y=\dfrac{4}{x}$ ④ $y=-\dfrac{4}{x}$

1 1次関数

授業動画は
こちらから ⋯⋯

$y=ax+b$（$a\neq 0$，a，bは定数）という式の形になるとき，「yはxの**1次関数**である」といいます。$b=0$のときは$y=ax$となり，これは比例の関係でしたね（p.42）。比例$y=ax$も1次関数の一種です。

今までに習った関数は
右のとおりでおま
中3では$y=ax^2$と
いうのを習うでおまよ

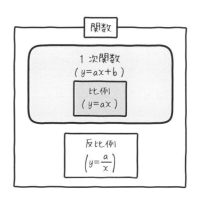

関数

1次関数
（$y=ax+b$）

比例
（$y=ax$）

反比例
（$y=\dfrac{a}{x}$）

例1 $y=2x-3$ ◀── $a=2,\ b=-3$

例2 $y=x+6$ ◀── $a=1,\ b=6$

例3 $y=-3x-9$ ◀── $a=-3,\ b=-9$

例4 $y=\dfrac{3}{5}x$ ◀── $a=\dfrac{3}{5},\ b=0$

例5 $2x+y=3$

$\quad\quad y=-2x+3$ ◀── $a=-2,\ b=3$

例6 $x-2y=4$

$\quad\quad -2y=-x+4$

$\quad\quad\quad y=\dfrac{1}{2}x-2$ ◀── $a=\dfrac{1}{2},\ b=-2$

補足 $y=\dfrac{5}{x}$ のように，x が分母にくる式は，反比例の式でしたね。これは1次関数ではありませんので，混同しないようにしましょう。$y=\dfrac{x}{5}$ は $y=\dfrac{1}{5}x$ のことなので，比例の式で，1次関数でもあります。

例題 周の長さが30cmの長方形について，たて x cm，横 y cmのとき，y は x の1次関数であるか答えなさい。

解答 長方形の周の長さは，たての長さと横の長さをそれぞれ2回掛けたものを足せばよいので，$2x+2y=30$ と表せる。

$\quad\quad 2x+2y=30$

$\quad\quad\quad x+y=15$

$\quad\quad\quad\quad y=-x+15$ ◀── $a=-1,\ b=15$

よって，$y=ax+b$ の形になるので，**y は x の1次関数である。**…答

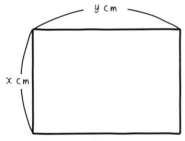

$\Rightarrow$
$2x+2y=30$
$x+y=15$
$y=-x+15$

$y=-x+15$は
$a=-1,\ b=15$とした
$y=ax+b$の形ね

Check 1　次の(1)～(3)の x と y の関係について，y は x の1次関数であるか答えなさい。

➡ 解説は別冊p.33へ

(1)　時速40kmで x 時間走ったときの道のりを y kmとする。

(2)　1辺が x cmの立方体について，表面積を y cm^2 とする。

(3)　毎分1.5Lずつ x 分間水を入れたときの水そうの水の量を y Lとする。

2 1次関数の変化の割合

1次関数において，xの増加量に対するyの増加量の割合を，**変化の割合**といい，

$$(変化の割合) = \frac{(yの増加量)}{(xの増加量)}$$ と表されます。

例えば，xが1から3に変化したときに，yが5から11に変化したとすると，xの増加量は

$3-1=2$，yの増加量は$11-5=6$なので，変化の割合は$\frac{6}{2}=3$となります。

例題1 $y=1.5x+30$の関係を満たすx，yの移り変わりが下の表にまとめられている。この表について，次の①，②に答えなさい。

① xが-2から3まで増加するとき，yの増加量を求めなさい。

② ①の場合において，変化の割合を求めなさい。

x	-5	-4	-3	-2	-1	0	1	2	3	4	5
y	22.5	24	25.5	27	28.5	30	31.5	33	34.5	36	37.5

解答 ① xが-2から3まで増加するとき，yは27から34.5まで増加している。

よって （yの増加量）$=34.5-27=$**7.5** …答

② ①より，（xの増加量）$=3-(-2)=5$

yの増加量は7.5だから

$$(変化の割合) = \frac{(yの増加量)}{(xの増加量)} = \frac{7.5}{5} = \textbf{1.5}$$ …答

上の**例題1**は$y=1.5x+30$についての表から，変化の割合を求めたところ，1.5という答えになりました。これは偶然ではありません。1次関数$y=ax+b$のaと変化の割合は同じ値になります。$y=ax+b$の式を与えられて，"変化の割合を求めなさい"と問われたら，aの値を答えればいいのです。

例題2 1次関数$y=-2x+5$について，次の各問いに答えなさい。

① 変化の割合を求めなさい。

② xの増加量が20のとき，yの増加量を求めなさい。

解答 ① 1次関数の変化の割合は，$y=ax+b$のaと一致するので **-2** …答

② $(変化の割合) = \frac{(yの増加量)}{(xの増加量)}$より （$y$の増加量）$=$（変化の割合）$\times$（$x$の増加量）

よって （yの増加量）$=-2\times20=$**-40** …答

Check 2 次の関数の変化の割合をそれぞれ求めなさい。　➡ 解説は別冊p.33へ

また，xが2から6まで増加するときのyの増加量をそれぞれ求めなさい。

(1) $y=5x+19$ 　(2) $y=-4x$ 　(3) $y=-\frac{3}{2}x+\frac{5}{4}$

③ 1次関数のグラフ

♣ 切片と傾き

比例$y=ax$のグラフは原点を通る直線で、$a>0$のときは右上がり、$a<0$のときは右下がりになるのでしたね（p.44）。

1次関数$y=ax+b$のグラフは、比例$y=ax$のグラフを、y軸の方向にbだけ平行移動した直線になります。$b>0$なら上に、$b<0$なら下に移動するということです。

1次関数のグラフは点$(0, b)$を通り、bをこの直線の**切片**といいます。また、変化の割合aを、この直線の**傾き**といいます。傾きはグラフにおいて、xが1増えたときにyがいくつ変化しているかを見るとわかります。

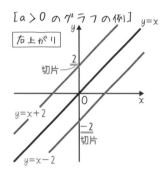

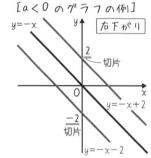

比例のグラフを上下に平行移動させただけダー

例題 右の図の①と②のグラフの直線の式を求めなさい。

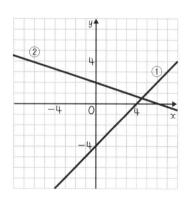

解答 ① 右へ1つ進むとき、上に1つ進んでいるので
（xの増加量）＝1のとき、（yの増加量）＝1

よって、傾きは $a=\dfrac{1}{1}=1$

また、y軸と点$(0, -4)$で交わっているので
切片は $b=-4$

よって、①の直線の式は $\boldsymbol{y=x-4}$ …**答**

② 右へ3つ進むとき、下に1つ進んでいるので
（xの増加量）＝3のとき、（yの増加量）＝-1

よって、傾きは $a=\dfrac{-1}{3}=-\dfrac{1}{3}$

また、y軸と点$(0, 2)$で交わっているので
切片は $b=2$

よって、②の直線の式は $\boldsymbol{y=-\dfrac{1}{3}x+2}$ …**答**

Check 3　右の図の①と②のグラフの直線の式を求めなさい。　　　　　　→ 解説は別冊p.33へ

例題と同じように
やればいいんだな

②みたいな坂を
かけ上がりたいワン

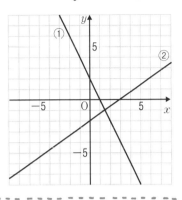

🐾 直線の式を求める文章問題

　1次関数$y=ax+b$のグラフは直線になるので，「〜な直線の式を求めなさい」といわれたら，1次関数の式を答えます。出題パターンと考えかたをまとめておきますね。

 直線の式　$y=ax+b$　の求めかた

パターン①　傾きa，切片bが問題文から読みとれる

⇒ $y=ax+b$をすぐに答えられる！

例1 "平行な直線が与えられる" ⇒ 傾きaはその直線と同じ

例2 "点$(0,b)$を通る"，"$y=●x+b$とy軸で交わる" ⇒ 切片がbということ

パターン②　傾きa，切片bのどちらかがわかり，通る1点(x_1,y_1)を与えられる

⇒ $y=ax+b$のa，bのどちらかを数字にし，その式に(x_1,y_1)を代入。

パターン③　通る2点(x_1,y_1)，(x_2,y_2)が与えられる

⇒ $\dfrac{(yの増加量)}{(xの増加量)}=$ (傾きa) からaを求め，(x_1,y_1)か(x_2,y_2)を代入。

　言葉でまとめただけでは，難しそうに見えるかもしれません。例題で実際に確認していきましょう。

例題 ① 直線 $y=2x-3$ に平行で，点 $(0, 1)$ を通る直線の式を求めなさい。

② 直線 $y=2x-3$ と y 軸上で交わり，点 $(2, -7)$ を通る直線の式を求めなさい。

③ 2点 $(-2, 7)$，$(1, -2)$ を通る直線の式を求めなさい。

解答 ① 直線 $y=2x-3$ に平行なので，傾きは $a=2$

点 $(0, 1)$ を通るので，切片は $b=1$

よって，求める直線の式は $y=2x+1$ …答 ← **パターン①**

② $y=2x-3$ の y 軸上の点は $(0, -3)$

求めたい直線はそこを通るので，切片は $b=-3$ ← $y=ax-3$ とおける

また点 $(2, -7)$ を通るので，直線の式 $y=ax-3$ に，$x=2$，$y=-7$ を代入して

$$-7=a\times 2-3$$
$$2a=-4$$
$$a=-2$$

よって，求める直線の式は $y=-2x-3$ …答 ← **パターン②**

③ 2点 $(-2, 7)$，$(1, -2)$ を通るので

傾きは $a=\dfrac{(-2)-7}{1-(-2)}=\dfrac{-9}{3}=-3$ ← $y=-3x+b$ とおける

$\dfrac{(y の増加量)}{(x の増加量)}$

このグラフは点 $(1, -2)$ を通るので， ← 点 $(-2, 7)$ を通るので
$y=-3x+b$ に，$x=1$，$y=-2$ を代入して $7=-3\times(-2)+b$
としてもOK
$$-2=-3\times 1+b$$
$$b=1$$

よって，求める直線の式は $y=-3x+1$ …答 ← **パターン③**

Check 4 次の直線の式を求めなさい。 ➡ 解説は別冊p.33へ

(1) 直線 $y=-2x+3$ に平行で，点 $(0, -1)$ を通る。

(2) 直線 $y=-2x+3$ と y 軸上で交わり，点 $(-4, -1)$ を通る。

(3) 2点 $(-3, -13)$，$(4, 22)$ を通る。

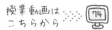

➡️ 解説は別冊p.34へ

1 次のア～オの中から，y が x の1次関数であるものをすべて選びなさい。

ア：10 kmの道のりを，時速 x kmで y 時間走る。

イ：1辺が x cmの正方形について，面積を y cm² とする。

ウ：50 Lの水が入っている水そうから，毎分3 Lずつ x 分間水を抜いたとき，水そうに
　　残っている水の量を y Lとする。

エ：50円切手を x 枚買ったときと，80円切手を y 枚買ったときの代金が等しい。

オ：10回じゃんけんをして，x 回勝って，y 回負ける。ただし，あいこはなく，必ず勝負
　　がつくものとする。

2 x が－6から－2まで増加するとき，次の関数の変化の割合を求めなさい。また，y の
増加量を求めなさい。

(1)　$y = -\dfrac{4}{3}x + 1$　　　　　　(2)　$y = -\dfrac{1}{8}x + 3$

3 右の図の①と②のグラフの直線の式を求めなさい。

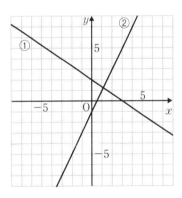

4 2点A(4，－5)，B(3，10) について，次の各問いに答えなさい。

(1)　直線 $y = -3x + 1$ に平行で，点Aを通る直線の式を求めなさい。

(2)　直線 $y = -3x + 1$ と y 軸上で交わり，点Bを通る直線の式を求めなさい。

5 3点A(2，－1)，B(5，5)，C(c，11) のとき，次の各問いに答えなさい。

(1)　直線ABの式を求めなさい。

(2)　直線AB上に点Cがあるとき，点Cの x 座標 c の値を求めなさい。

1次関数の利用

[中学2年]

このLessonのイントロ♪

Lesson14では1次関数のグラフの読みかたを学びました。ここでは，2つの1次関数のグラフの交点を，連立方程式を使って求めていきましょう。

✏️ Lesson 15 の前に… おさらいテスト

比例の利用（中学1年）

(1) ばねに x g のおもりをつけたときのばねの伸び y cm を，右下の表のようにまとめた。次の
各問いに答えなさい。

① おもりを1 g 増やすと，ばねの伸びは何 cm 増える
か求めなさい。

x (g)	0	5	10	15	20	25
y (cm)	0	2	4	6	8	10

② y を x の式で表しなさい。

③ 50 g のおもりをつけたときの，ばねの伸びは何 cm か求めなさい。

④ ばねの伸びが12 cm のとき，何 g のおもりをつけたか求めなさい。

(2) 右の図のような長方形ABCDがある。点Pが点Bを
スタートして，毎秒2 cm の速さで辺BC上を点Cまで
進む。x 秒後の△ABPの面積を y cm² とするとき，次
の各問いに答えなさい。

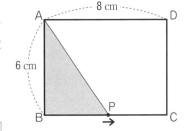

① y を x の式で表しなさい。

② 次の表を完成させなさい。

x	0	1	2	3	4
y	ア	イ	ウ	エ	オ

③ x，y の変域をそれぞれ求めなさい。

(3) 右の図について，次の各問いに答えなさい。

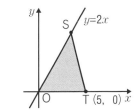

① 点Sの x 座標が4のとき，△OSTの面積を求めなさい。

② △OSTの面積が35のとき，点Sの座標を求めなさい。

---

1 連立方程式とグラフ

授業動画は
こちらから ···· 76 77

🔹 直線の式と点の関係

p.44で示したように，"直線 $y=2x$" は $y=2x$ を満たす点全体である直線でした。別のい
いかたをすると，"直線 $y=2x$" 上に点 (p, q) があるとすると，必ず "$q=2p$ となっている"
ということです。

🔹 （連立方程式の解）＝（2直線の交点の座標）

連立方程式 $\begin{cases} -x+y=1 & \cdots\cdots① \\ x+y=3 & \cdots\cdots② \end{cases}$ を解くと，$x=1$，$y=2$（解きかたはLesson12を復

習しておいてください）となります。$x=1$，$y=2$ は①式，②式をともに満たしますね。

次に①式，②式をグラフで表すために "$y=$" の形に変形してみましょう。

$y=x+1$　　……①′

$y=-x+3$　　……②′

①′式と②′式のグラフをかいてみると，右のようになります。

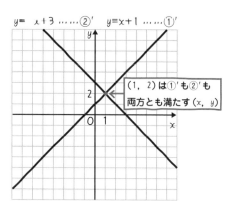

$x=1$，$y=2$は①′式，②′式の両方を満たすので，点 (1, 2) は，直線①′上にも直線②′上にもあります。つまり①′と②′の交点が点 (1，2) ということです。

連立方程式の解x, yは，2直線の交点の座標(x, y)と同じなのです。

Check 1　　右のグラフを利用して，次の連立方程式の解を求めなさい。

解説は別冊p.35へ

$$\begin{cases} -x+y=2 \\ 3x+y=6 \end{cases}$$

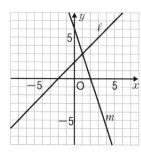

▲グラフの交点を，連立方程式で求める

77　　グラフの交点がマス目の上になく，読みとれないときは，連立方程式を解くことで，交点の座標 (x, y) を求めましょう。

例題　右の図の2直線ℓとmの交点の座標を求めなさい。

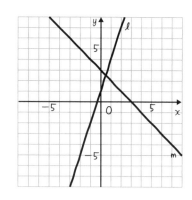

解答　直線ℓは$y=3x+1$，直線mは$y=-x+3$より，
p.104の方法で読みとる

連立方程式 $\begin{cases} y=3x+1 & ……① \\ y=-x+3 & ……② \end{cases}$ の解が，

2直線ℓとmの交点の座標と一致する。

①式を②式に代入すると　$3x+1=-x+3$

$$4x=2$$

$$x=\frac{1}{2}$$

また，$x=\frac{1}{2}$を②式 ($y=-x+3$) に代入すると

$$y=-\frac{1}{2}+3=\frac{5}{2}$$

したがって，2直線ℓとmの交点の座標は $\left(\dfrac{1}{2}, \dfrac{5}{2}\right)$　…答

Check 2　下の2直線ℓとmの交点の座標を求めなさい。

解説は別冊p.36へ

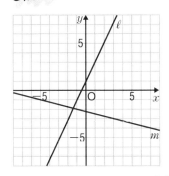

直線ℓの切片は1とわかるけど，直線mがわからない

直線mは（−1，−2），（3，−3）の2点を通る。ここから傾きaを求め，y＝ax＋bに（−1，−2），（3，−3）のどちらかを代入して，bを求めるんじゃ

2 1次関数の利用

授業動画はこちらから

1次関数を利用して，図形の問題や文章問題に挑戦してみましょう。

例題1　右の図のように，2直線の交点をA，x軸との交点をそれぞれB，Cとする。
このとき，△ABCの面積を求めなさい。
ただし，座標の1目盛りを1 cmとして計算しなさい。

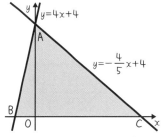

解答　2直線の切片がともに4より，点Aの座標は（0，4）とすぐにわかる。

x軸はy＝0なので，x軸との交点B，Cの座標は，それぞれの式にy＝0を代入すればよい。

y＝4x＋4にy＝0を代入すると　0＝4x＋4より　x＝−1
よって，点Bの座標は（−1，0）

$y=-\dfrac{4}{5}x+4$にy＝0を代入すると　$0=-\dfrac{4}{5}x+4$より　x＝5

よって，点Cの座標は（5，0）
これらより，△ABCの底辺はBC＝5−（−1）＝6，高さはOA＝4となるので

　　　△ABC＝6×4÷2＝12　　　△ABCの面積は**12（cm²）**　…答

Check 3　ばねにx gのおもりをつけたときのばねの長さy cmを，右のようにまとめた。次の各問いに答えなさい。

解説は別冊p.36へ

（1）　おもりをつける前のばねの長さを求めなさい。
（2）　おもりを1 g増やすと，ばねの伸びは何cm増えるか求めなさい。

x (g)	0	5	10	15	20	25
y(cm)	5	7	9	11	13	15

（3）　yをxの式で表しなさい。
（4）　50 gのおもりをつけたときのばねの長さを求めなさい。
（5）　ばねの長さが17 cmのとき，何gのおもりをつけたか求めなさい。

あら？
この問題p.109の(1)と似ているわ
見てみて

次に，動点の問題も1次関数を利用して解いてみましょう。

例題2 右の図のような長方形ABCDがある。点Pが点Aを出発し，この長方形の周上を1秒間に2cmの速さで，点B，点Cを通り，点Dまで移動する。出発してからx秒後の△APDの面積を$y$cm²とするとき，次の各問いに答えなさい。

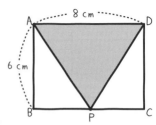

① 下の表を完成させなさい。

x	0	1	2	3	4	5	6	7	8	9	10
y	0										0

② ①の表を参考にして，△APDの面積の変化の様子を表すグラフをかきなさい。

解答 ① 辺AB，辺BC，辺CD上に2cmごとに点を打ち，点Pが移動したときの△APDの様子を表すと，次のようになる。

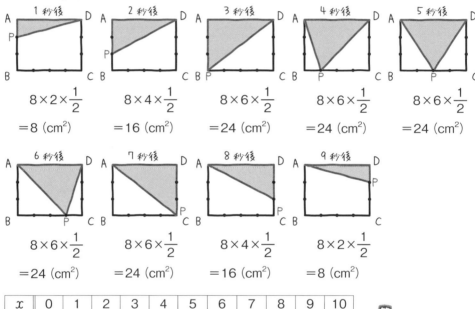

x	0	1	2	3	4	5	6	7	8	9	10
y	0	**8**	**16**	**24**	**24**	**24**	**24**	**24**	**16**	**8**	0

…答

② 上の表より，グラフは下のようになる。

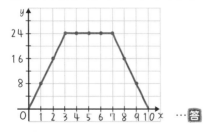

…答

もっとくわしく

yをxの式で表すと

点PがAB上にあるとき $y=8x$ （$0 \leqq x \leqq 3$）

点PがBC上にあるとき $y=24$ （$3 \leqq x \leqq 7$）

点PがCD上にあるとき $y=-8x+80$ （$7 \leqq x \leqq 10$）

3≦x≦7では面積yが同じなんだな

この台形かけ上がりたいワン

Lesson 15 の力だめし

授業動画は
こちらから ·····▶

解説は別冊p.36へ

1 右のグラフについて，次の各問いに答えなさい。

(1) ①の直線の式を求めなさい。

(2) ②の直線の式を求めなさい。

(3) ①と②の交点の座標を求めなさい。

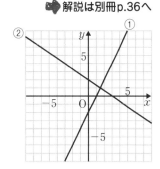

2 点Pが正方形ABCDの点Bをスタートして，毎秒2cmの速さで周上を移動し，点C，点Dを通り，点Aまで進む。x秒後の△ABPの面積を$y$cm^{2}とするとき，次の各問いに答えなさい。

(1) 下のxとyの表を完成させなさい。

x	0	1	2	3	4	5	6	7	8	9	10	11	12
y	0												0

(2) (1)の表をもとに，x，yの関係を右のグラフに表しなさい。

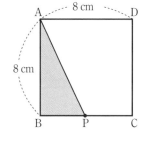

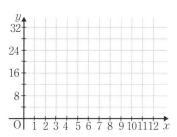

3 原点O，点T(6，0)と，直線$y-2x$上を自由に動く点Sについて，次の各問いに答えなさい。ただし，x，y座標の1目盛りは1cmとする。

(1) 点Sのx座標が4のときを考える。

① △OSTの面積は何cm^{2}か求めなさい。

② 点Sを通り△OSTの面積を2等分する直線の式を求めなさい。

③ 点Tを通り△OSTの面積を2等分する直線の式を求めなさい。

(2) 点Sのx座標をsとおいたとき，△OSTの面積はどのように表されるか。sを使って答えなさい。

(3) △OSTの面積が48cm^{2}のとき，Sの座標を求めなさい。

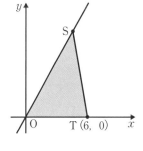

Lesson 16 平行線と図形の角

このLessonのイントロ♪

四角形の角の和が360°なのは，四角形が2つの三角形に分けることができるからです。では，三角形の角の和は，どうして180°なのでしょうか。ここでは，いろいろな角について学習します。これらの角を使うと，三角形の角の和が180°であることもわかります(p.118)。

解説は別冊p.38へ

Lesson 16の前に…
おさらいテスト

平面図形（中学1年）

(1) 次の多角形において，頂点Aから引くことができる対角線をすべて引きなさい。また，対角線によって分けられる三角形の数を答えなさい。

① 四角形　　　　　　　　② 五角形　　　　　　　　③ 六角形

(2) 1つの頂点から対角線を引いて，多角形をいくつかの三角形に分けることを考える。このとき，次の表の □ に当てはまる数や式を答えなさい。

多角形の種類	三角形	四角形	五角形	六角形	…	n角形
対角線の本数	0	ア	イ	ウ	…	エ
含まれる三角形の数	オ	カ	キ	ク	…	n−2

(3) 次の図において，∠xの大きさを求めなさい。

①　　　　　　　　　　　　②

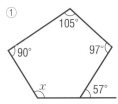　　　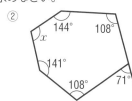

1 対頂角

授業動画は
こちらから

　右の図のように，2つの直線が交わると，その交点の周りに4つの角ができます。このうち，∠aと∠c，∠bと∠dのように，向かい合う角を**対頂角**といいます。**対頂角は必ず等しい大きさ**になります。

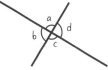

∠a＝∠c，∠b＝∠d

例題 次の図において，∠xと∠yの大きさをそれぞれ求めなさい。

(1)　　　　　　　　　　　　(2)

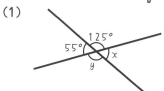　　　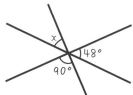

解答 (1)　対頂角の大きさは等しいから　∠**x＝55°**，∠**y＝125°**　…**答**

　　　　(2)　一直線の角は足し合わせると180°なので，∠xの対頂角は
　　　　　　　180°−（90°＋48°）＝42°

　　　　　　　対頂角の大きさは等しいから　∠**x＝42°**　…**答**

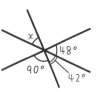

Check 1　次の図において，∠xと∠yの大きさを求めなさい。　　　➡ 解説は別冊p.38へ

(1)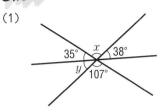

(2)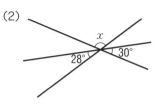

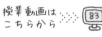

② 同位角と錯角

　右の図のように，2直線ℓ，mに別の直線が交わって
できる角について，∠aと∠eのような位置の角を
同位角 といいます。∠bと∠f，∠cと∠g，∠dと
∠hも同位角です。

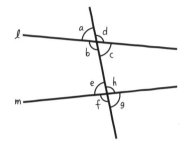

　また，∠bと∠hのような位置の角を**錯角**といいま
す。∠cと∠eも錯角です。

　同位角や錯角は，2直線が平行なときに等しくなります。 上の図において，"ℓ∥mのとき"
は∠a＝∠e（同位角）や∠b＝∠h（錯角）が成り立つということですね。逆に，同位角や錯
角が等しいとき，2直線は平行になります。

 角と平行線

・対頂角は必ず等しい。

・2直線ℓ，mが平行のとき，同位角や錯角は等しい。
　（逆に同位角や錯角が等しいならℓ∥mともいえる。）

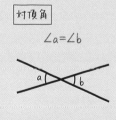

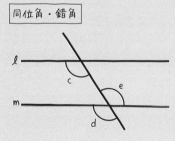

ℓ∥mならば
∠c＝∠d（同位角）
∠c＝∠e（錯角）

例題 次の図において，$\ell /\!/ m$ のとき，$\angle x$ と $\angle y$ の大きさをそれぞれ求めなさい。

(1)

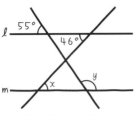

(2)

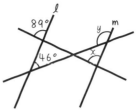

解答 (1) 平行線の錯角は等しいから

$$\angle x = 46°\quad \cdots 答$$

また，右の図において

$$\angle a = 180° - 55° = 125°$$

平行線の同位角は等しいから

$$\angle y = \angle a = 125°\quad \cdots 答$$

(2) 平行線の同位角は等しいから

$$\angle x = 89°\quad \cdots 答$$

また，右の図において

$$\angle a = 180° - 46° = 134°$$

平行線の同位角は等しいから

$$\angle y = \angle a = 134°\quad \cdots 答$$

(1)

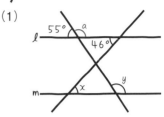

(2)

Check 2 次の図において，$\ell /\!/ m$ のとき，$\angle x$ と $\angle y$ の大きさをそれぞれ求めなさい。

解説は別冊p.39へ

(1)

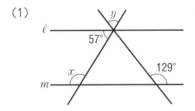

(2)

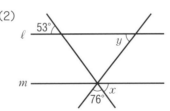

わかる角を1つずつ
書きこむでおま

---

3 三角形と多角形の角

授業動画は
こちらから ∷∷∷> 84

🔵三角形の種類

0°より大きく90°より小さい角を**鋭角**，90°より大きく180°より小さい角を**鈍角**といいます。三角形は3つの角がすべて鋭角の**鋭角三角形**，3つの角のうち1つが90°の**直角三角形**，3つの角のうち1つが鈍角の**鈍角三角形**の3つに分類することができます。

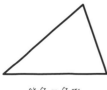

鋭角三角形

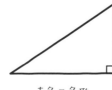

直角三角形

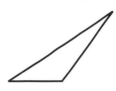

鈍角三角形

三角形の内角と外角

右のように，三角形の内側にある角を**内角**，また辺の一方を延長してできる外側の角を**外角**といいます。

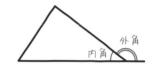

右のように△ABCの辺BCを延長して点Eをとり，点Cから辺BAと平行になるように，点線CDを引くと，∠ACD＝●，∠DCE＝×となります（●は錯角，×は同位角だから）。点線CDをなくして考えると，∠ACE＝●＋×なので，**三角形の1つの外角は，それと隣り合わない2つの内角の和に等しい**といえます。ゆえに，三角形の内角の和は180°なのです。

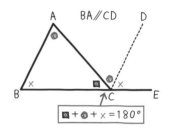

多角形の内角と外角

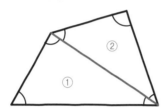
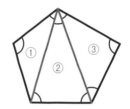

上の図のように，四角形は2つの三角形に，五角形は3つの三角形に分けられます。三角形の1つの内角の和は180°なので，四角形，五角形の内角の和は，次のようになります。

（四角形の内角の和）＝180°×2＝360°

（五角形の内角の和）＝180°×3＝540°

同様に考えるとn角形は$(n-2)$個の三角形に分けられるので，n角形の内角の和は，次の式で表せます。

（n角形の内角の和）＝180°×$(n-2)$

また，**n角形の外角の和は，いつでも360°**になります。

もっとくわしく

n角形の外角の和が360°になる理由を右図で説明します。
右の図の黒いマークと赤いマークは，1セットで180°になりますね。
n角形ではnセットの黒と赤のマークができます。
黒のマークの角の和はn角形の内角の和なので　180°×$(n-2)$
よって赤いマークの角の和，つまり外角の和はこう計算できます。

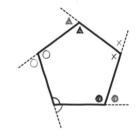

$$\underset{\text{黒と赤のマーク}}{\underline{180° \times n}} - \underset{\text{黒のマーク}}{\underline{180° \times (n-2)}} = \underset{\text{赤のマーク}}{\underline{360°}}$$

Check 3　次の各問いに答えなさい。

解説は別冊p.39へ

（1）　正八角形の1つの内角と外角の大きさを求めなさい。

（2）　内角の和が1620°の多角形は，何角形か求めなさい。

n角形の内角の和は180°×$(n-2)$を利用するのね

Lesson 16 の 力だめし

授業動画は こちらから ┈┈▷

➡ 解説は別冊p.39へ

1 右の図において，直線 ℓ と m が平行ではないとき，次の角を答えなさい。

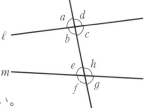

(1) ∠u の同位角

(2) ∠b の対頂角

(3) ∠b の錯角

(4) ∠d の同位角

(5) ∠e の錯角

(6) ∠f と等しい角

ここで ℓ と m が平行になったとするとき，次の角を答えなさい。

(7) ∠g と等しい角

(8) ∠h と等しい角

2 次の図において，$\ell /\!/ m$ のとき，∠x と∠y の大きさをそれぞれ求めなさい。

(1)
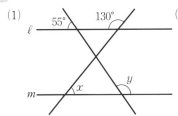

(2)
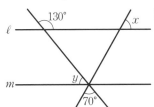

(3)
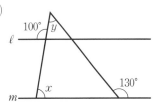

3 右の図の八角形について，次の各問いに答えなさい。

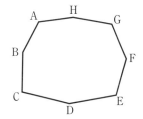

(1) 頂点Hから対角線は何本引けるか答えなさい。

(2) 八角形の内角の和を求めなさい。

(3) 八角形の外角の和を求めなさい。

4 次の各問いに答えなさい。

(1) 内角の和が外角の和の4倍である多角形は何角形か答えなさい。

(2) 内角の和が1800°である正多角形の1つの内角の大きさを求めなさい。

(3) 1つの外角の大きさが40°である正多角形の内角の和を求めなさい。

図形の証明

［中学2年］

このLessonのイントロ♪

合同というと合同合宿や合同委員会など，別々のものが一緒に行動するとき に使います。数学でいう合同とは，2つの図形がピッタリと重なることをいいます。 つまり，まったく同じものということです。世間では大量生産が増え，合同な ものがたくさんあります。その中で個性を出していくのはなかなか大変ですが， 頑張りましょう。

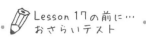
➡️解説は別冊p.40へ

平行線と図形の角（中学2年）

(1) 右の図において，AB∥ECのとき，次の ◻ に当てはまる言葉や文字を入れ，三角形の内角の和が180°であることを示しなさい。

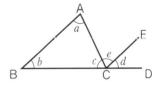

AB∥ECより，平行線の ［ ア ］ は等しいから

$\angle a = \angle$ ［ イ ］

また，平行線の ［ ウ ］ は等しいから

$\angle b = \angle$ ［ エ ］

したがって

$\angle a + \angle b + \angle c = \angle$［ イ ］ $+ \angle$［ エ ］ $+ \angle c =$ ［ オ ］°

よって，三角形の内角の和は180°である。

(2) 次の図において，$\ell \parallel m$ のとき$\angle x$と$\angle y$の大きさをそれぞれ求めなさい。

①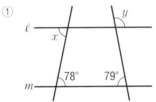

②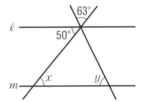

1 合同な図形

授業動画は
こちらから

2つの図形の一方を移動してもう一方にピッタリ重ね合わせることができるとき，2つの図形は**合同である**といいます。

右の図で，2つの四角形が合同のとき，合同の記号≡を使って，次のように表します。

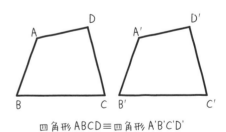

四角形ABCD≡四角形A'B'C'D'

四角形ABCD≡四角形A′B′C′D′

また，合同な図形の頂点，辺，角が重なり合うことを，それぞれ頂点，辺，角が**対応する**といい，対応する辺の長さ，角の大きさはそれぞれ等しくなります。合同を示すときは**対応する頂点を順番に書かなくてはいけません**。例えば次ページの 例題1 の図では，点Aには点F，点Bには点D，点Cには点Eが対応しているので，△ABC≡△FDEと書きます。

では，例題 を2つやってみましょう。

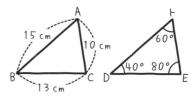

例題1 右の図において，△ABC≡△FDEのとき，次の各問いに答えなさい。
(1) 辺FEの長さを求めなさい。
(2) ∠ABCの大きさを求めなさい。

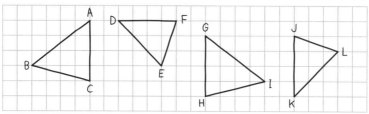

解答
(1) 辺FEに対応する辺は，辺ACなので **10 cm** …**答**
(2) ∠ABCに対応する角は∠FDEなので **40°** …**答**

例題2 次の図において，合同な三角形を選び，記号≡を使って表しなさい。

マス目を数えるだけだから筋トレしながら解けるな

解答 長さ4マスの辺を底辺とすると，点Bと辺AC，点Iと辺GHの距離が4マス，点Eと辺DF，点Lと辺JKの距離が3マスである。
それぞれ対応する角を確認すると
△ABC≡△GIH，△DEF≡△KLJ …**答**

Check 1 右の図において，△CBA≡△DEFのとき，次の各問いに答えなさい。 **解説は別冊p.40へ**
(1) 辺DEの長さを求めなさい。
(2) ∠EDFの大きさを求めなさい。
(3) ∠DEFの大きさを求めなさい。

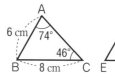

---

2 三角形の合同条件

授業動画はこちらから

2つの三角形は，次の**ポイント**の**①**〜**③**のどれかが成り立つとき，合同になり，**①**〜**③**を三角形の**合同条件**といいます。必ず覚えて使えるようにしましょう。

 三角形の合同条件

① **3組の辺**がそれぞれ等しい。
② **2組の辺とその間の角**がそれぞれ等しい。
③ **1組の辺とその両端の角**がそれぞれ等しい。

① 　② 　③

例題 次の図において、左ページの❶～❸の合同条件に当てはまる三角形の組を答えなさい。

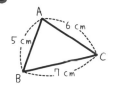
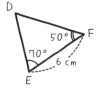

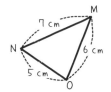

解答 ❶ 3組の辺がそれぞれ等しい　　　　　　　　　△ABC≡△ONM …**答**
　　　 ❷ 2組の辺とその間の角がそれぞれ等しい　△GHI≡△KJL …**答**
　　　 ❸ 1組の辺とその両端の角がそれぞれ等しい　△DEF≡△QRP …**答**

補足 ∠QPR＝180°－（60°＋70°）＝50°なので、△DEF≡△QRPとわかります。

Check 2 次の図において、合同な三角形をすべて選び、記号≡を用いて 　　**解説は別冊p.41へ**
答えなさい。また、そのとき使った合同条件を答えなさい。

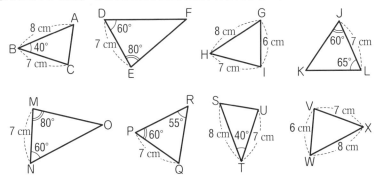

---

3 証明

授業動画は
こちらから

　右の図で、「ℓ∥m　ならば　∠a＝∠b」となります。こ
こで、ℓ∥mを**仮定**、∠a＝∠bを**結論**といいます。また、
仮定から結論を導くことを、**証明**といいます。

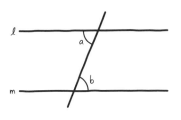

　証明問題の問題文や図で与えられるのが仮定、「○○で
あることを証明する」という"○○であること"が結論です。

例題 で証明に慣れていきましょう。

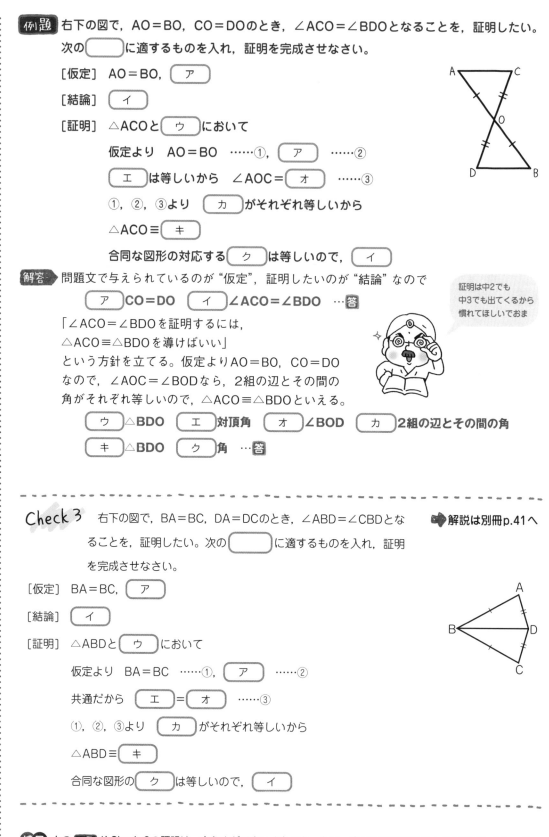

例題 右下の図で，AO＝BO，CO＝DOのとき，∠ACO＝∠BDOとなることを，証明したい。次の◯に適するものを入れ，証明を完成させなさい。

[仮定] AO＝BO， ア

[結論] イ

[証明] △ACOと ウ において

仮定より AO＝BO ……①， ア ……②

エ は等しいから ∠AOC＝ オ ……③

①，②，③より カ がそれぞれ等しいから

△ACO≡ キ

合同な図形の対応する ク は等しいので， イ

解答 問題文で与えられているのが"仮定"，証明したいのが"結論"なので

ア CO＝DO イ ∠ACO＝∠BDO …答

「∠ACO＝∠BDOを証明するには，
△ACO≡△BDOを導けばいい」
という方針を立てる。仮定よりAO＝BO，CO＝DO
なので，∠AOC＝∠BODなら，2組の辺とその間の
角がそれぞれ等しいので，△ACO≡△BDOといえる。

ウ △BDO エ 対頂角 オ ∠BOD カ 2組の辺とその間の角

キ △BDO ク 角 …答

証明は中2でも
中3でも出てくるから
慣れてほしいでおま

Check 3 右下の図で，BA＝BC，DA＝DCのとき，∠ABD＝∠CBDとなることを，証明したい。次の◯に適するものを入れ，証明を完成させなさい。 ➡️解説は別冊p.41へ

[仮定] BA＝BC， ア

[結論] イ

[証明] △ABDと ウ において

仮定より BA＝BC ……①， ア ……②

共通だから エ ＝ オ ……③

①，②，③より カ がそれぞれ等しいから

△ABD≡ キ

合同な図形の ク は等しいので， イ

補足 上の **例題** やCheck 3の証明は，穴うめができるようになったら，自力で証明できるように練習しましょう。

Lesson 17 の力だめし

授業動画は
こちらから

➡️ 解説は別冊p.41へ

1 右の図において，四角形ABCD≡四角形EFGH
のとき，次の辺の長さと角の大きさを求めなさい。

(1) 辺ABの長さ　　(2) 辺EHの長さ

(3) ∠EHGの大きさ　　(4) ∠BCDの大きさ

2 右の図において，合同
な三角形を選び，記号≡
を用いて答えなさい。ま
た，そのとき使った合同
条件を答えなさい。

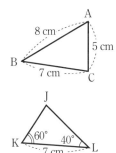
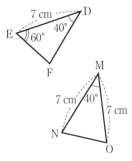
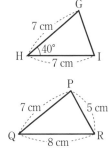

3 右下の図で，線分AB，CDがそれぞれ中点Oで交わっているとき，AC//BDであること
を証明したい。次の ☐ に適するものを入れ，証明を完成させなさい。

[仮定]　AO＝BO，　ア

[結論]　イ

[証明]　△ACOと ウ において

　　　仮定より　AO＝BO ……①，　ア ……②

　　　エ は等しいから　∠AOC＝ オ ……③

　　　①，②，③より カ がそれぞれ等しいから

　　　△ACO≡ キ

　　　合同な図形の ク は等しいので　∠OAC＝ ケ

　　　よって，　コ が等しいので，　イ

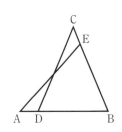

4 右の図において，BA＝BC，∠BAE＝∠BCDのとき，AE＝CDを
証明したい。次の各問いに答えなさい。

(1) 仮定と結論を答えなさい。

(2) △BAE≡△BCDを証明し，AE＝CDを示しなさい。

Lesson 18 三角形・四角形

〔中学2年〕

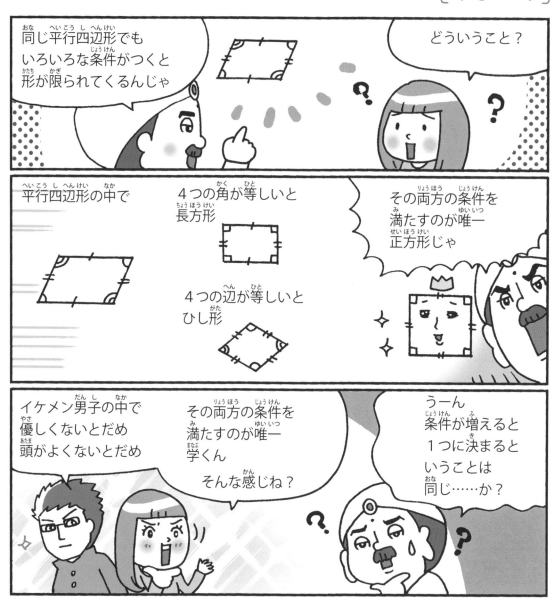

このLessonのイントロ♪

平行四辺形の1つの角が90°になると、どんな形になるかわかりますか？ 平行四辺形は対角がそれぞれ等しいので、1つの角が90°になると、4つの角すべて90°となります。つまり、平行四辺形の1つの角が90°のとき、それは長方形になります。では、平行四辺形とひし形や正方形との違いはなんでしょうか？

三角形・四角形（小学校）

解説は別冊p.41へ

(1) 右の図で，底辺が14 cmの三角形を高さだけ2倍，3倍，
　……と変えていくとき，三角形の面積について，次の各問
　いに答えなさい。ただし，図の1マスを1 cmとする。
　① 高さ3cmのとき，三角形の面積を求めなさい。
　② 高さ6cmのとき，三角形の面積を求めなさい。
　③ 高さだけ2倍，3倍，……と変えていくと，面積はどの
　　ように変化するか説明しなさい。

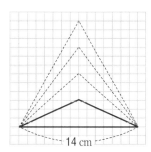

14 cm

(2) 次の特徴がいつでも当てはまるものに〇，そうでないものに×を入れなさい。

	正方形	長方形	ひし形	平行四辺形	台形
対角線が直角に交わる					
対角線の長さが等しい					
4つの角がすべて直角					
向かい合った2組の辺が平行	〇	〇	〇	〇	×
4つの辺の長さがすべて等しい					

1 三角形の定義と定理

授業動画は
こちらから

92

　定義というのは，ものごとの意味をはっきり言葉で述べたものです。名前をつけるもととなった性質のことで，その名前の意味そのものです。**定理**は定義から導かれた性質のことです。

　これからいろいろな図形の定義と，その図形の定理について見ていきましょう。

二等辺三角形の定義と定理

❶ **2辺が等しい**三角形を**二等辺三角形**という。（定義）

❷ 二等辺三角形の**2つの底角は等しい**。（定理）

❸ 二等辺三角形の**頂角の二等分線は，底辺を垂直に2等分する**。（定理）

　上の❶が "二等辺三角形" という図形の定義です。❷，❸は二等辺三角形で必ず成り立つ性質（定理）です。

❶
定義

❷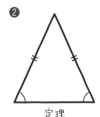
定理

❸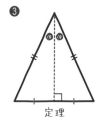
定理

例題1 右の図において，AB＝AC，DA＝DCのとき，∠xと∠yの大きさを求めなさい。

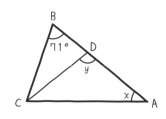

解答 △ABCはAB＝ACの二等辺三角形より

∠ABC＝∠ACB＝71°

よって　∠x＝180°－71°×2＝**38°**　…答

△DCAはDA＝DCの二等辺三角形より

∠DAC＝∠DCA＝38°

よって　∠y＝180°－38°×2＝**104°**　…答

🔵 正三角形の定義と定理

❶ <u>3辺が等しい</u>三角形を<u>正三角形</u>という。（定義）

❷ 正三角形の<u>3つの内角は等しく，すべて60°</u>である。（定理）

これは簡単ですね。ところで"3辺が等しい"ということは，"2辺が等しくて，残りの1辺も等しい"ということなので，正三角形は，特別な二等辺三角形ともいえます。

定義　　　　　　　　定理

- -

Check 1　下の図において，△ABCが正三角形のとき，∠xと∠yの大きさを求めなさい。

➡️ 解説は別冊p.42へ

(1)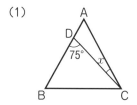

(2) $\ell \parallel m$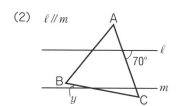

- -

🔬直角三角形の合同条件

直角三角形とは，1つの内角が90°の三角形でしたね（p.117）。2つの直角三角形の合同を示すには，次の合同条件が使えます。
〔定義〕

ポイント 三角形の合同条件（直角三角形）

❹ 2つの直角三角形において，**斜辺と1つの鋭角**がそれぞれ等しい。

❺ 2つの直角三角形において，**斜辺と他の1辺**がそれぞれ等しい。

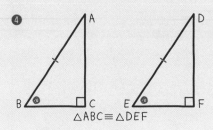
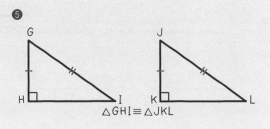

△ABC≡△DEF　　△GHI≡△JKL

p.122の ポイント の❶〜❸と合わせて，この5つが三角形の合同条件です。しっかり覚えましょう。

例題2 右の図において，∠OPA＝∠OQA＝90°のとき，AP＝AQになることを証明しなさい。

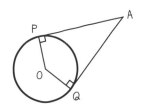

解答 △APOと△AQOにおいて
　　仮定より　∠OPA＝∠OQA＝90°　……①
　　共通な辺なので　AO＝AO　……②
　　円の半径は等しいので　OP＝OQ　……③
　　①，②，③より，直角三角形において斜辺と他の1辺が
　　それぞれ等しいので　△APO≡△AQO
　　合同な図形の対応する辺は等しいので　AP＝AQ

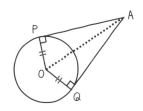

2 平行四辺形

授業動画は
こちらから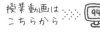

四角形の向かい合う辺を**対辺**，向かい合う角を**対角**といいます。

2組の対辺がそれぞれ平行な四角形を**平行四辺形**といいます。平行四辺形は"2組の対辺
〔定義〕
がそれぞれ等しい"，"2組の対角がそれぞれ等しい"，"対角線がそれぞれの中点で交わる"
〔定理〕　　　　　　　　　　　　〔定理〕　　　　　　　　　　　　　〔定理〕
という性質があります。

四角形が平行四辺形になるための条件は次の5つです。

平行四辺形になるための条件

四角形は，次のいずれかが成り立つとき，平行四辺形となる。

❶ 2組の対辺がそれぞれ平行である。（定義）

❷ 2組の対辺がそれぞれ等しい。

❸ 2組の対角がそれぞれ等しい。

❹ 対角線がそれぞれの中点で交わる。

❺ 1組の対辺が平行で等しい。

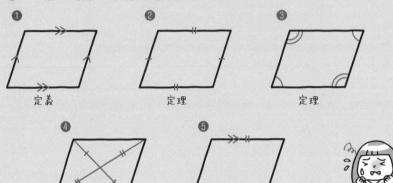

❶ 定義　　❷ 定理　　❸ 定理

❹ 定理　　❺ 定理

5つもあるけど
覚えなきゃ

例題 次の条件をもつ四角形ABCDについて，つねに平行四辺形であるものは○，そうでない
ものは×をつけなさい。

(1) AB∥DC，AD＝BC

(2) ∠A＝∠C，∠B＝∠D

(3) AD∥BC，AD＝BC

(4) AB＝AD，CB＝CD

解答 (1) ×（右の図の場合も考えられる）…**答**

(2) ○（平行四辺形になるための条件❸より）…**答**

(3) ○（平行四辺形になるための条件❺より）…**答**

(4) ×（右の図の場合も考えられる）…**答**

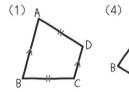

- -

Check 2
次の条件をもつ四角形ABCDについて，つねに平行四辺形であ
るものは○，そうでないものは×をつけなさい。

➡ 解説は別冊p.42へ

(1) AB∥DC，AD∥BC

(2) ∠A＝∠B，AD＝BC

(3) ∠A＝∠B，∠C＝∠D

(4) AB＝DC，AD＝BC

平行四辺形になるための条件
❶～❺に当てはまるものを
探すでおま

授業動画は
こちらから

3 特別な平行四辺形

長方形・ひし形・正方形

4つの角が等しい（90°）四角形が**長方形**，4つの辺が等しい四角形が**ひし形**，4つの角が等しく（90°），4つの辺が等しい四角形が**正方形**です。
定義

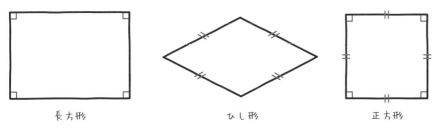

長方形　　　　　　　　ひし形　　　　　　　　正方形

また，長方形は対角線が等しい，ひし形は対角線が垂直に交わる，正方形は対角線が等しく垂直に交わる，という対角線についての性質があります。
定理　　　　　　　　　定理　　　　　　　　　定理

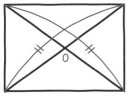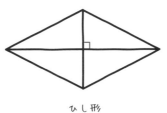

長方形　　　　　　　　ひし形　　　　　　　　正方形

どれがどの性質か
忘れたら，図をかいて
みればいいわね

平行四辺形と，長方形・ひし形・正方形

長方形・ひし形・正方形は2組の対辺がそれぞれ平行でもあるので，平行四辺形の特別な
平行四辺形の定義
場合といえます。どこが特別なのかを下にまとめておきますね。

長方形　　：　平行四辺形の**4つの角が等しい**（90°）もの。

ひし形　　：　平行四辺形の**4つの辺が等しい**もの。

正方形　　：　平行四辺形の**4つの角が等しく**（90°），**4つの辺が等しい**もの。

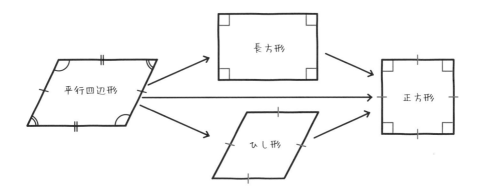

Check 3　下の図のひし形ABCDについて，∠xの大きさを求めなさい。　　➡ 解説は別冊p.42へ

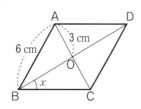

△ABCはどんな三角形かな？

4 平行線と面積

授業動画はこちらから

96

　2つの平行な直線では，一方の直線から，もう一方の直線に垂線を下ろすと，垂線の長さはどれも等しくなります。

　このため，右の図のようにℓ／／mのとき，△ABCと△A′BCは底辺がBCで同じなので，同じ面積になります。三角形の底辺の長さが等しければ，底辺と平行な直線上のどこに頂点があっても，面積が等しくなるということですね。

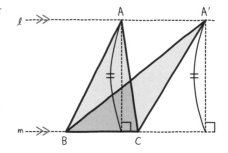

例題 右の図で，AB／／DCであるとき，次の各問いに答えなさい。
(1)　△ABCと面積が等しい三角形はどれか。
(2)　△AODと面積が等しい三角形はどれか。

解答 (1)　AB／／DCで，底辺をABと考えると，点C，点Dは底辺に平行な直線上にあるので
　　　　△ABC＝△**ABD**　…**答**

(2)　△ABC＝△ABDなので，両方から△AOBを引くと考えると
　　　　△AOD＝△**BOC**　…**答**

(1)は図を横に寝かせるとわかりやすいかもね

Check 4　右下の四角形ABCDは平行四辺形で，ADの延長線上に点Eがある。△OABの面積が15 cm²のとき，次の各問いに答えなさい。　　➡ 解説は別冊p.42へ

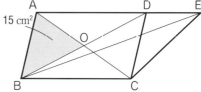

(1)　△ABCの面積を求めなさい。
(2)　△BCEの面積を求めなさい。

Lesson 18 の 力だめし

授業動画は
こちらから ⋯⋯

解説は別冊p.43へ

1 次の □ に適する言葉や式を入れ，△ABCが二等辺三角形になるための条件「∠B＝∠CならばAB＝ACである」を示しなさい。

[証明]　∠Aの二等分線と辺BCの交点をDとする。

　　　　△ABDと△ACDにおいて

　　　　仮定より　∠ABD＝∠ ［ ア ］

　　　　　　　∠BAD＝∠ ［ イ ］　……①

　　　　よって，三角形の残りの角も等しいから

　　　　　　　∠ADB＝∠ ［ ウ ］　……②

　　　　また　AD＝ ［ エ ］　　……③

　　　　①，②，③より，　［ オ ］　がそれぞれ等しいから

　　　　　　　△ABD≡△ACD

　　　　よって　AB＝AC

2 次の図において，四角形ABCDが平行四辺形のとき，∠xと∠yの大きさをそれぞれ求めなさい。

(1)　　　　　　　　(2)　　　　　　　　(3)

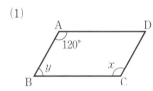　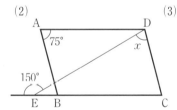　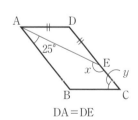

DA＝DE

3 右の図は，特別な平行四辺形の関係を表したものである。④にひし形が入るとき，①，②，③には，「正方形」，「長方形」，「平行四辺形」のどれが当てはまるか答えなさい。

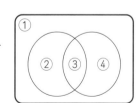

4 右の図において，AD∥BC，AD＝4 cm，BC＝8 cmのとき，次の各問いに答えなさい。

(1) 次の①～③と面積が等しい三角形を答えなさい。

　① △ABC　　　　② △ABD　　　　③ △OAB

(2) 四角形ABCDの面積をSとするとき，△ABC，△ABDの面積をSを用いて表しなさい。

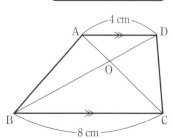

確率

このLessonのイントロ♪

天気予報の降水確率や野球の打率など，確率は身のまわりでたくさん使われています。確率のしくみを知ると，世の中が見えてくるかもしれませんね。

Lesson 19 の前に…
おさらいテスト

📣 **解説は別冊p.44へ**

百分率と割合，組み合わせ（小学校）

（1） 百分率と歩合で表した割合を，小数で答えなさい。

① 20%　　　　② 4割　　　　③ 36%　　　　④ 2割4分6厘

（2） 次の各問いに答えなさい。

① 定員55人のバスに定員の80%の人が乗っているとき，バスに乗っている人数を求めなさい。

② クラス40人の75%が部活動に参加しているとき，部活動に参加している人数を求めなさい。

③ 生徒数360人が10年前の120%にあたるとき，10年前の生徒数を求めなさい。

④ 原価800円の品物に2割の利益を見こんで定価をつけたとき，定価がいくらになるか求めなさい。

⑤ 野球の試合で，20打席のうち7回ヒットを打ったとき，打率は何割何分になるか求めなさい。

（3） A，B，C，Dの4チームでサッカーのリーグ戦をする。どのチームとも1回ずつ試合をするとき，全部でそのリーグ戦では何試合行うことになるか答えなさい。

1 確率の基本的な考えかた

授業動画は
こちらから

あることがらの起こりやすさを数値で表したものを，そのことがらの起こる**確率**といいます。**確率は0以上1以下の数値で表され，必ず起こることがらの確率は1，絶対に起こらないことがらの確率は0です。**

あることがらの起こる確率は

$$\frac{（そのことがらの起こる場合の数）}{（起こりうるすべての場合の数）}$$

で求められます。

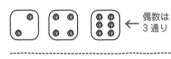
← 偶数は3通り

例えば，「1～6の目があるさいころを投げ，偶数の目が出る確率」を考えると，"偶数の目が出る"という場合の数は2，4，6の目が出る3通り。さいころを投げると1～6の目のどれかが出るので，起

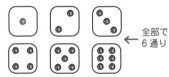
← 全部で6通り

こりうるすべての場合の数は6通り。よって，偶数の目が出る確率は$\frac{3}{6}=\frac{1}{2}$となります。

分子の「そのことがらの起こる場合の数」と，分母の「起こりうるすべての場合の数」を，数え忘れずに調べることが大切です。

2 樹形図を使って確率を求める

授業動画は
こちらから 100

場合の数を調べるのに，**樹形図**という図を使うと数え忘れをしにくくなります。**例題1**で見てみましょう。

例題1 A，B，C，Dの4つの文字の書かれたカードが1枚ずつある。4枚のカードを裏返して混ぜ，1枚ずつ引いて表にし，4枚を並べていくとき，できあがる4文字のアルファベットの並びについて，次の各問いに答えなさい。
(1) できる可能性のある，すべての文字列は何通りか。樹形図を使って調べなさい。
(2) 2文字目がCになる場合は何通りあるか求めなさい。
(3) 2文字目がCになる確率を求めなさい。

解答 (1) A，B，C，Dの4文字の並び順は以下のように樹形図で表せるので**24通り** …答

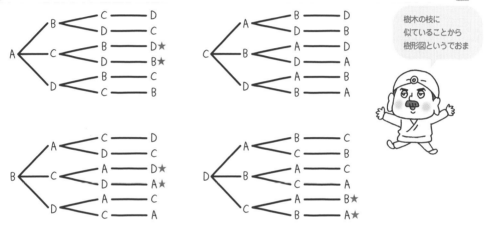

樹木の枝に似ていることから樹形図というでおま

(2) 上の樹形図でCが2文字目なのは，★印をつけた6つ。**6通り** …答
(3) (1)，(2)よりすべての場合の数は24通り，2文字目がCであるのは6通りなので，

2文字目がCになる確率は $\dfrac{6}{24}=\dfrac{1}{4}$ …答

Check 1 1枚のコインを3回投げて，表と裏のどちらが出るかを調べるとき，次の各問いに答えなさい。　　　　　📖解説は別冊p.44へ

(1) 表，裏の出かたは何通りあるか。樹形図を使って調べなさい。
(2) 裏が2回出る出かたは何通りあるか求めなさい。
(3) 裏が2回出る確率を求めなさい。

続いて，組み合わせを考える確率を求めてみましょう。

例題2 A，B，C，Dの4つの文字が書かれたカードが，1枚ずつ袋に入っている。
袋からカードを2枚とり出すときの組み合わせについて，次の各問いに答えなさい。
(1) とり出されるカードの組み合わせは，全部で何通りあるか求めなさい。
(2) とり出した2枚のうちの1枚がCである組み合わせは何通りか求めなさい。
(3) とり出した2枚のうちの1枚がCである確率を求めなさい。

解答 (1) （A，B）と（B，A）は同じ組み合わせなので，重複しないように考えると，下の6通りになる。**6通り** …答

A —— B① 　　　　 B —— C④ 　　　　 C —— D⑥
　　　 C② 　　　　　　　 D⑤
　　　 D③

(2) 上の樹形図の②，④，⑥がCを含むので**3通り** …答

(3) （1），（2）より $\dfrac{3}{6}=\dfrac{1}{2}$ …答

---

③ 樹形図を用いない確率

授業動画はこちらから

♣トランプを使う問題

トランプはジョーカーを除く52枚を対象にするので，樹形図は用いずに考えます。

例題 ジョーカーを除く52枚のトランプから1枚とり出すとき，次の確率を求めなさい。

(1) スペード♠のカードが出る確率
(2) 絵札が出る確率
(3) 黒色（スペード♠，クローバー♣）か赤色（ハート♡，ダイヤ◇）でかかれたカードが出る確率
(4) ジョーカーが出る確率

解答 (1)〜(4)で起こりうるすべての場合は，カードの枚数の52通り。

(1) 問題のことがらの起こる場合は，スペード♠の枚数の13通り。

よって，スペード♠のカードが出る確率は $\dfrac{13}{52}=\dfrac{1}{4}$ …答

(2) 問題のことがらの起こる場合は，絵札が各札J，Q，Kの3枚ずつあるので

$3 \times 4 = 12$（通り）

よって，絵札が出る確率は $\dfrac{12}{52}=\dfrac{3}{13}$ …答

(3) 問題のことがらの起こる場合は，黒のカードがスペード♠13枚，クローバー♣13枚の合わせて26枚，赤色のカードがハート♡13枚，ダイヤ◇13枚の合わせて26枚より

$26+26=52$（通り）

(3)は必ず起こるから1
(4)は絶対に起こらないから0
ってことね

よって，黒色か赤色でかかれたカードが出る確率は $\dfrac{52}{52}=1$ …答

(4) ジョーカーは除いてあるので，問題のことがらの起こる場合は0通り。

よって，ジョーカーが出る確率は $\dfrac{0}{52}=0$ …答

解説は別冊p.44へ

Check 2　52枚のトランプから1枚とり出すとき，次の確率を求めなさい。

（1）　ハート♡のカードが出る確率　　　（2）　3以下のカードが出る確率

🎲2つのさいころを使う問題

102

　2つのさいころを投げる確率の問題では，6×6＝36（通り）のすべての目の出かたを表にしておくことが鉄則です。では，**例題**を見ていきましょう。

例題　大小2つのさいころを同時に投げたとき，次の確率を求めなさい。
（1）　同じ目が出る確率
（2）　目の和が3以下の確率
（3）　目の和が4以上の確率

小＼大	1	2	3	4	5	6
1	(1,1)	(1,2)	(1,3)	(1,4)	(1,5)	(1,6)
2	(2,1)	(2,2)	(2,3)	(2,4)	(2,5)	(2,6)
3	(3,1)	(3,2)	(3,3)	(3,4)	(3,5)	(3,6)
4	(4,1)	(4,2)	(4,3)	(4,4)	(4,5)	(4,6)
5	(5,1)	(5,2)	(5,3)	(5,4)	(5,5)	(5,6)
6	(6,1)	(6,2)	(6,3)	(6,4)	(6,5)	(6,6)

解答　（1）〜（3）で起こりうるすべての場合の数は，右の図より36通り。

（1）　同じ目なのは (1, 1)，(2, 2)，(3, 3)，(4, 4)，(5, 5)，(6, 6) なので，問題のことがらの起こる場合は6通り。

よって，同じ目が出る確率は　$\dfrac{6}{36}=\dfrac{1}{6}$　…**答**

（2）　目の和が3以下なのは，表より (1, 1)，(1, 2)，(2, 1) の3通り。

よって目の和が3以下の確率は　$\dfrac{3}{36}=\dfrac{1}{12}$　…**答**

（3）　目の和が4以上なのは，表より (3, 1)，(2, 2)，(1, 3)，(4, 1)，(3, 2)，(2, 3)，… (6, 5)，(5, 6)，(6, 6) の33通り。

よって，目の和が4以上の確率は　$\dfrac{33}{36}=\dfrac{11}{12}$　…**答**

別解　（3）　目の和が4以上でない，つまり目の和が3以下の確率は，（2）より $\dfrac{1}{12}$

よって，目の和が4以上の確率は　$1-\dfrac{1}{12}=\dfrac{11}{12}$　…**答**

補足　問題のことがらの起こる場合の数が多いときは
1－（問題のことがらの起こらない確率）
を用いると，計算がラクになります。

解説は別冊p.44へ

Check 3　大小2つのさいころを同時に投げたとき，次の場合の確率を求めなさい。

（1）　目の積が20以上の確率　　　　（2）　目の積が20未満の確率
（3）　2個とも奇数の目が出る確率　　（4）　少なくとも1つは偶数の目が出る確率

Lesson 19 の 力だめし

授業動画は
こちらから ⋯⋯ 103 104

➡ 解説は別冊p.45へ

1 A, B, C, D, Eの5人から代表者を選ぶとき, 次の各問いに答えなさい。

(1) 5人から2人の代表者を選ぶ選びかたは何通りあるか求めなさい。

(2) 5人から3人の代表者を選ぶ選びかたは何通りあるか求めなさい。

(3) 5人から1人を委員長に, もう1人を書記に選ぶとき, 右の表の ⬭ をうめて完成させなさい。また, 選びかたは何通りあるか求めなさい。

委員長＼書記	A	B	C	D	E
A		(A, B)	(A, C)	(A, D)	(A, E)
B	(B, A)		(B, C)	(B, D)	(B, E)
C	(C, A)	(C, B)		ア	イ
D	(D, A)	(D, B)	エ		ウ
E	(E, A)	(E, B)	オ	カ	

2 1, 2, 3, 4の数字が1つずつ書かれた4枚のカードがあるとき, 次の各問いに答えなさい。

(1) 2枚のカードを選んで2桁の整数を作るとき, 何通りの整数ができるか求めなさい。

(2) 上の(1)の中で, 偶数は何通りできるか求めなさい。

(3) 2枚のカードを選ぶ選びかたは何通りあるか求めなさい。

3 A, B, Cの3人でじゃんけんをしたとき, 次の場合の確率を, 下の樹形図を参考にして求めなさい。ただし, 「あいこ」とは勝敗がつかない場合のことをいう。

A B C　　　A B C　　　A B C

グー ┬ グー ┬ グー／チョキ／パー
　　　├ チョキ ┬ グー／チョキ／パー
　　　└ パー ┬ グー／チョキ／パー

チョキ ┬ グー ┬ グー／チョキ／パー
　　　├ チョキ ┬ グー／チョキ／パー
　　　└ パー ┬ グー／チョキ／パー

パー ┬ グー ┬ グー／チョキ／パー
　　　├ チョキ ┬ グー／チョキ／パー
　　　└ パー ┬ グー／チョキ／パー

(1) 同じ手であいこになる確率

(2) 異なる手であいこになる確率

(3) あいこになる確率

(4) あいこにならない確率

(5) Cだけが勝つ確率

(6) 1人だけが勝つ確率

4 赤球2個, 青球1個, 白球1個が入った袋から球を同時に2個とり出すとき, 次の場合の確率を求めなさい。

(1) 2個とも赤球の確率　　　(2) 2個とも違う色の球の確率

ヒント 赤球をR1, R2, 青球をB, 白球をWとすると, 2個のとり出しかたは
(R1, R2), (R1, B), …, (B, W)

箱ひげ図

〔中学2年〕

このLessonのイントロ♪

「Lesson10 資料の活用」では、ヒストグラムや度数折れ線を使ってデータを整理しました。今回、新たに箱ひげ図を使って、資料の整理をしていきましょう。

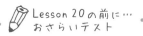

Lesson 20 の前に…
おさらいテスト

解説は別冊p.46へ

資料の活用（中学1年）

次の表は，生徒10人の数学のテストの得点の結果です。このとき，次の各問に答えなさい。

生徒	A	B	C	D	E	F	G	H	I	J
得点(点)	17	14	17	14	10	17	19	10	17	5

（1）　最小値と最大値を答えなさい。

（2）　平均点を求めなさい。

（3）　中央値を答えなさい。

覚えているおま？

1 四分位数と箱ひげ図

授業動画は
こちらから　・・・▷▷▷

105

　おさらいテストの数学の得点は，一見すると17点や14点が多いようにも見えますが，5点から19点まで広く散らばっています。このような値があると，データを分析しづらいことがあります。データの散らばりを見やすくするのが**四分位数**です。データを4等分し，小さいほうから**第1四分位数，第2四分位数，第3四分位数**といいます。また，第2四分位数は中央値になります。また，第1四分位数と第3四分位数の間を**四分位範囲**といいます（四分位範囲＝第3四分位数－第1四分位数）。

　また，このような**箱ひげ図**を用いることで，データの散らばりぐあいを見やすくすることができます。

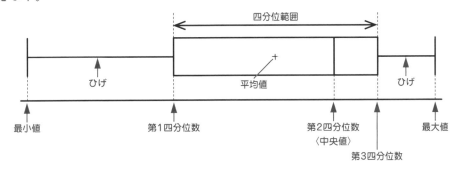

箱ひげ図があれば
データの様子が
よくわかるわね

箱ひげ図　**141**

p.141の資料を例に，実際に四分位数と箱ひげ図を見ていきましょう。

資料の値を小さい方から順に並べると，最小値は5，最大値は19になりますね。次に四分位数を求めます。値の数を4等分すると，第1四分位数は14，第3四分位数は17になります。ところが，第2四分位数は，ちょうど5番目と6番目の中間になってしまいます。このような場合，第2四分位数は5番目と6番目の値の平均の15.5となります（14＋17）÷2＝15.5。

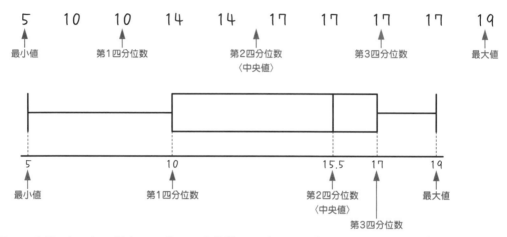

仮に，生徒が12人の場合は，第2四分位数は6番目と7番目の平均になり，第1四分位数は3番目と4番目，第3四分位数は9番目と10番目の平均となります。

このように，データの数が12個あるときなどは第2四分位数は2つの平均をとります。さらにデータの中央値を境に前半部分と後半部分の2つに分けたとき，それぞれの部分が偶数個になるので，第1四分位数と第3四分位数も2つの平均をとります。

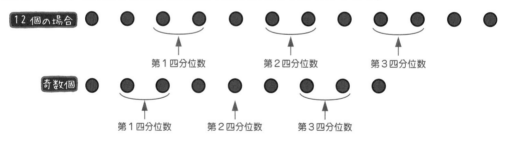

解説は別冊p.47へ

Check1 次の表は，生徒10人の英語のテストの得点の結果です。このとき，次の各問いに答えなさい。

生徒	A	B	C	D	E	F	G	H	I	J
得点(点)	19	14	7	13	18	17	16	10	9	18

(1) 最小値，最大値，中央値を求めなさい。
(2) 四分位範囲を答えなさい。
(3) 箱ひげ図で表しなさい。

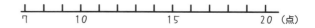

Lesson 20 の 力だめし

授業動画は
こちらから ▸▸▸ [107]

➡️ **解説は別冊p.47へ**

1 次のデータは，女子バスケットボール部員10人の身長です。次の各問いに答えなさい。

[107]

155　165　140　145　160　152　148　159　163　142

(1) 最小値，最大値，中央値を求めなさい。

(2) 四分位範囲を答えなさい。

(3) 箱ひげ図で表しなさい。

2 右のヒストグラムは，あるクラス40人の二重跳びの
回数をまとめたものです。ただし，階級値は8回以上
10回未満のように区切っています。このデータを箱ひ
げ図にまとめたとき，ヒストグラムと矛盾するものを
①〜④よりすべて選びなさい。

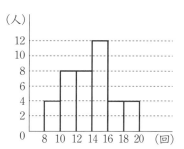

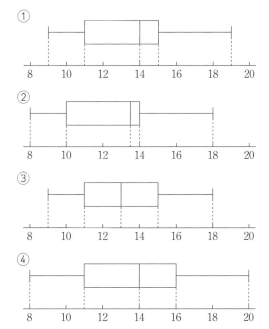

①

②

③

④

Lesson 21 式の展開と因数分解

[中学3年]

このLessonのイントロ♪

足し算の逆は引き算，掛け算の逆は割り算，そして，今回勉強する「式の展開」の逆は「因数分解」です。展開はカッコのある式をバラバラにしますが，因数分解はバラバラのものをカッコでまとめていきます。

頭をやわらかくして，頑張ってくださいね。

✎ Lesson 21 の前に…
おさらいテスト

💨解説は別冊p.48へ

式の計算（中学2年）

（1） 次の計算をしなさい。

①
$$\begin{array}{r} -4x+\ y \\ +)\ \ 7x-2y \\ \hline \end{array}$$

②
$$\begin{array}{r} -2x^2\ \ x\ \ 6 \\ +)\ \ x^2+2x-2 \\ \hline \end{array}$$

③
$$\begin{array}{r} 2x-3y \\ -)\ -4x-2y \\ \hline \end{array}$$

④
$$\begin{array}{r} -x^2-5x-1 \\ -)\ 3x^2-5x-3 \\ \hline \end{array}$$

（2） 次の2つの式を足しなさい。また，左の式から右の式を引きなさい。

① $3x-4y,\ 4x+3y$

② $-a^2+3ab-4b^2,\ a^2-4ab+3b^2$

（3） 次の計算をしなさい。

① $2a^2b^2\div(-6a^2b)\times3ab$

② $-\dfrac{4}{3}x^3\div(-2xy^2)^2\div\left(-\dfrac{x}{3y^2}\right)$

（4） $x=-2,\ y=\dfrac{1}{2}$ のとき，次の式の値を求めなさい。

① $-4x^3y^2\div(-2x^2y)$

② $-6x^2y^3\div(-3x)\div2xy$

1 多項式と多項式の掛け算

授業動画は
こちらから

　単項式や多項式の掛け算の形で表された式を計算して，単項式の足し算や引き算の形の1つの多項式にすることを，もとの式を**展開する**といいます。

　$(x+a)(y+b)$ という（多項式）×（多項式）の形を展開すると，次のように4つの単項式の和の形に表されます。

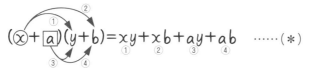

$$(x+a)(y+b)=xy+xb+ay+ab\quad\cdots\cdots(*)$$

展開はこれが基本よ
1個ずつ手順よく
掛け算するのね

　上の（*）の式で，xとyが同じであるとすると，yにxを当てはめて，次のようになります。

$$(x+a)(\underline{x}+b)=x^2+(a+b)x+ab\quad\cdots\cdots❶$$

yをxにした　　　$x^2+\underline{bx+ax}+ab$

❶式でaとbが同じであるとすると，bにaを当てはめて，次のようになります。

$$\underset{(x+a)(x+a)}{(x+a)^2}=x^2+\underset{a+a}{2a}x+\underset{a\times a}{a^2} \quad \cdots\cdots ②$$

補足 aの2倍とaの2乗を使うと覚えましょう。

②式でaを$-a$にすると次のようになります。

$$(x-a)^2=x^2\underset{2(-a)}{-2a}x+\underset{(-a)^2}{a^2} \quad \cdots\cdots ③$$

補足 ②式とセットで覚えられますね。

①式でbを$-a$にすると次のようになります。

$$(x+a)(x-a)=x^2-a^2 \quad \cdots\cdots ④ \quad \leftarrow \begin{array}{l}(a+b)x=\{a+(-a)\}x=0x=0 \\ ab=a\times(-a)=-a^2\end{array}$$

この①~④の式は**展開公式**と呼ばれます。まとめておきますので，必ず覚えて使えるようにしましょう。

ポイント 展開公式

① $(x+a)(x+b)=x^2+(a+b)x+ab$

② $(x+a)^2=x^2+2ax+a^2$

③ $(x-a)^2=x^2-2ax+a^2$

④ $(x+a)(x-a)=x^2-a^2$

展開公式①

例1 $\underset{(x+a)(x+b)}{(x+9)(x-5)}=x^2+\underset{a+b}{\{9+(-5)\}}x+\underset{ab}{9\times(-5)}=x^2+4x-45$

展開公式②

例2 $\underset{(x+a)^2}{(x+3)^2}=x^2+\underset{2a}{2\times3}x+\underset{a^2}{3^2}=x^2+6x+9$

展開公式③

例3 $\underset{(x-a)^2}{(x-4)^2}=x^2\underset{-2a}{-2\times4}x+\underset{a^2}{4^2}=x^2-8x+16$

展開公式④

例4 $\underset{(x+a)(x-a)}{(x+5)(x-5)}=x^2\underset{x^2-a^2}{-5^2}=x^2-25$

Check 1 次の式を展開しなさい。　　　　　　　　　　　**➡ 解説は別冊p.49へ**

(1) $(x-4)(x-3)$ 　　　　　(2) $(a+5)^2$

(3) $(x-1)^2$ 　　　　　(4) $(x+1)(x-1)$

次に，複雑な式の展開に挑戦しましょう。展開公式❶〜❹の形に変形できるかどうかがポイントです。

例題 次の式を展開しなさい。

(1) $(3+x)(x+1)$

(2) $\left(2a+\dfrac{5}{2}\right)^2$

(3) $(x-y+3)(x-y+5)$

(4) $4(x+3)^2-(2x+6)(2x-6)$

解答

(1) $3+x$を$x+3$の順に直すと，展開公式❶が使える。
$$(3+x)(x+1)=(x+3)(x+1)=x^2+4x+3 \quad \cdots 答$$

(2) $2a$をxとして，展開公式❷に当てはめて考える。
$$\left(2a+\dfrac{5}{2}\right)^2=(2a)^2+2\times\dfrac{5}{2}\times2a+\left(\dfrac{5}{2}\right)^2=4a^2+10a+\dfrac{25}{4} \quad \cdots 答$$

(3) $x-y$をAとおいて，展開公式❶を使う。
$$(x-y+3)(x-y+5)=(A+3)(A+5) \qquad 展開公式❶$$
$$=A^2+(3+5)A+3\cdot5$$
$$=A^2+8A+15$$

ここでAを$x-y$に戻して
$$A^2+8A+15=(x-y)^2+8(x-y)+15$$
$$=x^2-2xy+y^2+8x-8y+15 \quad \cdots 答$$

(4) まず，それぞれ展開し，最後に同類項をまとめる。
$$4(x+3)^2-(2x+6)(2x-6)=4(x^2+6x+9)-(4x^2-36)$$
$$=4x^2+24x+36-4x^2+36$$
$$=24x+72 \quad \cdots 答$$

Check 2 次の式を展開しなさい。 解説は別冊p.49へ

(1) $(3+x)(-4+x)$

(2) $\left(3a+\dfrac{1}{6}\right)^2$

(3) $(x+2y+1)(x+2y-1)$

(4) $(x+4)(x-4)+4(x-2)^2$

---

2 因数分解とは

授業動画は
こちらから

$(x+3)(x+4)$を展開すると，$x^2+7x+12$です。つまり，$x^2+7x+12=(x+3)(x+4)$となります。このように，1つの多項式をいくつかの式（単項式や多項式）の掛け算の形に表すことを**因数分解**といいます。ちなみに，$x^2+7x+12=(x+3)(x+4)$の因数分解において，$(x+3)$や$(x+4)$を多項式$x^2+7x+12$の**因数**といいます。

$$x^2+7x+12 \underset{展開}{\overset{因数分解}{\rightleftarrows}} \underset{因数}{(x+3)}\underset{因数}{(x+4)}$$

カッコを外すと
全然違う式に
見えるおま

3 共通な項でまとめる因数分解

　展開では分配法則を利用して考えました。因数分解では，分配法則の逆を利用します。まず，共通な因数を探し，1つにまとめます。例えば，多項式$ab+bc$はabとbcの2つの項からできていて，bが2つの項に共通な因数となります。この共通な因数bでまとめると，$ab+bc=b(a+c)$となり，因数分解が完成します。共通な因数のことを**共通因数**といいます。

$$因数分解$$
$$\underset{b が共通}{\underline{ab}} + \underline{bc} \longrightarrow \underset{共通因数でまとめる}{\underline{b}(a+c)} \longleftarrow 展開すると ab+bc に戻る$$

例題 次の式を因数分解しなさい。

(1) a^2-3ab 　　　(2) $-6xz+8yz$ 　　　(3) $-10ab-15ac-20ad$

解答 (1) a^2-3abの各項a^2と$-3ab$には，aが共通で含まれるので，aでまとめる。
$$a^2-3ab=\bm{a(a-3b)} \quad \cdots 答$$

(2) $-6xz+8yz$の各項$-6xz$と$8yz$には，zが共通で含まれるのがわかるが，これだけではない。-6と8は2で割り切れるので，2も共通な因数である。
よって，$2z$でまとめる。
$$-6xz+8yz=2z\times(-3x)+2z\times4y$$
$$=\bm{2z(-3x+4y)} \quad \cdots 答 \longleftarrow -2z(3x-4y) としてもよい$$

(3) 各項には$-5a$が共通で含まれる。
$$-10ab-15ac-20ad=(-5a)\times2b+(-5a)\times3c+(-5a)\times4d$$
$$=\bm{-5a(2b+3c+4d)} \quad \cdots 答$$

Check 3 次の式を因数分解しなさい。　　　　　　　　　　　　　解説は別冊p.49へ

(1) $2xz+3yz$ 　　　　　　　　　　　(2) $-3ab+9ac-6ad$

---

4 因数分解の公式

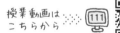
授業動画はこちらから

　p.146で学んだ展開公式を逆向きにすると，因数分解の公式になります。

ポイント！ 因数分解の公式

❶ $x^2+(a+b)x+ab=(x+a)(x+b)$ ◀ 展開公式❶ $(x+a)(x+b)=x^2+(a+b)x+ab$の逆

❷ $x^2+2ax+a^2=(x+a)^2$ ◀ 展開公式❷ $(x+a)^2=x^2+2ax+a^2$の逆

❸ $x^2-2ax+a^2=(x-a)^2$ ◀ 展開公式❸ $(x-a)^2=x^2-2ax+a^2$の逆

❹ $x^2-a^2=(x+a)(x-a)$ ◀ 展開公式❹ $(x+a)(x-a)=x^2-a^2$の逆

　因数分解の問題では，まずおしり(定数項)をチェックし，そのあと真ん中(xの1次の項)

をチェックします。例題で考えかたを見ていきましょう。

例題1 次の式を因数分解しなさい。

(1) $x^2+4x-45$ (2) x^2+6x+9 (3) $x^2-8x+16$
(4) $x^2+10x+16$ (5) x^2-25

解答 (1) まずは-45に着目すると，-45はある数の2乗ではないので，$+a^2$の形ではないことがわかる。

よって，$x^2+4x-45$は，$x^2+(a+b)x+ab=(x+a)(x+b)$ の形の因数分解と考えられる。

掛けて-45，足して$+4$となる$a,\ b$の数を考えると，$+9$，-5とわかるので
$$x^2+4x-45=\boldsymbol{(x+9)(x-5)} \cdots \boxed{答}$$

(2) まずは$+9$に着目すると，$+9$は$\underset{a^2}{\underline{3^2}}$か$\underset{a^2}{\underline{(-3)^2}}$と考えられる。

次に$+6x$を見ると，これは$\underset{+2ax}{\underline{+(2\times 3x)}}$と考えられるので
$$x^2+6x+9=\boldsymbol{(x+3)^2} \cdots \boxed{答}$$

(3) まずは$+16$に着目すると，$+16$は$\underset{a^2}{\underline{4^2}}$か$\underset{a^2}{\underline{(-4)^2}}$と考えられる。

次に$-8x$を見ると，これは$\underset{-2ax}{\underline{-(2\times 4x)}}$と考えられるので
$$x^2-8x+16=\boldsymbol{(x-4)^2} \cdots \boxed{答}$$

(4) まずは$+16$に着目すると，$+16$は$\underset{a^2}{\underline{4^2}}$か$\underset{a^2}{\underline{(-4)^2}}$と考えられる。

次に$+10x$を見ると，これは$\underset{+2ax}{\underline{+(2\times 4x)}}$でも$\underset{-2ax}{\underline{-(2\times 4x)}}$でもない。

よって，$(x+a)^2$や$(x-a)^2$の形ではなく，$x^2+(a+b)x+ab=(x+a)(x+b)$の形の因数分解と考えられる。

掛けて$+16$，足して$+10$となる$a,\ b$の数を考えると，$+2$，$+8$とわかるので
$$x^2+10x+16=\boldsymbol{(x+2)(x+8)} \cdots \boxed{答}$$

(5) xの1次の項がないので，$x^2-a^2=(x+a)(x-a)$の形の因数分解と予測する。

$-25=-5^2$なので
$$x^2-25=x^2-5^2=\boldsymbol{(x+5)(x-5)} \cdots \boxed{答}$$

Check 4 次の式を因数分解しなさい。 ➡️解説は別冊p.49へ

(1) $x^2-7x+12$ (2) $x^2+10x+25$ (3) x^2-2x+1
(4) $x^2-13x+36$ (5) x^2-1

因数分解の問題の考えかたはわかりましたか？

続いては，もう1つだけ手順の増える因数分解をやってみましょう。まずは共通因数でまとめてから，因数分解の公式を利用します。**例題1**と同様に，最初におしり，そのあと真ん中の順でチェックして因数分解しましょう。

例題2 次の式を因数分解しなさい。

(1) $2x^2+8x+6$ 　　　(2) $-3x^2+24x-48$ 　　　(3) $-5x^2+5$

解答

(1)　共通因数2でまとめる

$+3$はある数の2乗ではないので，掛けて$+3$，足して$+4$の2つの数を探すと，$a=+1$，$b=+3$

$2x^2+8x+6=2(x^2+4x+3)$
$\qquad\qquad\quad =\mathbf{2(x+1)(x+3)}$ …**答**

(2)　共通因数-3でまとめる

$+16$は4^2と考えられる

$-8x$は$-2\times4x$と考えられる

$-3x^2+24x-48=-3(x^2-8x+16)$
$\qquad\qquad\qquad\quad =\mathbf{-3(x-4)^2}$ …**答**

(3)　共通因数-5でまとめる

x^2-1は，x^2-a^2の形の$a=1$のときと考えられる

$-5x^2+5=-5(x^2-1)$
$\qquad\qquad =\mathbf{-5\,(x+1)(x-1)}$ …**答**

Check 5 次の式を因数分解しなさい。　　　➡解説は別冊p.50へ

(1) $2x^2-2x-24$ 　　　(2) $-3x^2-18x-27$ 　　　(3) $20-5x^2$

5 素因数分解（中学1年）

授業動画はこちらから …… 113

113

　2，3，5，7のように，1とその数自身の掛け算以外に，それよりも小さい自然数の掛け算の形に表すことができない自然数を**素数**といいます。ただし，1は素数には含めません。自然数を素数の掛け算に分解することを**素因数分解**といいます。

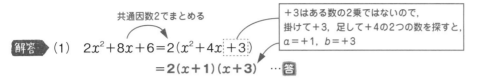

例題 90を素因数分解しなさい。

解答 右のように，90をなるべく小さい素数で割っていく。
　　　　5は素数なので，そこまででストップし，あとはL字型に掛け算する。

$\qquad 90=2\times3\times3\times5=\underline{\mathbf{2\times3^2\times5}}$ …**答**
　　　　　　　　　　　　　└──┴┴── 素数

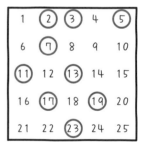

Check 6 次の自然数を素因数分解しなさい。　　　➡解説は別冊p.50へ

(1) 30 　　　(2) 105 　　　(3) 480

授業動画は
こちらから

📢 解説は別冊p.50へ

1 次の式を因数分解しなさい。

(1) $3ax + 6ay$　　　　(2) $12x^3y^2 - 24x^2y$　　　(3) $-2x^2yz$　$4xy^2z$　$6xyz^2$

2 次の式について，□に当てはまる数を入れて，式を完成させなさい。

(1) $x^2 + 8x + \boxed{\text{ア}} = (x + 3)(x + \boxed{\text{イ}})$

(2) $a^2 + 16a + \boxed{\text{ウ}} = (a + \boxed{\text{エ}})^2$

3 次の式を因数分解しなさい。

(1) $x^2 + 7x + 6$　　　　　　　　(2) $x^2 + 9x + 18$

(3) $3x^2 - 12x + 12$　　　　　　(4) $48 - 3x^2$

4 $65^2 - 35^2$ を，因数分解を利用して計算しなさい。

5 下の図は，自然数 X を素因数分解したものである。自然数 X と a, b, c, d に当てはまる数を求めなさい。

$a)$　X
$a)$　250
$b)$　c
$b)$　d
　　b

平方根

このLessonのイントロ♪

今回は，2乗の反対の関係である平方根を学習します。平方とは2乗と同じ意味ですので，平方根とは2乗になるもとの数という意味です。つまずいたら，逆立ちして考えてみるとひらめくかもしれませんね。

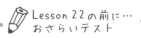
解説は別冊p.51へ

因数分解（中学3年）

（1）次の計算をしなさい。

① $(-7)^2$ 　　　② $12^2 - 8^2$ 　　　③ $2^3 \times 4^2 \div 16$

（2）140にできるだけ小さい自然数を掛けて，ある自然数の2乗にするには，どのような数を掛ければよいか求めなさい。また，ある自然数を求めなさい。

（3）162をできるだけ小さい自然数で割って，ある自然数の2乗にするには，どのような数で割ればよいか求めなさい。また，ある自然数を求めなさい。

1 平方根の性質

授業動画は
こちらから

平方根とは

2乗して a になる数を，a の**平方根**といいます。平方根は正の数と負の数の2つがあります。負の数のほうを忘れる人が多いので注意しましょう。

例 1の平方根は，1と-1（または±1と表す）

16の平方根は，4と-4（または±4と表す）

400の平方根は，20と-20（または±20と表す）

$\dfrac{4}{49}$ の平方根は，$\dfrac{2}{7}$ と $-\dfrac{2}{7}$ $\left(\text{または} \pm \dfrac{2}{7} \text{と表す}\right)$

0.25の平方根は，0.5と-0.5（または±0.5と表す）

Check 1 次の数の平方根を求めなさい。 解説は別冊p.51へ

(1) 64 　　　(2) 169 　　　(3) 441

(4) $\dfrac{25}{16}$ 　　　(5) 0.04 　　　(6) 3^4

負の数のほうも
忘れないように
しないとね

1，4，9，16，25，……のように，整数の2乗になっているものの平方根は整数で表せますが，2，3，5，6，7，8，10，……などの平方根は整数では表せません。そのときに活躍するのが$\sqrt{\ }$です。例えば2つある3の平方根のうち，正の平方根を$\sqrt{3}$，負の平方根を$-\sqrt{3}$と表します。$\sqrt{3}\times\sqrt{3}=3$，$(-\sqrt{3})\times(-\sqrt{3})=3$ということです。この$\sqrt{\ }$の記号を**根号**といい，「**ルート**」と読みます。また，$\sqrt{3}$と$-\sqrt{3}$をまとめて，$\pm\sqrt{3}$と表すことができます。

例 11の平方根は，$\sqrt{11}$ と $-\sqrt{11}$（または$\pm\sqrt{11}$と表す）

🔣 根号（$\sqrt{\ }$）を使わないで表す方法

根号（$\sqrt{\ }$）の中がある数の2乗になっている場合は，根号（$\sqrt{\ }$）を使わずに表します。例えば，$\sqrt{25}$ は根号を使わないで表すと5，$\sqrt{(-7)^2}$ は根号を使わないで表すと$\sqrt{49}$ なので，7です。

補足 $\sqrt{(-7)^2}$ は-7ではありません。負の平方根になるのは，根号の外に$-$がある場合です。例えば，$-\sqrt{7^2}=-7$ となります。

一般にaを正の数とすると$\sqrt{a^2}=a$となります。

例 $\sqrt{4}=2$，$-\sqrt{4}=-2$
$\sqrt{121}=11$，$-\sqrt{121}=-11$
$\sqrt{8^2}=\sqrt{64}=8$，$-\sqrt{8^2}=-\sqrt{64}=-8$
$\sqrt{(-8)^2}=\sqrt{64}=8$，$-\sqrt{(-8)^2}=-\sqrt{64}=-8$

Check 2 次の数を，根号を使わないで表しなさい。 👉 解説は別冊p.51へ

(1) $\sqrt{144}$ (2) $-\sqrt{(-5)^2}$ (3) $\sqrt{0.04}$

$\sqrt{\ }$の中が何かの2乗の数なら
$\sqrt{\ }$を使わないんダー
1，4，9，16，25，36，49，
64，81，100，……などに注意ダー

2 平方根の大小

$\sqrt{a}$ は，面積が a の正方形の1辺の長さと考えることができます。これより，次の大小関係が成り立ちます。

a と b が正の数のとき，$a < b$ ならば $\sqrt{a} < \sqrt{b}$

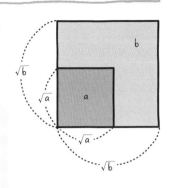

例 3 < 5 より，$\sqrt{3} < \sqrt{5}$ である。

また，$-\sqrt{5} < -\sqrt{3}$ ◀──マイナスがつくと
大小関係が反対になる

Check 3 次の2つの数の大小関係を，不等号を使って表しなさい。　　👉解説は別冊p.52へ

(1) $\sqrt{13}$, 4　　　　　(2) $-\sqrt{15}$, -4　　　　　(3) $\sqrt{1.4}$, 1.2

3 平方根の掛け算・割り算

平方根の掛け算・割り算では以下の式が重要です

平方根の掛け算・割り算

❶ $\sqrt{a} \times \sqrt{b} = \sqrt{ab}$ （a, b は正の数）

❷ $\dfrac{\sqrt{a}}{\sqrt{b}} = \sqrt{\dfrac{a}{b}}$ （a, b は正の数）

❸ $\sqrt{a^2 \times b} = a\sqrt{b}$ （a, b は正の数）

❹ $a\sqrt{b} \times c\sqrt{d} = ac\sqrt{bd}$ （b, d は正の数）

掛け算・割り算では，$\sqrt{\ }$ の中の数どうし，$\sqrt{\ }$ の外の数どうしの計算ができます。

計算をする前に❸の変形をしておくと，計算が簡単になることが多いです。p.150で学んだ素因数分解を使って，$\sqrt{a^2 \times b} = a\sqrt{b}$ と変形しましょう。

例 $\sqrt{8} = \sqrt{2^2 \times 2} = 2\sqrt{2}$
$\sqrt{12} = \sqrt{2^2 \times 3} = 2\sqrt{3}$
$\sqrt{18} = \sqrt{3^2 \times 2} = 3\sqrt{2}$
$\sqrt{20} = \sqrt{2^2 \times 5} = 2\sqrt{5}$

これから
よく出てくるでおま

例題 次の計算をしなさい。

(1) $\sqrt{3} \times \sqrt{5}$　　(2) $\sqrt{56} \div \sqrt{7}$　　(3) $\sqrt{18} \times \sqrt{75}$　　(4) $\sqrt{3} \times \sqrt{6} \times \sqrt{2}$

解答 (1) $\sqrt{3} \times \sqrt{5} = \sqrt{15}$　…**答**

(2) $\sqrt{56} \div \sqrt{7} = \sqrt{\dfrac{56}{7}} = \sqrt{8}$

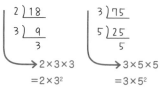

ここで8を素因数分解すると，$8 = 2^3$なので
$\sqrt{8} = \sqrt{2^2 \times 2} = 2\sqrt{2}$　…**答**

(3) 18を素因数分解すると　$18 = 2 \times 3^2$
75を素因数分解すると　$75 = 3 \times 5^2$
よって
$\sqrt{18} = \sqrt{3^2 \times 2} = 3\sqrt{2}$
$\sqrt{75} = \sqrt{5^2 \times 3} = 5\sqrt{3}$

したがって
$\sqrt{18} \times \sqrt{75} = 3\sqrt{2} \times 5\sqrt{3} = 15\sqrt{6}$　…**答**

(4) $\sqrt{3} \times \sqrt{6} \times \sqrt{2} = \sqrt{3 \times 6 \times 2} = \sqrt{36} = 6$　…**答**

Check 4　次の計算をしなさい。　　　　　　　　　　　➡**解説は別冊p.52へ**

(1) $\sqrt{2} \times \sqrt{5} \times \sqrt{40}$　　　　　　　　(2) $\sqrt{48} \div \sqrt{2} \div \sqrt{3}$

Check 5　9，$3\sqrt{10}$，$6\sqrt{2}$ の3つの数の大小関係を，不等号を使って表　　➡**解説は別冊p.52へ**
しなさい。

ヒント 3つともすべて$\sqrt{\bullet\bullet}$ の形にして比べましょう。

---

4 分母の有理化

授業動画は
こちらから　>>> (119)

(119)

　分母に$\sqrt{}$ がある場合，分母と分子に同じ数を掛けて，分母から$\sqrt{}$ をなくします。これを，**分母を有理化する**といいます。

例題 次の数の分母を有理化しなさい。

(1) $\dfrac{\sqrt{2}}{\sqrt{3}}$　　　　　　　(2) $\dfrac{4}{\sqrt{2}}$　　　　　　　(3) $\dfrac{8}{\sqrt{32}}$

"有利化" ではなく
"有理化" なのね
漢字の間違いに
注意しなくちゃ

解答 (1) $\dfrac{\sqrt{2}}{\sqrt{3}}=\dfrac{\sqrt{2}\times\sqrt{3}}{\sqrt{3}\times\sqrt{3}}=\dfrac{\sqrt{6}}{3}$ …**答**

(2) $\dfrac{4}{\sqrt{2}}=\dfrac{4\times\sqrt{2}}{\sqrt{2}\times\sqrt{2}}=\dfrac{^2 4\sqrt{2}}{2_1}=\mathbf{2\sqrt{2}}$ …**答**

(3) $\dfrac{8}{\sqrt{32}}=\dfrac{8}{4\sqrt{2}}=\dfrac{^2 8\times\sqrt{2}}{_1 4\sqrt{2}\times\sqrt{2}}=\dfrac{^1 2\sqrt{2}}{2_1}=\sqrt{2}$ …**答**

$\sqrt{32}=\sqrt{4^2\times2}=4\sqrt{2}$

(3)はいきなり$\sqrt{32}$を掛けずに、できるだけ$\sqrt{}$の中を小さくしてから有理化するでおま

Check 6 次の数の分母を有理化しなさい。 ➡ 解説は別冊p.52へ

(1) $\dfrac{\sqrt{3}}{\sqrt{5}}$ (2) $\dfrac{3}{\sqrt{3}}$ (3) $\dfrac{4}{\sqrt{72}}$

---

5 平方根の足し算・引き算

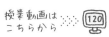 授業動画はこちらから

120

　平方根を含む足し算・引き算では、例えば、$\sqrt{2}+3\sqrt{2}=4\sqrt{2}$と計算できますが、$\sqrt{3}+3\sqrt{2}$はこれ以上簡単な形にすることはできません。つまり、**$\sqrt{}$の中が同じ数の場合は、文字式と同じように足し算や引き算ができます**が、$\sqrt{}$の中の数が違う場合は、足し算や引き算はそれ以上簡単な形にすることができないのです。掛け算・割り算とはルールが違うので注意しましょう。

例題 次の計算をしなさい。
(1) $5\sqrt{3}-8\sqrt{3}$
(2) $3\sqrt{2}+2\sqrt{3}-7\sqrt{2}$
(3) $\sqrt{63}+\sqrt{28}$
(4) $\dfrac{3}{\sqrt{2}}+\sqrt{8}$

解答 (1) $5\sqrt{3}-8\sqrt{3}=(5-8)\sqrt{3}=\mathbf{-3\sqrt{3}}$ …**答**
(2) $3\sqrt{2}+2\sqrt{3}-7\sqrt{2}=(3-7)\sqrt{2}+2\sqrt{3}=\mathbf{-4\sqrt{2}+2\sqrt{3}}$ …**答**
(3) $\sqrt{63}+\sqrt{28}=3\sqrt{7}+2\sqrt{7}=(3+2)\sqrt{7}=\mathbf{5\sqrt{7}}$ …**答**

$\sqrt{63}=\sqrt{3^2\times7}=3\sqrt{7}$
$\sqrt{28}=\sqrt{2^2\times7}=2\sqrt{7}$

(4) $\dfrac{3}{\sqrt{2}}+\sqrt{8}=\dfrac{3\times\sqrt{2}}{\sqrt{2}\times\sqrt{2}}+\sqrt{2^2\times2}=\dfrac{3\sqrt{2}}{2}+2\sqrt{2}=\dfrac{\mathbf{7\sqrt{2}}}{\mathbf{2}}$ …**答**

分母の有理化

もっとくわしく
$\sqrt{2}+3\sqrt{2}=4\sqrt{2}$となるのは、たてが$\sqrt{2}$cmで横が1cmの長方形と、たてが$\sqrt{2}$cmで横が3cmの長方形をくっつけたと考えることもできます。

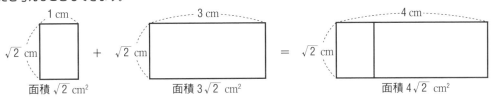

6 平方根のいろいろな計算

授業動画はこちらから…… 121

根号 $(\sqrt{})$ を含む式の計算では，分配法則や展開，因数分解を利用する場合もあります。文字式のときとやりかたは同じですので，間違えないように計算しましょう。

例題1 次の計算をしなさい。

(1) $\sqrt{3}(5\sqrt{2}+2\sqrt{3})$　　　(2) $(\sqrt{2}+\sqrt{3})(\sqrt{3}+3\sqrt{6})$　　　(3) $(\sqrt{3}+5)^2$

解答 (1) $\sqrt{3}(5\sqrt{2}+2\sqrt{3})=\sqrt{3}\times5\sqrt{2}+\sqrt{3}\times2\sqrt{3}=\mathbf{5\sqrt{6}+6}$ …答

(2) $(\sqrt{2}+\sqrt{3})(\sqrt{3}+3\sqrt{6})=\sqrt{2}\times\sqrt{3}+\underbrace{\sqrt{2}\times3\sqrt{6}}_{\sqrt{2}\times\sqrt{3}}+\sqrt{3}\times\sqrt{3}+\underbrace{\sqrt{3}\times3\sqrt{6}}_{\sqrt{2}\times\sqrt{3}}$

$=\sqrt{6}+2\times3\times\sqrt{3}+3+3\times3\times\sqrt{2}$

$\phantom{=\sqrt{6}+}\underset{(\sqrt{2})^2}{\underline{}}\phantom{\times\sqrt{3}+3+}\underset{(\sqrt{3})^2}{\underline{}}$

$=\mathbf{\sqrt{6}+6\sqrt{3}+3+9\sqrt{2}}$ …答

(3) $(\sqrt{3}+5)^2=(\sqrt{3})^2+2\times\sqrt{3}\times5+5^2$ ◀ $(x+a)^2=x^2+2ax+a^2$ に $x=\sqrt{3}$，$a=5$ を代入

$\phantom{(3) (\sqrt{3}+5)^2}=3+10\sqrt{3}+25$

$\phantom{(3) (\sqrt{3}+5)^2}=\mathbf{28+10\sqrt{3}}$ …答

Check 7　次の計算をしなさい。

解説は別冊p.52へ

(1) $(\sqrt{2}+1)(\sqrt{2}-3)$　　　　　　　　(2) $(\sqrt{5}-2)^2$

(3) $(\sqrt{6}+\sqrt{2})(\sqrt{6}-\sqrt{2})$　　　　　(4) $(\sqrt{3}+2\sqrt{7})(\sqrt{3}-\sqrt{7})$

ヒント (4) は $(x+a)(x+b)=x^2+(a+b)x+ab$ で，$x=\sqrt{3}$，$a=2\sqrt{7}$，$b=-\sqrt{7}$ と考えましょう。

例題2 次の各問いに答えなさい。

(1) $\sqrt{2}=1.414$ とするとき，$\sqrt{200}$ の値と，$\sqrt{0.02}$ の値を答えなさい。

(2) $x=1+\sqrt{5}$，$y=1-\sqrt{5}$ とするとき，$x^2-2xy+y^2$，x^2-y^2 の値を答えなさい。

解答 (1) $\sqrt{200}=\sqrt{100\times2}=10\times\sqrt{2}=\mathbf{14.14}$ …答

$\sqrt{0.02}=\sqrt{\dfrac{2}{100}}=\dfrac{\sqrt{2}}{10}=\mathbf{0.1414}$ …答

(2) $x=1+\sqrt{5}$，$y=1-\sqrt{5}$ のとき

$x+y=1+\sqrt{5}+1-\sqrt{5}=2$

$x-y=1+\sqrt{5}-(1-\sqrt{5})=2\sqrt{5}$

よって

$x^2-2xy+y^2=(x-y)^2$

$=(2\sqrt{5})^2=\mathbf{20}$ …答

$x^2-y^2=(x+y)(x-y)$

$=2\times2\sqrt{5}=\mathbf{4\sqrt{5}}$ …答

Lesson 22 の力だめし

授業動画は
こちらから

➡ 解説は別冊p.52へ

1 次の数を，根号を使わないで表しなさい。

(1) $\sqrt{121}$　　　　(2) $-\sqrt{(-2)^2}$　　　　(3) $\sqrt{0.16}$　　　　(4) $\sqrt{\dfrac{49}{16}}$

2 次の数を $a\sqrt{b}$ の形にしなさい。

(1) $\sqrt{48}$　　　(2) $\sqrt{300}$　　　(3) $\sqrt{0.8}$　　　(4) $\sqrt{\dfrac{18}{25}}$

3 次の数の大小を，不等号を使って表しなさい。

(1) $2\sqrt{6}$, 5, $\sqrt{22}$　　　　　　(2) $-\sqrt{23}$, $-3\sqrt{3}$, $-\sqrt{19}$

(3) $4\sqrt{2}$, $2\sqrt{10}$, $5\sqrt{2}$, $3\sqrt{5}$, $4\sqrt{3}$

4 次の計算をしなさい。

(1) $\sqrt{28}+\sqrt{7}-\sqrt{63}$　　　　　(2) $\sqrt{15}\div\sqrt{3}\times2\sqrt{5}$

5 $\sqrt{48n}$ が整数となるような自然数 n のうち，最小のものを答えなさい。

6 $\sqrt{3}=1.732$ とするとき，$\sqrt{300}$，$\sqrt{0.03}$ の値を求めなさい。

7 1辺の長さが10 cmの正方形がある。この正方形の2倍の面積の正方形を作るとき，その正方形の1辺の長さは何cmにすればよいか答えなさい。

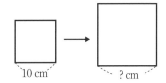

8 体積300 π cm³の円柱がある。円柱の高さが6 cmのとき，底面の円の半径を求めなさい。

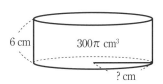

Lesson 23 2次方程式

〔中学3年〕

このLessonのイントロ♪

中学1年では文字xを含んだ1次方程式，中学2年では文字xとyを含んだ連立方程式を学習しました。今回は，x^2を含んだ2次方程式の解をスムーズに求めることを目指します。1つひとつ，着実に「数学の階段」をのぼっていきましょう。

Lesson 23の前に… おさらいテスト

解説は別冊p.54へ

1次方程式・連立方程式（中学1・2年）

次の方程式を解きなさい。

(1) $2x = 35 - 3x$

(2) $2x - (3x - 1) = -6$

(3) $\dfrac{2-x}{3} - \dfrac{x-1}{4} = 5$

(4) $0.2(0.3x - 2) - 0.1x = 3$

(5) $5 : (x-3) = 2 : 6$

(6) $8x - 1 = 10x + 9$

(7) $\begin{cases} 3x - y = 4 \\ 2x + y = 6 \end{cases}$

(8) $\begin{cases} y = 3x + 5 \\ 2x - 3y = 6 \end{cases}$

(9) $\begin{cases} 0.3x + 0.5y = -2 \\ 2x - 5y = -5 \end{cases}$

(10) $2x + y = 5x - 3y = 11$

❶ 2次方程式とその解

授業動画はこちらから

移項して整理すると$ax^2 + bx + c = 0$の形で表される方程式を，xについての**2次方程式**といいます（ただし，aは0でない定数，b，cは定数）。また，2次方程式を成り立たせるxの値を，その2次方程式の**解**といいます。解を代入すれば2次方程式は成り立ちますが，解でない数を代入しても2次方程式は成り立ちません。

2次方程式の解の個数は，2つの場合と1つの場合があります。

補足 高校数学の範囲では，解の個数が0個，つまり解がない場合も習います。

例 2次方程式$x^2 - 3x = 18$に$x = 6$を代入すると
左辺は$x^2 - 3x = 6^2 - 3 \times 6 = 36 - 18 = 18$となり，右辺18に一致する。
よって，$x = 6$は2次方程式$x^2 - 3x = 18$の解である。

Check 1　次の各問いに答えなさい。

解説は別冊p.55へ

(1) 2次方程式$x^2 + x = 6$の解xを-3，-2，-1，0，1，2，3の中からすべて選びなさい。

(2) 次の2次方程式から$x = -2$が解である式をすべて選びなさい。

① $2x^2 = 35 - 3x$

② $-3(x+2)(3x-1) = 0$

③ $-2(x^2 - 5x) = 4x - 20$

④ $2x^2 - 2x = 2(x+2)$

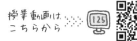

② 2乗の形による解きかた

2次方程式の解をすべて求めることを，その**2次方程式を解く**といいます。まずは，1次方程式と同じように**左辺に文字x，右辺に数を移項**して解を求める方法を学びましょう。

> **パターン❶** $ax^2 = d$ の形

$ax^2 = d$の形で表される2次方程式は，$x^2 = \dfrac{d}{a}$より，$x = \pm\sqrt{\dfrac{d}{a}}$ として解くことができます。

> **例** 2次方程式$4x^2 = 5$を解くと，$x^2 = \dfrac{5}{4}$より，解は　$x = \pm\dfrac{\sqrt{5}}{2}$

> **パターン❷** $(x+m)^2 = k$ の形

$(x+m)^2 = k$の形の2次方程式は，$x + m = \pm\sqrt{k}$より，$x = -m \pm\sqrt{k}$ として解くことができます。

> **例** 2次方程式$(x-3)^2 = 5$を解くと，$x - 3 = \pm\sqrt{5}$より，解は　$x = 3 \pm\sqrt{5}$

補足 $x = 3 \pm\sqrt{5}$は，$x = 3 + \sqrt{5}$と$x = 3 - \sqrt{5}$をまとめた書きかたです。

Check 2　次の方程式を解きなさい。
解説は別冊p.55へ

(1)　$x^2 = 25$　　　　(2)　$9t^2 = 50$　　　　(3)　$36x^2 - 13 = 11$

(4)　$(x-3)^2 = 4$　　(5)　$(y+1)^2 = 7$　　(6)　$(2x-5)^2 = 9$

もっとくわしく

2次方程式$x^2 - 6x + 4 = 0$を解いてみましょう。

このままでは「パターン❶，❷」のどちらにも当てはまらないので，式を変形して，「パターン❷」の形にすることを考えます。

$x^2 - 6x + 4 = 0$　左辺を$(x+m)^2$の形にするため両辺に5を加える
$x^2 - 6x + 9 = 5$　乗法公式$x^2 - 2ax + a^2 = (x-a)^2$を利用して「パターン❷」の形に
$(x-3)^2 = 5$
$x - 3 = \pm\sqrt{5}$
$x = 3 \pm\sqrt{5}$

ポイントは，左辺を平方の形に変形することです。

3 因数分解による解きかた

次に，左ページの「パターン❶，❷」に当てはまらない，$ax^2+bx+c=0$の形の2次方程式の解きかたを学びましょう。

2次方程式$ax^2+bx+c=0$の左辺が因数分解できるとき，次の性質を利用して解くことができます。

2つの数や式をA，Bとするとき，

$$AB=0 \quad ならば \quad A=0 \quad または \quad B=0$$

2次方程式$ax^2+bx+c=0$を$(x-m)(x-n)=0$と変形し，$(x-m)$をA，$(x-n)$をBと考えると，上の性質より$x-m=0$または$x-n=0$ということになります。よって，2次方程式$ax^2+bx+c=0$の解は，$x=m$，nとなります。

また，2次方程式$ax^2+bx+c=0$が$(x-m)^2=0$と変形される場合は，$x-m=0$なので，解は，$x=m$のみとなります。

例1
$$x^2+2x-15=0$$
左辺を因数分解
$$(x+5)(x-3)=0$$
$x+5$，$x-3$のどちらかが0
$$x=-5, 3$$

例2
$$x^2-6x+9=0$$
左辺を因数分解
$$(x-3)^2=0$$
$x-3$が0
$$x=3$$

Check 3　次の方程式を解きなさい。

🐟 解説は別冊p.56へ

(1)　$(x-4)(x+3)=0$

(2)　$t^2-2t-15=0$

(3)　$x^2+5x-24-0$

(4)　$2x^2-4x+2=0$

(5)　$(x-4)^2=0$

(6)　$t^2-2t+1=0$

(7)　$x^2+5x+\dfrac{25}{4}=0$

(8)　$3x^2+24x+48=0$

4 解の公式による解きかた

2次方程式$ax^2+bx+c=0$の解は，解の公式 $x=\dfrac{-b\pm\sqrt{b^2-4ac}}{2a}$ により，確実に解く

ことができます。2や3で扱った問題もこれで解けますが，計算がややめんどうですので，

2や3の方法で答えが出せないときに利用するようにしましょう。

> **例** $2x^2+5x+3=0$
>
> 解の公式に$a=2$，$b=5$，$c=3$を代入すると
>
> $$x=\frac{-5\pm\sqrt{5^2-4\times2\times3}}{2\times2}=\frac{-5\pm\sqrt{1}}{4}=\frac{-5\pm1}{4}$$
>
> よって $x=-1,\ -\dfrac{3}{2}$　　　$\dfrac{-5+1}{4}$と$\dfrac{-5-1}{4}$を表している

Check 4 次の方程式を解きなさい。　　　　　　　　　➡ 解説は別冊p.56へ

(1) $3x^2-5x+1=0$　　　(2) $y^2+6y-3=0$　　　(3) $3x^2+12x+12=0$

ポイント 2次方程式の解きかた

❶ $ax^2=d$の形なら，$x=\pm\sqrt{\dfrac{d}{a}}$，

$(x+m)^2=k$の形なら，$x+m=\pm\sqrt{k}$ より，$x=-m\pm\sqrt{k}$ と解く。

❷ ❶の形にならず，$ax^2+bx+c=0$の形の場合，左辺の因数分解を試みる。

$(x-m)(x-n)=0$の形になるなら，$x=m,\ n$

$(x-m)^2=0$の形になるなら，$x=m$

❸ 左辺を因数分解できないなら，解の公式を利用する。

$$x=\frac{-b\pm\sqrt{b^2-4ac}}{2a}$$

もっとくわしく

解の公式を導いてみましょう。2次方程式$ax^2+bx+c=0$の両辺をaで割って $x^2+\dfrac{b}{a}x+\dfrac{c}{a}=0$

平方の形を作るために，両辺に $\dfrac{b^2}{4a^2}$ を加えて $x^2+\dfrac{b}{a}x+\dfrac{b^2}{4a^2}=\dfrac{b^2}{4a^2}-\dfrac{c}{a}$

よって，$\left(x+\dfrac{b}{2a}\right)^2=\dfrac{b^2-4ac}{4a^2}$ より $x+\dfrac{b}{2a}=\pm\dfrac{\sqrt{b^2-4ac}}{2a}$

最後に両辺から $\dfrac{b}{2a}$ を引き，右辺を整理すると，解の公式が導かれます。

$\overset{\text{Lesson}}{23}$ の 力だめし

➡ 解説は別冊p.57へ

1 次の2次方程式から$x=-4$が解であるものをすべて選びなさい。

(1) $x^2=-16$

(2) $x^2-4x=0$

(3) $(x-4)(x+4)=5$

(4) $(x+1)^2+x^2=(x-1)^2$

2 2次方程式$x^2+2x-8=0$について，次の各問いに答えなさい。

(1) 因数分解を利用して解きなさい。

(2) 解の公式を利用して解きなさい。

3 次の方程式を解きなさい。

(1) $\dfrac{2}{5}x^2=40$

(2) $\dfrac{9}{4}y^2-\dfrac{16}{9}=0$

(3) $5(x+3)^2-80=0$

(4) $4x^2-3x-1=0$

(5) $(x-1)^2+(x-1)(x+2)=0$

4 xについての2次方程式$mx^2+2(m-1)x-(m+1)^2=0$の解の1つが-2のとき，定数mの値を求めなさい。また，他の解を求めなさい。

5 xについての2次方程式$x^2+px+q=0$が-8と2を解にもつとき，定数p，qの値を求めなさい。

2次方程式の利用

[中学3年]

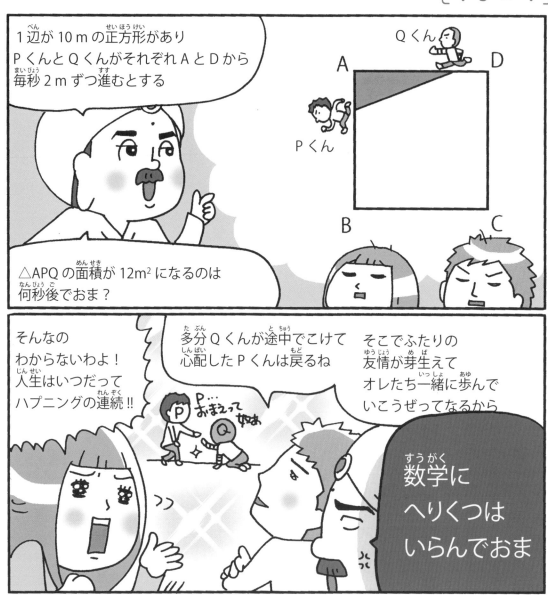

1辺が10mの正方形があり
PくんとQくんがそれぞれAとDから
毎秒2mずつ進むとする

QくんD
A
Pくん
B C

△APQ の面積が 12m² になるのは
何秒後でおま？

そんなの
わからないわよ！
人生はいつだって
ハプニングの連続!!

多分Qくんが途中でこけて
心配したPくんは戻るね

そこでふたりの
友情が芽生えて
オレたち一緒に歩んで
いこうぜってなるから

数学に
へりくつは
いらんでおま

このLessonのイントロ♪

右の長方形のxは，何cmかわかりますか？　長方形の面積は「たて×横」より，$x(21-x)=90$の2次方程式を解くと求められます。今回は，2次方程式を使った文章問題に挑戦します。前回，学習した2次方程式の計算力を発揮して頑張りましょう。

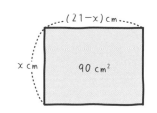

$(21-x)$ cm
x cm
90 cm²

Lesson 24 の前に…
おさらいテスト

解説は別冊p.59へ

2次方程式（中学3年）

(1) 2次方程式 $x(21-x)=90$ について，次の各問いに答えなさい。

① $x^2+px+q=0$ の形に変形したとき，p と q の値を求めなさい。

② ①の形にしたとき，解の公式 $x=\dfrac{-b\pm\sqrt{b^2-4ac}}{2a}$ の a，b，c の値を求めなさい。

③ $(x-m)(x-n)=0$ の形に変形したとき，m と n の値を求めなさい。ただし，$m<n$ とする。

④ 2次方程式 $x(21-x)=90$ の解 x を求めなさい。

(2) 次の2次方程式を解きなさい。

① $x^2=49$ 　　② $3x^2-4=8$ 　　③ $(x-2)^2=5$

④ $x^2-4x-1=0$ 　　⑤ $(x+2)(x-3)=0$ 　　⑥ $2x^2-22x+36=0$

---

1 2次方程式の利用の手順

授業動画は
こちらから ……

ここでは2次方程式を利用した文章問題を解いていきましょう。考えかたはp.97でやった連立方程式と同じです。

 2次方程式を利用する文章問題の解きかた

❶ 求めるものの数量を，x を使って表す。

❷ x の等式（2次方程式）を立てる。

❸ 2次方程式を解く。

❹ 求めた x の値が問題に適しているか確認し，単位をつけて答える。

例題1 たてが横より5cm長い長方形の面積が6cm² のとき，横の長さを求めなさい。

解答 長方形の横の長さを x cmとすると，
たては $(x+5)$ cmと表されるから ◀── 手順❶

$x(x+5)=6$ ◀── 手順❷

これを解くと
$$x^2+5x-6=0$$
$$(x+6)(x-1)=0$$
$$x=-6,\ x=1$$
◀── 手順❸

x は横の長さを表すので，$x>0$ より，
$x=1$ は問題に適するが，$x=-6$ は問題に適さない。 ◀── 手順❹
よって，長方形の横の長さは **1cm** …**答**

2次方程式の利用　**167**

Check 1

たての長さが横の長さより2cm長く，面積が80cm²である長 解説は別冊p.59へ
方形について，次の［　］に適する式や数を入れて，長方形のたての長さと横の長さを求
めなさい。

［解答］長方形の横の長さを x cmとすると，たての長さは，（ ア ）cmと表されるから ← 手順❶

$$x（ ア ）= イ$$ ← 手順❷

これを解くと $x^2 +$ ウ $x -$ イ $= 0$

$$（x - エ ）（x + オ ）= 0$$ ← 手順❸

$$x = エ ，x = - オ$$

$x > 0$ より，$x =$ エ は問題に適するが，$x = -$ オ は問題に適さない。

よって，長方形の横の長さは， エ cm，たての長さは カ cm ← 手順❹

例題2 ある自然数に3を足して2乗した数と，同じ自然数を5倍して15を足した数が等しくなっ
た。この自然数を求めなさい。

解答 求める自然数を x とすると ← 手順❶

$$(x+3)^2 = 5x + 15$$ ← 手順❷

これを解くと $x^2 + 6x + 9 = 5x + 15$

$$x^2 + x - 6 = 0$$

$$(x+3)(x-2) = 0$$ ← 手順❸

$$x = -3，x = 2$$

x は自然数なので，$x > 0$ より，

$x = 2$ は問題に適するが，$x = -3$ は問題に適さない。 ← 手順❹

よって，求める自然数は **2** …**答**

Check 2

ある整数に4を足した数と，同じ整数に7を足した数を掛ける 解説は別冊p.60へ
と40になったとき，次の各問いに答えなさい。

(1) ある整数を求めなさい。

(2) 「ある整数」を「ある自然数」にしたとき，ある自然数を答えなさい。

---

2 2次方程式の利用

授業動画は
こちらから

2次方程式を利用する少し難しい問題をやってみましょう。手順は変わらないので，しっ
かり理解してくださいね。

例題1 たてが14 m，横が20 mの長方形の土地がある。この土地に右の図のように，道幅が同じで互いに垂直な道を2本作り，残りの土地に花を植えることにした。花を植える土地の面積を160 m²にするとき，道幅は何mにすればよいか答えなさい。

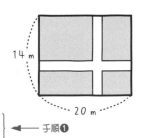

解答 道幅をx mとすると，花を植える土地は，　◀── 手順①
たてが$(14-x)$m，横が$(20-x)$mの長方形と考えられるから

$$(14-x)(20-x)=160$$ ◀── 手順②

これを解くと

$$(x-14)(x-20)=160$$
$$x^2-34x+280=160$$
$$x^2-34x+120=0$$ ◀── 手順③
$$(x-4)(x-30)=0$$
$$x=4, \quad x=30$$

$(14-x)(20-x)$
$=(14-x)\times(-1)\times(20-x)\times(-1)$
$=(x-14)(x-20)$

−1を2回掛けても値は変わらない

道幅は土地のたてと横の長さより小さいので，$0<x<14$であるから，$x=4$は問題に適するが，$x=30$は問題に適さない。　◀── 手順④
よって，道幅は**4 m** …答

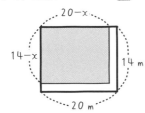

 この図のように，道を動かして，花を植える土地を1つにまとめて考えたんじゃ

例題2 右の図のような1辺が10 cmの正方形ABCDがある。点Pは点Aを出発して辺AB上を秒速2 cmで動く。また，点Qは点Dを出発して辺DA上を点Pと同じ速さで点Aまで動く。2点P，Qが同時に出発するとき，△APQの面積が12 cm²になるのは，点P，点Qが出発してから何秒後になるか答えなさい。

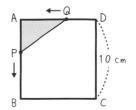

解答 点P，点Qが出発してからx秒後とすると，　◀── 手順①
$AP=2x$ cm，$AQ=(10-2x)$cmと表されるから

$$2x\times(10-2x)\times\frac{1}{2}=12$$ ◀── 手順②

これを解くと　$x(10-2x)=12$
$$-2x^2+10x=12$$
$$-2x^2+10x-12=0$$ 両辺を−2で割る
$$x^2-5x+6=0$$ 因数分解　◀── 手順③
$$(x-2)(x-3)=0$$
$$x=2, \quad x=3$$

$x=2$，$x=3$はとも問題に適する。
よって，点P，点Qが出発してから**2秒後，3秒後** …答　◀── 手順④

Check 3 上の**例題2**で，点P，点Qが秒速1cmで動くとき，△APQの面積が12 cm²になるのは，点P，点Qが出発してから何秒後になるか答えなさい。

解説は別冊p.60へ

例題3 右の図のような1辺が10cmの正方形ABCDがある。点Pは点B
を出発して辺BC上を秒速1cmで点Cまで動く。点Qは点Cを出
発して辺CD上を秒速1cmで点Dまで動く。2点P，Qが同時に出
発するとき，△APQの面積が38cm²になるのは点P，点Qが出
発してから何秒後になるか答えなさい。

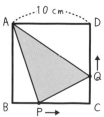

ヒント 正方形の面積10×10＝100(cm²) から，△ABP，△AQD，△PCQの面積を引いて
△APQの面積を求める。

解答 点P，Qが出発してからx秒後とすると

$$\triangle ABP = 10 \times x \times \frac{1}{2} = 5x \ (cm^2)$$

$$\triangle AQD = 10 \times (10-x) \times \frac{1}{2} = 5(10-x) = 50-5x \ (cm^2)$$

$$\triangle PCQ = (10-x) \times x \times \frac{1}{2} = \frac{(10-x)x}{2} = 5x - \frac{1}{2}x^2 \ (cm^2)$$

と表されるので　　　　　　　　　　　　　　　　　　　　← 手順❶

$$\triangle APQ = 100 - \left\{5x + (50-5x) + \left(5x - \frac{1}{2}x^2\right)\right\}$$

$$= 100 - \left(50 + 5x - \frac{1}{2}x^2\right)$$

$$= \frac{x^2}{2} - 5x + 50 \ (cm^2) \ となる。$$

これが38cm²になるから

$$\frac{x^2}{2} - 5x + 50 = 38 \quad ← \text{手順❷}$$

これを解くと

$$\frac{x^2}{2} - 5x + 12 = 0 \quad \left.\begin{array}{}\end{array}\right\} \text{両辺を2倍}$$

$$x^2 - 10x + 24 = 0 \quad \left.\begin{array}{}\end{array}\right\} \text{因数分解} \quad ← \text{手順❸}$$

$$(x-6)(x-4) = 0$$

$$x = 4, \quad x = 6$$

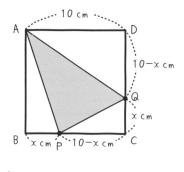

$x=4$，$x=6$はともに問題に適する。

よって，点P，点Qが出発してから **4秒後，6秒後** …**答** ← 手順❹

Check 4　上の **例題3** で，点P，点Qが秒速2cmで動くとき，△APQの　　**➡ 解説は別冊p.60へ**
面積が38cm²になるのは，点P，点Qが出発してから何秒後になるか答えなさい。

Lesson 24 の力だめし

→ 解説は別冊p.60へ

1 2次方程式の利用の手順❶～❹にしたがい，次の各問いに答えなさい。

(1) ある自然数に5を足した数を，同じ自然数に掛けると6になるとき，この自然数を求めなさい。

(2) 右の図のように，正方形の土地に1mの幅の道を作ったところ，残りの土地の面積が100 m²となった。このとき，もとの正方形の土地の1辺の長さを求めなさい。

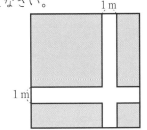

2 横の長さがたての長さより6 cm長い長方形の紙がある。右のように，この紙の4すみから，1辺5 cmの正方形を切りとり，直方体の容器を作ったところ，容積が455 cm³になった。次の □ に適する数や式を当てはめて，もとの長方形のたてと横の長さを求めなさい。

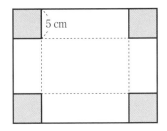

[解答] もとの長方形のたてをx cmとすると，横の長さは，（ ア ）cmと表される。

このとき，直方体の底面のたての長さは（ イ ）cm，横の長さは（ ウ ）cmとなる。

（ イ ）（ ウ ）× エ ＝455

これを解くと $x^2 -$ オ $x -$ カ $= 0$

$(x -$ キ $)(x +$ ク $) = 0$

$x =$ キ ，$x = -$ ク

$x >$ ケ より，$x =$ キ は問題に適するが，$x = -$ ク は問題に適さない。

よって，もとの長方形のたての長さは，キ cm，横の長さは コ cm

3 右の図のような正方形ABCDがある。点Pは点Aを出発して辺AB上を点Bまで動き，点Qは点Dを出発して辺DA上を点Pと同じ速さで点Aまで動く。点Pと点Qが同時に出発するとき，△APQの面積が6 cm²となるのは，点P，点Qが出発して何秒後か。次の(1)～(3)の場合についてそれぞれ答えなさい。

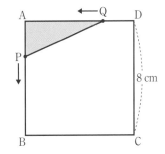

(1) 点P，点Qの速さが秒速1cmのとき

(2) 点P，点Qの速さが秒速2cmのとき

(3) 点P，点Qの速さが秒速0.5cmのとき

Lesson 25 関数 $y=ax^2$

このLessonのイントロ♪

坂道でボールを転がすと、ボールのスピードはどんどん速くなっていきます。坂道を転がり始めてからの時間と、その間に進んだ距離の関係はどうなっているのでしょうか。以前学習した1次関数 $y=ax+b$ は、変化の割合 a が一定でした。今回は、ボールのスピードが速くなるように、増えかたや減りかたが一定でない関数について勉強していきます。

Lesson 25の前に…
おさらいテスト

解説は別冊p.62へ

1次関数（中学2年）

(1) 1次関数 $y=2x-1$ について，次の各問いに答えなさい。

① xが1から4まで増加したとき，yの増加量を求めなさい。

② yが-2から2まで増加したとき，xの増加量を求めなさい。

③ ①，②のときの変化の割合を，それぞれ求めなさい。

(2) 右のグラフについて，次の各問いに答えなさい。

① ⓐの直線について，傾きと切片を答えなさい。

② ⓑの直線の式を求めなさい。

③ ⓐとⓑの直線の交点の座標を求めなさい。

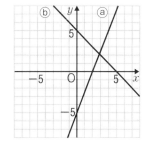

1 2乗に比例する関数

授業動画はこちらから 135

右の表は，坂道でボールが転がり始めてからx秒後に進んだ距離をymとしたものです。xの値が2倍，3倍……になると，yの値はそれぞれ2^2倍，3^2倍……になっています。このような関係を**yはxの2乗に比例する**といい，**$y=ax^2$** の式で表します。また，aは0でない定数で，**比例定数**といいます。

x	1	2	3	4	5
y	2	8	18	32	50

右上の表について，yをxの式で表してみましょう。

yはxの2乗に比例するので，比例定数をaとすると，$y=ax^2$ と表せます。$x=1$ のとき $y=2$ なので，代入すると

$2=a\times1^2$ より　$a=2$

したがって，$y=2x^2$ となります。

また，xに1～5を代入すると

$x=1$ のとき　$y=2\times1^2=2\times1=2$

$x=2$ のとき　$y=2\times2^2=2\times4=8$

$x=3$ のとき　$y=2\times3^2=2\times9=18$

$x=4$ のとき　$y=2\times4^2=2\times16=32$

$x=5$ のとき　$y=2\times5^2=2\times25=50$

となり，右上の表と同じ結果になっていますね。

$y=ax^2$の形なので
xとyの値を入れれば
aが求められるのね

例題 次の㋐〜㋓の表から，yがxの2乗に比例するものを1つ選び，$y=ax^2$の形の式を答えなさい。

㋐
x	0	1	2	3	4
y	0	2	4	6	8

㋑
x	0	1	2	3	4
y	0	-3	-6	-9	-12

㋒
x	0	1	2	3	4
y	0	-1	-4	-9	-16

㋓
x	0	1	2	3	4
y	-2	2	6	10	14

解答 yがxの2乗に比例するものは㋒ …**答**

$y=ax^2$とおくと，$x=1$のとき$y=-1$だから，代入して

$$-1=a\times1^2$$
$$a=-1$$

よって $y=-x^2$ …**答**

㋐：xが1増えるごとに，yが2ずつ増えていて，$x=0$のとき$y=0$
　　よって，$y=2x$となり，yはxの2乗に比例しない（yがxに比例する）。

㋑：xが1増えるごとに，yが3ずつ減っていて，$x=0$のとき$y=0$
　　よって，$y=-3x$となり，yはxの2乗に比例しない（yがxに比例する）。

㋓：xが1増えるごとに，yが4ずつ増えていて，$x=0$のとき$y=-2$
　　よって，$y=4x-2$となり，yはxの2乗に比例しない（yがxの1次関数である）。

Check 1 次の㋐と㋑の表について，yをxの式で表しなさい。また，yがxの2乗に比例するか答えなさい。

解説は別冊p.63へ

㋐
x	-4	-3	-2	-1	0
y	16	12	8	4	0

㋑
x	-4	-3	-2	-1	0
y	32	18	8	2	0

2 関数 $y=ax^2$ のグラフ

授業動画は
こちらから 136

　関数$y=ax^2$のグラフは，原点を通り，y軸について対称な，下のような形になります。この曲線を**放物線**といい，$a>0$のときは上に開いた形，$a<0$のときは下に開いた形になります。また，aの絶対値が大きいほど，グラフの開き具合は小さくなり，絶対値が小さいほど，グラフの開き具合は大きくなります。

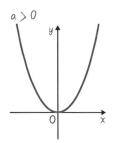

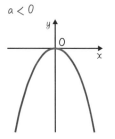

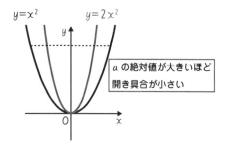

aの絶対値が大きいほど
開き具合が小さい

関数 $y=x^2$ のグラフと，関数 $y=-x^2$ のグラフをかいてみましょう。

関数 $y=x^2$ について，対応する x と y の値の表をかくと，次のとおりになります。

x	…	-3	-2	-1	0	1	2	3	…
y	…	9	4	1	0	1	4	9	…

関数 $y=x^2$ のグラフを，表をもとに対応する点 $(-3,\ 9)$，$(-2,\ 4)$，$(-1,\ 1)$，$(0,\ 0)$，$(1,\ 1)$，$(2,\ 4)$，$(3,\ 9)$ をとってかくと，下の図1のようになります。

また，関数 $y=-x^2$ について，対応する x と y の値の表をかくと，次のとおりになります。

x	…	-3	-2	-1	0	1	2	3	…
y	…	-9	-4	-1	0	-1	-4	-9	…

関数 $y=-x^2$ のグラフを，表をもとに対応する点 $(-3,\ -9)$，$(-2,\ -4)$，$(-1,\ -1)$，$(0,\ 0)$，$(1,\ -1)$，$(2,\ -4)$，$(3,\ -9)$ をとってかくと，下の図2のようになります。

$y=x^2$ のグラフと $y=-x^2$ のグラフは x 軸について対称となります。

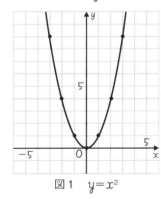

図1　$y=x^2$

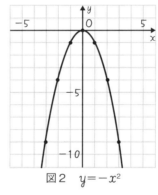

図2　$y=-x^2$

同じ形が
逆さまに
なっているな

Check 2　上の関数 $y=x^2$ のグラフ上に，次の㋐と㋒のグラフをかき加　　➡ **解説は別冊p.63へ**
えなさい。また，上の関数 $y=-x^2$ のグラフ上に，次の㋑と㋓のグラフをかき加えなさい。

㋐ 関数 $y=2x^2$　　㋑ 関数 $y=-2x^2$　　㋒ 関数 $y=\dfrac{1}{2}x^2$　　㋓ 関数 $y=-\dfrac{1}{2}x^2$

例題1 右の図の①〜④は，それぞれ次の(ア)〜(エ)の
関数のグラフである。①〜④のグラフの式
を(ア)〜(エ)より選び記号で答えなさい。

(ア)　$y = \dfrac{1}{2}x^2$　　　　(イ)　$y = -\dfrac{1}{3}x^2$

(ウ)　$y = 3x^2$　　　　(エ)　$y = -x^2$

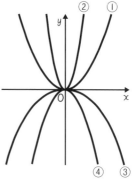

解答 関数 $y = ax^2$ において，aの値がプラスのとき，上に開いた形のグラフになり，aの値が
マイナスのとき，下に開いた形のグラフになる。

(ア)〜(エ)の中で，上に開いた形は，(ア)と(ウ)，下に開いた形は，(イ)と(エ)となる。

また，関数 $y = ax^2$ において，aの絶対値が大きいほどグラフの開き具合が小さくなり，
aの絶対値が小さいほどグラフの開き具合が大きくなる。

よって　①(ア)，②(ウ)，③(イ)，④(エ)　…**答**

Check 3　右の図の①〜④は，それぞれ次の(ア)〜(エ)の関数のグラフである。　▶解説は別冊p.64へ

①〜④のグラフの式を(ア)〜(エ)より選び記号で答えな
さい。

(ア)　$y = -\dfrac{1}{4}x^2$　　　　(イ)　$y = -2x^2$

(ウ)　$y = 2x^2$　　　　(エ)　$y = x^2$

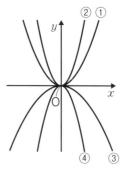

例題2 関数 $y = \dfrac{1}{4}x^2$（$-2 \leqq x \leqq 4$）のグラフをかきなさい。

解答 $y = \dfrac{1}{4}x^2$ に $x = -2$ を代入すると　$y = 1$

　　　　　$x = 4$ を代入すると　$y = 4$

よって，グラフは右の図のようになる。

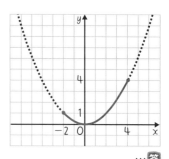

…**答**

Check 4　上の**例題2**のグラフ上に，関数 $y = \dfrac{1}{2}x^2$（$-4 \leqq x \leqq 2$）のグラ　▶解説は別冊p.64へ

フをかき加えなさい。

授業動画は
こちらから

解説は別冊p.64へ

1 関数 $y=-\dfrac{1}{2}x^2$ について，◯

に当てはまる数を答えなさい。

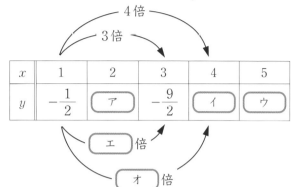

2 下のア〜カの式について，次の各問いに答えなさい。

ア：$y=-3x^2$　イ：$y=3x$　ウ：$y=\dfrac{x^2}{3}$　エ：$y=\dfrac{3}{x}$　オ：$y=-x+3$　カ：$y=\dfrac{x}{3}$

(1) yがxに比例する式をすべて選びなさい。また，yがxに反比例する式を選びなさい。

(2) yがxの1次関数になる式をすべて選びなさい。

(3) yがxの2乗に比例する式をすべて選びなさい。

3 右の①，②の関数 $y=ax^2$ のグラフについて，次の各問い
に答えなさい。

(1) 比例定数をそれぞれ求めなさい。

(2) $x=10$ のとき，yの値をそれぞれ求めなさい。

(3) $y=54$ のとき，xの値をそれぞれ求めなさい。

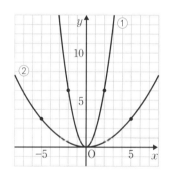

4 右の関数 $y=-\dfrac{1}{3}x^2$ のグラフについて，次の各問いに答えなさい。

(1) xの変域が $-3\leqq x\leqq 6$ のとき，グラフを完成させなさい。

(2) 関数 $y=-\dfrac{1}{2}x^2(-4\leqq x\leqq 4)$ のグラフをかき加えなさい。

(3) 関数 $y=-\dfrac{1}{4}x^2(-4\leqq x\leqq 6)$ のグラフをかき加えなさい。

(4) 関数 $y=-\dfrac{1}{3}x^2(-3\leqq x\leqq 6)$ のグラフとx軸について

対称なグラフを表す関数の式を求めなさい。

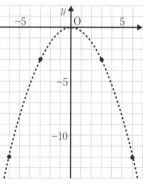

Lesson 26 関数 $y=ax^2$ の変化の割合と利用

〔中学3年〕

このLessonのイントロ♪

1次関数 $y=2x-1$ の変化の割合は2，$y=-3x+4$ の変化の割合は－3というように，$y=ax+b$ の変化の割合は，a の値からすぐに求められます。では，関数 $y=2x^2$ の変化の割合はいくつでしょうか？ 2？ 答えは，2のときもありますが，それだけではなく，3や4，－2や－1.5とさまざまな値をとります。変化の割合も変化してしまうんですよ。

Lesson 26 の前に…
おさらいテスト

解説は別冊p.65へ

1次関数の利用（中学2年）

右の図のような長方形ABCDがある。点Pは点Bを出発して、この長方形の辺上を毎秒1cmの速さで、点C、点Dを通って点Aまで移動する。点Pが点Bを出発してからx秒後の△ABPの面積をy cm²とし、右下のグラフは、xとyの関係を表している。次の各問いに答えなさい。

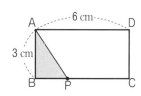

(1) グラフの〔　　〕に当てはまる数を答えなさい。

(2) 点Pが辺BC上を通るとき、xの変域を答えなさい。また、yをxの式で表しなさい。

(3) 点Pが辺CD上を通るとき、xの変域を答えなさい。また、yをxの式で表しなさい。

(4) 点Pが辺DA上を通るとき、xの変域を答えなさい。また、yをxの式で表しなさい。

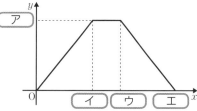

1 関数 $y=ax^2$ の変化の割合

授業動画はこちらから
140　141

変化の割合

1次関数$y=ax+b$の（変化の割合）$=\dfrac{（yの増加量）}{（xの増加量）}$は一定で、$x$の係数$a$に等しく、グラフでは直線の傾きを表していました。それでは、関数$y=ax^2$の変化の割合は一定なのか、また変化の割合は何を表しているのか、考えてみましょう。

関数$y=x^2$について、次の❶、❷のときの変化の割合を求めてみましょう。

❶ xの値が1から3まで増加するとき

❷ xの値が−2から0まで増加するとき

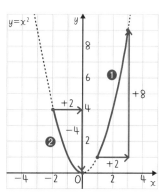

❶ $x=1$のとき　$y=1^2=1$

$x=3$のとき　$y=3^2=9$

よって

$$（変化の割合）=\frac{9-1}{3-1}=\frac{8}{2}=4$$

❷ $x=-2$のとき　$y=(-2)^2=4$

$x=0$のとき　$y=0^2=0$

よって

$$（変化の割合）=\frac{0-4}{0-(-2)}=\frac{-4}{2}=-2$$

前ページの❶, ❷から, $y=ax^2$では変化の割合は 一定ではないことがわかります。また, 変化の割合とaの値 ($y=x^2$は$a=1$) は等しくないこともわかりますね。

❶, ❷で求めた変化の割合はそれぞれ, 2点 (1, 1), (3, 9) を通る直線の傾きと, 2点 (−2, 4), (0, 0) を通る直線の傾きを表しています。

例題1 2点 (1, 1), (3, 9) を通る直線の式と, 2点 (−2, 4), (0, 0) を通る直線の式を求めなさい。

> これはたしか
> p.106あたりで
> やったことの
> 復習ね

解答 前ページの❶より, 2点 (1, 1), (3, 9) を通る直線の傾きは4
　　　　よって, 直線の式は$y=4x+b$とおけるので, 点 (1, 1) を代入して
　　　　　　$1=4×1+b$
　　　　　　$b=−3$
　　　　したがって　**$y=4x−3$** …答
　　　　前ページの❷より, 2点 (−2, 4), (0, 0) を通る直線の傾きは−2
　　　　この直線は原点 (0, 0) を通るので　**$y=−2x$** …答

Check 1　関数$y=3x^2$について, 次の(1), (2)のときの変化の割合を求　　**解説は別冊p.66へ**
めなさい。また, このxの値に対応する2点を通る直線の式をそれぞれ求めなさい。

(1)　xの値が1から2まで増加するとき　　　　　(2)　xの値が−2から0まで増加するとき

🔹xの変域とyの変域

前ページのグラフを見ると, ❶ではxの値が1から3まで変化するので, xの変域は$1\leqq x\leqq3$
です。このとき, yの変域は$1\leqq y\leqq9$となっています。❷ではxの変域は$−2\leqq x\leqq0$で, y
の変域は$0\leqq y\leqq4$です。

❶も❷も, yの変域は, yの端から端までをとっています。しかし, そうはならない場合
もあるので注意しましょう。

例題2 関数$y=\dfrac{1}{4}x^2$について, xの変域が$−2\leqq x\leqq4$のとき, yの変域を求めなさい。

解答 $x=−2$のとき　$y=\dfrac{1}{4}×(−2)^2=\dfrac{1}{4}×4=1$

　　　　$x=4$のとき　$y=\dfrac{1}{4}×4^2=\dfrac{1}{4}×16=4$

　　　　よって$−2\leqq x\leqq4$では$y=\dfrac{1}{4}x^2$のグラフは右のようになる。

　　　　したがって, yの変域は　**$0\leqq y\leqq4$** …答

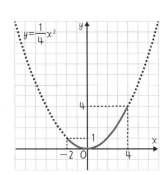

このように，x の変域が原点を含む場合，y の変域は y の端から端までとらない場合があります。y の変域を答える問題では，グラフをかいて考えるようにしましょう。

解説は別冊p.66へ

Check 2 関数 $y=-2x^2$ について，x の変域が次の (1)〜(3) のとき，y の変域を求めなさい。

(1) $2 \leqq x \leqq 4$ 　　　　(2) $-2 \leqq x \leqq 4$ 　　　　(3) $-2 \leqq x \leqq 1$

2 関数 $y=ax^2$ の利用

授業動画は
こちらから

身のまわりには，2乗に比例する関数で表される現象がいろいろあります。

例題 1往復するのに x 秒かかる振り子の長さを y m とすると，$y=\dfrac{1}{4}x^2$

という式が成り立つ。このとき，次の各問いに答えなさい。
(1) 1往復するのに1秒かかる振り子の長さは何cmか。
(2) 長さ1mの振り子が1往復するのにかかる時間は何秒か。

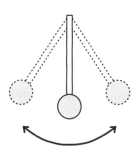

解答 (1) $y=\dfrac{1}{4}x^2$ に $x=1$ を代入すると　$y=\dfrac{1}{4}\times 1^2=\dfrac{1}{4}=0.25\,(\text{m})$

　　　　よって，振り子の長さは **25cm** …**答**

　　(2) $y=\dfrac{1}{4}x^2$ に $y=1$ を代入すると　$x^2=4$

　　　$x>0$ より　$x=2$

　　　よって，1往復にかかる時間は **2秒** …**答**

Check 3

解説は別冊p.67へ

(1) 物体を自然に落下させるとき，落下し始めてから x 秒間に落下した距離を y m とし，y を x の式で表すと，$y=4.9x^2$ となる。このとき，落下し始めてから2秒間に落下する距離を求めなさい。また，落下し始めてから44.1m落下するまでの時間を求めなさい。

(2) 右の表は坂道でボールが転がり始めてから x 秒後に進んだ距離を y m としたものである。このとき，次の各問いに答えなさい。

x	0	1	2	3	4	5
y	0	2	8	18	32	50

　① y を x の式で表しなさい。
　② 転がり始めてから7秒後のボールの進んだ距離を求めなさい。
　③ ボールが200m転がるのは何秒後になるか求めなさい。
　④ x の値が1から4まで増加するときの変化の割合と，x の値が4から7まで増加するときの変化の割合を求めなさい。

もうこれ以上
転落はイヤだ…

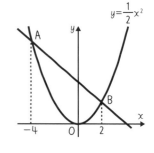

3 放物線と図形の面積

放物線上の2点を利用する図形の問題にチャレンジしてみましょう。

例題 関数 $y=\dfrac{1}{2}x^2$ のグラフ上に $x=-4$，2の点A，Bをとり，

直線で結ぶとき，次の各問いに答えなさい。
(1) 2点A，Bの座標を求めなさい。
(2) 2点A，Bを通る直線の式を答えなさい。
(3) △OABの面積を求めなさい。

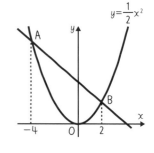

解答 (1) $y=\dfrac{1}{2}x^2$ に $x=-4$ を代入すると $y=\dfrac{1}{2}\times(-4)^2=8$

$x=2$ を代入すると $y=\dfrac{1}{2}\times2^2=2$

よって **A$(-4, 8)$，B$(2, 2)$** …答

(2) 直線ABの傾き（変化の割合）は $\dfrac{2-8}{2-(-4)}=\dfrac{-6}{6}=-1$

よって，$y=-x+b$ とおける。この式は点 $(2, 2)$ を通るので，$x=2$，$y=2$ を代入して
　　点 $(-4, 8)$ を通るので，$x=-4$，$y=8$ を代入してもよい
$2=-2+b$
$b=4$

したがって **$y=-x+4$** …答

(3) 直線ABと y 軸の交点をCとすると，(2)で求めた式の切片
が4なので OC$=4$
ここで，△OAB＝△OCA＋△OCBである。
OCを底辺と考えると，△OCAと△OCBの高さは点A，Bの
x 座標の絶対値になる。（Aの x 座標は -4 なので，△OCA
の高さは4，Bの x 座標は2なので，△OCBの高さは2）

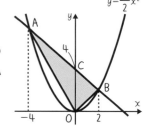

よって △OCA$=4\times4\times\dfrac{1}{2}=8$

△OCB$=4\times2\times\dfrac{1}{2}=4$

したがって △OAB$=8+4=$**12** …答

Check 4 関数 $y=x^2$ のグラフと直線 ℓ が右下の図のように点A，Bで交　　**➡ 解説は別冊p.67へ**
わっている。2点A，Bの x 座標が，それぞれ -1，2であるとき，
次の各問いに答えなさい。

(1) 2点A，Bの座標を求めなさい。
(2) 直線 ℓ の式を求めなさい。
(3) △OABの面積を求めなさい。

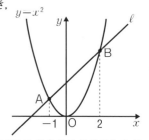

1 関数 $y = -\dfrac{1}{3}x^2$ について，x が次の①〜③のように変化するとき，次の各問いに答えなさい。

① x が 3 から 6 まで増加する

② x が -6 から -3 まで増加する

③ x が -3 から 6 まで増加する

(1) x の変域をそれぞれ求めなさい。

(2) y の変域をそれぞれ求めなさい。

(3) 変化の割合をそれぞれ求めなさい。

(4) x の端の 2 点を通る直線の式をそれぞれ求めなさい。

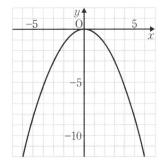

2 物体を自然に落下させるとき，落下し始めてから x 秒間に落下した距離を y m とし，y を x の式で表すと，$y = 4.9x^2$ となる。高さ 490 m の超高層ビルから物体を落とす実験をしたとき，次の各問いに答えなさい。

(1) y の変域を求めなさい。

(2) x の変域を求めなさい。

(3) x が 0 から 3 まで増加するときの変化の割合を求めなさい。

(4) x が 1 から 3 まで増加するときの変化の割合を求めなさい。

(5) x が 2 から 3 まで増加するときの変化の割合を求めなさい。

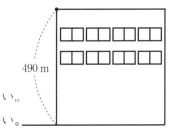

490 m

3 関数 $y = \dfrac{1}{2}x^2$ のグラフ上の $x = -4$，6 の点をそれぞれ点 A，B とするとき，次の各問いに答えなさい。

(1) 直線 AB を表す式を求めなさい。

(2) △OAB の面積を求めなさい。

(3) 原点を通り，△OAB の面積を 2 等分するような直線の式を求めなさい。

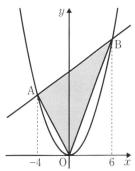

Lesson 27 相似な図形，三角形と比

〔中学3年〕

このLessonのイントロ♪

古代エジプトでは，ピラミッドの高さを測るときに，同じ形の小さな模型を利用したそうです。数学では同じ形のことを相似といいます。私たちが普段使っているコピー機には拡大・縮小といった機能がありますね。これが相似です。

➡解説は別冊p.69へ

Lesson 27の前に…
おさらいテスト

三角形の合同（中学2年）

(1) 次の図において，合同な三角形の組を見つけ，記号≡を用いて答えなさい。また，そのときに使った合同条件を答えなさい。

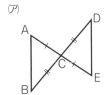

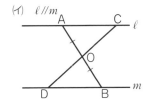

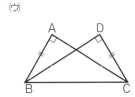

(2) 右の図について，次の＿＿に適する記号や言葉を入れ，AC∥DBの証明を完成させなさい。

[仮定] OA＝ ア ，OC＝ イ 　　　[結論] ウ

[証明] △OACと エ において

仮定より　OA＝ ア ……①

OC＝ イ ……②

オ は等しいから　∠AOC＝ カ ……③

①，②，③より， キ がそれぞれ等しいので　△OAC≡ エ

合同な図形の ク は等しいので，∠OAC＝ ケ

よって， コ が等しいから， ウ

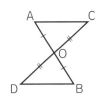

1 相似な図形

授業動画はこちらから

146

相似な図形と相似比

1つの図形を拡大や縮小してできた図形は，もとの図形と**相似**であるといいます。**相似な2つの図形は，対応する角の大きさがそれぞれ等しく，対応する辺の比が3組とも等しくなります。**この辺の比を2つの図形の**相似比**といいます。右の図では，△ABCと△DEFの相似比は2：1です。

また，△ABCと△DEFが相似であるとき，記号∽を使って△ABC∽△DEFと表し，「三角形ABC相似三角形DEF」と読みます。このとき**対応する頂点は同じ順に書きましょう。**

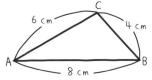

AB：DE＝8：4＝2：1
BC：EF＝4：2＝2：1
CA：FD＝6：3＝2：1

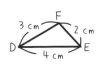

たしかに眞奈美はモエミちゃんと相似ではないよなぁ

Check 1　下の図の点D，Gをもとに△ABCと相似な三角形である△DEF　　▶解説は別冊p.70へ
と△GHIをかきなさい。ただし，△ABCと△DEFの相似比は2：1，△ABCと△GHIの相似比
は1：2とする。また，△DEFと△GHIの相似比を答えなさい。

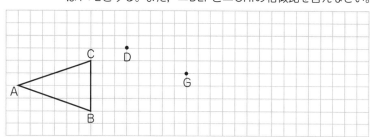

比例式の性質

例題 右の図において，△ABC∽△DEFであるとき，
次の各問いに答えなさい。

（1）　△ABCと△DEFの相似比を求めなさい。

（2）　辺DFの長さを求めなさい。

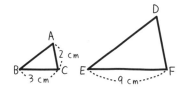

解答（1）　△ABC∽△DEFより，対応する辺の比は　BC：EF＝3：9＝1：3
　　　　　　よって，相似比は　**1：3**　…答

（2）　△ABC：△DEF＝1：3より

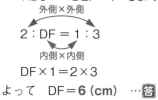

$$2 : DF = 1 : 3$$

　　　　　　DF×1＝2×3
　　　　　　よって　DF＝**6（cm）**　…答

相似では比例式を使うことが多いので，比例式についてまとめておきましょう。

ポイント　比例式の性質

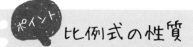

❶　$a : b = c : d$ のとき　$ad = bc$

❷　$a : b = c : d$ のとき　$a : c = b : d$

❶については
p.37でも
やったでおま

上の**例題**の図で，**ポイント**の❶，❷を確認しましょう。△ABCと△DEFで対応する辺の比は
等しいので，BC：EF＝AC：DF　……（＊）　となります。

（＊）式を❶を使って計算すると，図と（2）の答えより

　　BC×DF＝EF×AC

　　3 × 6 ＝ 9 × 2

で成り立ちますね。

続いて，❷を使って（＊）式を変形すると

　　　BC：AC＝EF：DF

　　　　　3：2＝9：6

となります。これは，それぞれの三角形の隣り合う2辺の比になっていますね。

　相似比から長さを求める場合は，"対応する辺を比べる"もしくは"それぞれの三角形における同じ位置関係の辺を比べる"のどちらかを使います。

Check 2

右の図において，四角形ABCD∽四角形EFGHであるとき，次の各問いに答えなさい。　　🔖解説は別冊p.70へ

(1)　四角形ABCD∽四角形EFGHの相似比を求めなさい。
(2)　辺FGの長さを求めなさい。

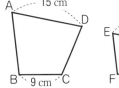

---

② 三角形の相似条件

授業動画はこちらから 147

　2つの三角形は，次の❶，❷，❸のどれかが成り立つとき相似となり，これを三角形の相似条件といいます。

三角形の相似条件

❶　3組の辺の比がすべて等しい。
❷　2組の辺の比とその間の角がそれぞれ等しい。
❸　2組の角がそれぞれ等しい。

❶
$a:a'=b:b'=c:c'$

❷
$a:a'=c:c'$，$\angle B=\angle B'$

❸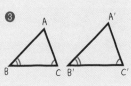
$\angle B=\angle B'$，$\angle C=\angle C'$

例題 次の図において，相似な三角形の組を見つけ，記号∽を用いて答えなさい。また，そのときに使った相似条件を答えなさい。

(1)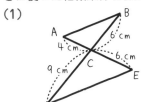

(2)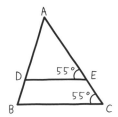

(1)　△ABC∽△EDC

　　　仮定より　AC：EC＝4：6＝2：3　　……①

　　　　　　　　BC：DC＝6：9＝2：3　　……②

　　　対頂角は等しいので　∠ACB＝∠ECD　……③

　　　①，②，③より，**2組の辺の比とその間の角がそれぞれ等しい。**　…答

(2)　△ABC∽△ADE

　　　共通な角なので　∠BAC＝∠DAE　……①

　　　仮定より　　∠ACB＝∠AED　……②

　　　①，②より，**2組の角がそれぞれ等しい。**　…答

証明も腕立ても
訓練すれば
できるようになるぞ

Check 3　右下の図において，次の各問いに答えなさい。

📖 解説は別冊p.70へ

(1)　相似な三角形の組を見つけ，記号∽を用いて答えなさい。

(2)　相似条件を答えなさい。

(3)　相似比を求めなさい。

(4)　BC＝15cmのとき，線分DEの長さを求めなさい。

3 平行線と三角形の辺の比

 授業動画は
こちらから

△ABCの辺AB，AC上に，それぞれ点D，Eをとるとき，次の定理が成り立ちます。

 平行線と三角形の辺の比の関係

❶ DE／／BCならば　AD：AB＝AE：AC＝DE：BC

❷ DE／／BCならば　AD：DB＝AE：EC

❸ AD：AB＝AE：ACならば　DE／／BC

❹ AD：DB＝AE：ECならば　DE／／BC

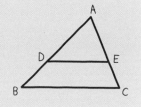

❶と❸，❷と❹は，仮定と結論を逆にしたものです。

❶と❷についてはDE／／BCがわかっているとして考えます。

2直線が平行なときは同位角が等しいため

　　　∠ADE＝∠ABC，　∠AED＝∠ACB

対応する2つの角がそれぞれ等しいので　△ADE∽△ABC

相似な三角形は，対応する辺の比が等しいので

　　　AD：AB＝AE：AC＝DE：BC

となり，❶が成り立ちますね。

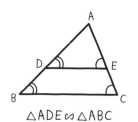

△ADE∽△ABC

❷は❶から具体的に考えてみましょう。

例えば，右の図のようにAD：AB＝AE：AC＝2：3とすると，

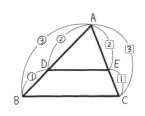

AD：DB＝AE：EC＝2：1ですよね。

AD＋DB＝AB，AE＋EC＝ACなので，このような比の関係に

なるのです。

❸と❹は△ADE∽△ABCから導けます。❶，❷を参考に，自分で導いてみましょう。

さらに，点D，Eが辺AB，ACの中点のときは，次の**中点連結定理**が成り立ちます。これ
は△ADEと△ABCの相似比が1：2になることから導かれます。

 中点連結定理

△ABCにおいて，辺ABの中点をD，
辺ACの中点をEとすると

$$DE /\!/ BC, \quad DE = \frac{1}{2}BC$$

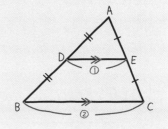

例題 右の図において，線分DE，EF，FDの中から，
△ABCの辺に平行な線分を答えなさい。

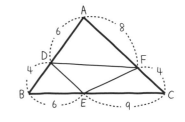

解答 それぞれの辺の比を調べていくと

AD：DB＝6：4＝3：2 ……①

AF：FC＝8：4＝2：1 ……②

BE：EC＝6：9＝2：3 ……③

①，③式より，BD：DA＝BE：EC＝2：3なので DE／／AC

よって **線分DE** …答

Check 4 右の図において，四角形ABCDはAD／／BCであり，点E，Fは
それぞれ辺AB，DCの中点とする。また，線分BDと線分EFの交
点をGとするとき，線分EFの長さを求めなさい。

🐢**解説は別冊p.70へ**

ヒント 点Gも線分BDの中点になるので，中点連結定理から

$$EG = \frac{1}{2}AD, \quad GF = \frac{1}{2}BC$$

4 平行線と線分の比

授業動画は
こちらから ……・・ 149

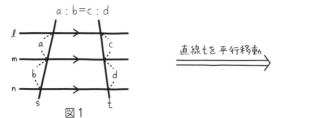

図1

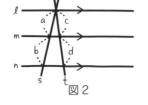

図2

　上の図1のように，平行な3直線 ℓ，m，nに直線s，tが交わったときにできる線分の比について，次のことが成り立ちます。

　　$a:b=c:d$

　ここで，上の図2のように直線tを平行移動させ，直線sと直線ℓの交点を通るようにして三角形を作ります。こうすると，**3** で説明した平行線と三角形の辺の比の関係から，$m/\!/n$ならば$a:b=c:d$となりますね。

Check 5　3直線 ℓ，m，nが平行であるとき，xの値を求めなさい。

解説は別冊p.71へ

(1)
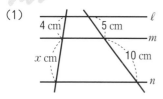

(2)
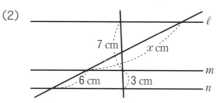

　次に，角の二等分線と線分の比について，成立する式を紹介します。右の図のように△ABCにおいて，∠Aの二等分線と辺BCの交点をDとすると，次のことが成り立ちます。

AB：AC＝BD：DC

　これが成立する理由を説明しましょう。下の図のように，点Cから線分ADに平行な直線を引き，直線BAとの交点をEとすると，△ACEは二等辺三角形となります。よって，AC＝AEなので，平行線と三角形の辺の比の関係から次のようになります。

$$\underline{AB：AC}=\underline{BA：AE}=\underline{BD：DC}=p：q$$

AB：AC＝BD：CD

△ACEは二等辺三角形
なので　AC＝AE　　　平行線と三角形の
　　　　　　　　　　辺の比の関係から

点Cから線分ADに平行な直線を引き
直線BAとの交点をEとする

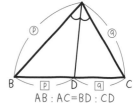

∠BAD の
同位角

△ACE は
AC＝AE の
二等辺三角形

∠DAC の錯角

BA：AE＝BD：DC＝p：q

Lesson 27 の力だめし

授業動画は こちらから 150 151

→ 解説は別冊p.71へ

1 右の図において，四角形ABCD∽四角形EFGHであるとき，次の各問いに答えなさい。

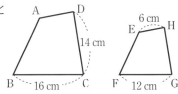

(1) 相似比を求めなさい。

(2) 辺ADの長さを求めなさい。

(3) 辺HGの長さを求めなさい。

2 右の図において，AB＝8 cm，BC＝10 cm，AC＝6 cmのとき，次の各問いに答えなさい。

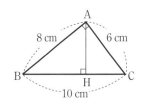

(1) △ABCと相似な三角形を記号∽を用いてすべて答えなさい。

(2) 上の(1)で使った相似条件と相似比をそれぞれ求めなさい。

(3) 線分AH，BH，CHの長さを求めなさい。

3 右の図において，△ABCの各辺の中点をそれぞれ点D，E，Fとするとき，次の各問いに答えなさい。

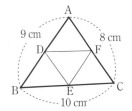

(1) 線分DFの長さを求めなさい。

(2) △DEFの周の長さを求めなさい。

4 3直線 ℓ，m，n が平行であるとき，x と y の値をそれぞれ求めなさい。

(1)

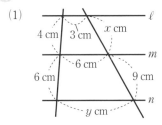

(2)

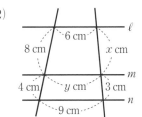

5 線分ADが∠BACの二等分線のとき，x の値を求めなさい。

(1)

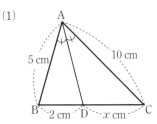

(2)

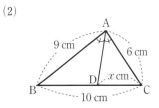

このLessonのイントロ♪

相似の記号∽は，英語のsimilar（似ている）の頭文字のSを横にしたものです。
合同の記号≡は，＝よりさらに強く結びついているイメージから3本あるように
思えますが，次のように相似の記号が関係しています。随分，強引ですね。

$$\left.\begin{array}{c}\infty\\=\end{array}\right\} \Rightarrow \cong \Rightarrow \equiv$$

おうぎ形，表面積・体積（中学1年）

解説は別冊p.73へ

(1) 右の図において，点Pから円Oに2本の接線を引き，その接点をA，Bとするとき，次の角度を求めなさい。

① ∠OAP

② ∠AOB

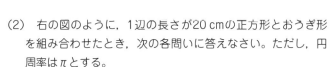

(2) 右の図のように，1辺の長さが20 cmの正方形とおうぎ形を組み合わせたとき，次の各問いに答えなさい。ただし，円周率はπとする。

① 図の色のついた部分の周の長さを求めなさい。
② 図の色のついた部分の面積を求めなさい。

1 面積比と体積比

授業動画はこちらから 152

152

相似比が1：2の正方形の面積の比は，1：4となります。一般に，相似な図形の面積の比は，相似比の2乗に等しくなります。

相似比が1：2の立方体の体積の比は，1：8となります。また表面積の比は6：24＝1：4となります。一般に，相似な立体の体積の比は，相似比の3乗に等しく，表面積の比は，相似比の2乗に等しくなります。

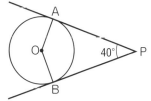

表面積
$1 cm^2 × 6 = 6 cm^2$

表面積
$4 cm^2 × 6 = 24 cm^2$

ポイント！ **相似比と面積比・体積比**

・相似な平面図形について
　　相似比が$m：n$のとき　面積比は$m^2：n^2$

・相似な立体について
　　相似比が$m：n$のとき　表面積の比は$m^2：n^2$
　　　　　　　　　　　　　体積比は　　　$m^3：n^3$

面積は2乗，体積は3乗と覚えるでおま
これはcm²，cm³などの単位と同じでおまよ

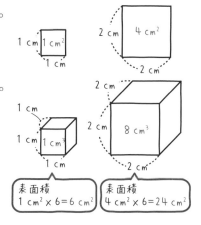

例題 右の図で，辺ABを3等分する点をD，Fとし，△ADEの面積が12 cm²のとき，四角形DFGEと四角形FBCGの面積を求めなさい。

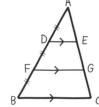

解答 △ADE∽△AFG∽△ABCで，相似比は1：2：3
よって，面積の比は　1²：2²：3²＝1：4：9
△ADEの面積が12 cm²より
　　△AFG＝12×4＝48 cm²，　△ABC＝12×9＝108 cm²
したがって　四角形DFGE＝△AFG－△ADE＝48－12＝**36 cm²**　…答
　　　　　　四角形FBCG＝△ABC－△AFG＝108－48＝**60 cm²**　…答

Check 1　右の図のように，大小2つの直方体がある。小さい直方体の表面積は52 cm²，体積が24 cm³のとき，大きい直方体の表面積と体積を求めなさい。

➡ 解説は別冊p.73へ

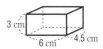

2 円周角と円の性質

授業動画はこちらから 153 154

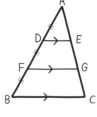

🔵円周角と中心角，円周角と弧

右の図のように，円Oにおいて，$\overset{\frown}{AB}$を除いた円周上に点Pをとるとき，∠APBを$\overset{\frown}{AB}$に対する**円周角**といいます。また，∠AOBは$\overset{\frown}{AB}$に対する**中心角**といいます。このとき，**1つの弧に対する円周角の大きさは一定で，中心角の半分になります。**

ポイント 円周角の定理

・1つの弧に対する円周角の大きさは等しい。
　　∠APB＝∠AQB

・1つの弧に対する円周角の大きさは中心角の大きさの半分。

　　$∠APB＝\dfrac{1}{2}∠AOB$

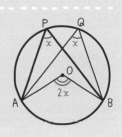

今晩の夕飯もピザにしようかしら

右の図のように弦ABが直径となり，弧ABが半円となるときは，中心角は180°なので，円周角∠APB＝90°になります。**半円の弧に対する円周角は90°**と覚えましょう。

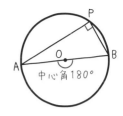

解説は別冊p.73へ

Check 2　次の図において，∠xの大きさを求めなさい。

(1)
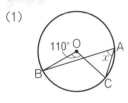

(2)
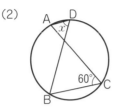

(3)
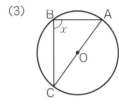

(4)
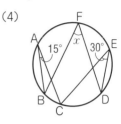

　また，同じ円において，**弧の長さが等しい場合は円周角の大きさも等しく**なります。逆に同じ円において，**円周角の大きさが等しい場合は弧の長さも等しく**なります。

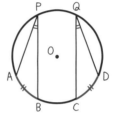

$\overparen{AB}＝\overparen{CD}$ なら
　∠APB＝∠CQD
∠APB＝∠CQD なら
　$\overparen{AB}＝\overparen{CD}$

　右の図のように考えると，同じ円において弧の長さが2倍になると，円周角の大きさも2倍になるとわかりますね。

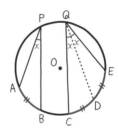

$\overparen{AB}＝\overparen{CD}＝\overparen{DE}$ なら
　∠APB＝∠CQD＝∠DQE
つまり，$\overparen{CE}＝2\overparen{AB}$ なら
　∠CQE＝2∠APB

解説は別冊p.74へ

Check 3　次の各問いに答えなさい。

(1) 図1において，∠xの大きさを求めなさい。
(2) 図2において，$\overparen{BC}$の長さを求めなさい。ただし，円周率はπとする。

図1
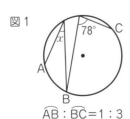

$\overparen{AB} : \overparen{BC}＝1 : 3$

図2
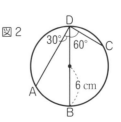

🔹円周角の定理の逆

　直線ABに対して，点P，Qが同じ側にあり，∠APB＝∠AQBとなるとき，4点A，B，P，Qは同じ円周上にあることになります。

　また，直線ABと点Pがあり，∠APB＝90°となる場合は，3点A，B，Pは同じ円周上にあり，**線分ABはその円の直径**を表します。

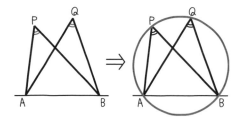 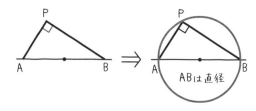

Check4　次の(ア)～(エ)の中で4点A，B，C，Dが1つの円周上にあるものをすべて選びなさい。

　　　　　　　　　　　　　　　　　　　　　　　　　　　　　📣解説は別冊p.74へ

(ア) 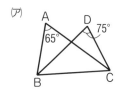　(イ) 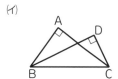　(ウ) 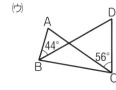　(エ)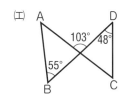

3 円の接線の性質

授業動画はこちらから 155

　円外の点Pから円Oに引いた2本の接線の接点をA，Bとすると

　　PA＝PB

が成り立ちます。

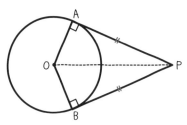

例題 右上の図の△AOP≡△BOPを証明することで，PA＝PBを導きなさい。ただし，∠OAP＝∠OBP＝90°は仮定として用いてよいものとする。

解答 △AOPと△BOPにおいて
　　　仮定より　　∠OAP＝∠OBP＝90°　……①
　　　共通の辺なので　PO＝PO　　　　……②
　　　円の半径なので　OA＝OB　　　　……③
　　　①，②，③より，直角三角形で斜辺と他の1辺がそれぞれ等しいので
　　　　△AOP≡△BOP
　　　合同な図形において，対応する辺は等しいので
　　　　PA＝PB

授業動画は
こちらから ・・・・・▷

➡ 解説は別冊p.75へ

1 右の図のように，円錐を底面に平行な平面で2つの立体 A，B に分ける。立体 A の底面積が 9π cm²，側面積が 15π cm²，体積が 12π cm³ のとき，次の各問いに答えなさい。

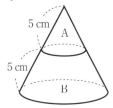

(1) もとの円錐の表面積を求めなさい。

(2) 立体 B の体積を求めなさい。

2 次の図において，∠x と∠y の大きさをそれぞれ求めなさい。

(1)
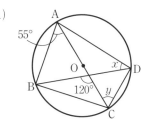

(2)
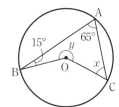

(3)
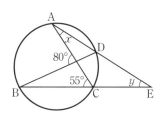

(4)
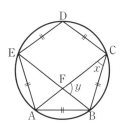

3 右の図において，相似な三角形の組を見つけ，相似であることを証明しなさい。

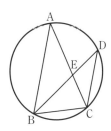

4 右の図のように，線分ABを直径とする円上に点P，Q をとり，直線AP と直線QBの交点をR，直線AQ と直線PBの交点をSとする。このとき，4点P，R，S，Q が同一円周上にあることを示しなさい。

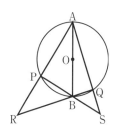

三平方の定理

〔中学3年〕

このLessonのイントロ♪

3辺の長さが3：4：5の三角形は、直角三角形になります。これを使うと、メジャー1つで、90°の角度を作ることができます。1人が3m、1人が7mの目盛りのところを持ち、もう1人が0mと12mの目盛りを重ね合わせて、3人でピンとひもを伸ばして三角形を作ります。体育の時間などで、垂直のラインを引くことがあったら、ぜひ試してください。

➡解説は別冊p.76へ

平方根（中学3年）

(1) 次の下線部を正しく直しなさい。

① 49の平方根は<u>7</u>　　② $\sqrt{64}=\underline{\pm 8}$　　③ $0.2=\sqrt{\underline{0.4}}$

④ $\sqrt{(-5)^2}=\underline{-5}$　　⑤ $\dfrac{3}{\sqrt{3}}=\underline{1}$　　⑥ $\sqrt{3}\times 2=\sqrt{\underline{6}}$

⑦ $\sqrt{8}\div 2=\underline{2}$　　⑧ $\sqrt{18}+\sqrt{8}=\sqrt{\underline{26}}$　　⑨ $\sqrt{18}-\sqrt{8}=\sqrt{\underline{10}}$

(2) $x=3+\sqrt{5}$, $y=3-\sqrt{5}$ のとき，次の値を求めなさい。

① $x+y$　　② xy　　③ $x-y$　　④ x^2-y^2　　⑤ x^2+y^2

1 三平方の定理

授業動画は
こちらから ⋯⋯

直角三角形の直角をはさむ2辺の長さと斜辺の長さの間には，次の**三平方の定理**が成り立ちます。

 三平方の定理

直角三角形において，直角をはさむ2辺の長さを a, b, 斜辺の長さを c とすると

$$a^2+b^2=\underline{c^2}$$
←斜辺

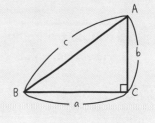

三平方の定理の成立する理由を，図形の面積から説明してみましょう。右のような正方形ABCDの中に，傾いた正方形EFGHが入っている図を考えます。

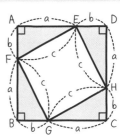

赤色の三角形部分は，斜辺の長さが c の直角三角形ですね。

正方形ABCDの面積は1辺の長さが $a+b$ なので

$$(a+b)^2=a^2+2ab+b^2 \quad \cdots\cdots①$$

赤色の三角形4つの面積は $\left(a\times b\times \dfrac{1}{2}\right)\times 4=2ab \quad \cdots\cdots②$

正方形EFGHの面積は $c^2 \quad \cdots\cdots③$

①＝②＋③ なので $a^2+2ab+b^2=2ab+c^2$

よって $a^2+b^2=c^2$ となります。

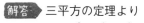 **例題1** 右の図において，xの値を求めなさい。

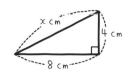

解答 三平方の定理より
$$8^2 + 4^2 = x^2$$
$$x^2 = 64 + 16$$
$$x^2 = 80$$
$$x = \pm\sqrt{80} = \pm(\sqrt{16} \times \sqrt{5}) = \pm 4\sqrt{5}$$
$x > 0$より $x = 4\sqrt{5}$ …**答**

Check 1 下の図において，xの値を求めなさい。 → 解説は別冊p.76へ

(1)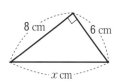

(2)

(3)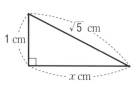

 三平方の定理は，逆に「3辺の長さがa，b，cである三角形において $a^2 + b^2 = c^2$ が成立すれば，その三角形は斜辺の長さがcの直角三角形である」といえます。

 $\Longrightarrow$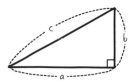

例題2 次の3辺をもつ三角形が，直角三角形かどうか答えなさい。
(1) 6 cm， $4\sqrt{2}$ cm， 2 cm　　(2) $2\sqrt{2}$ cm， $\sqrt{2}$ cm， $3\sqrt{2}$ cm

解答 (1) 3辺を$\sqrt{a}$の形で表すと，6 cm$=\sqrt{36}$ cm，$4\sqrt{2}$ cm$=\sqrt{32}$ cm，2 cm$=\sqrt{4}$ cmより，
最も長いのは $\sqrt{36}$ cm$=6$ cm
$$(4\sqrt{2})^2 + 2^2 = 32 + 4 = 36$$
$$6^2 = 36$$

 いちばん長い辺を見つけて ㊦²＋㊥²，㊤²を計算

よって，斜辺が6 cmの**直角三角形である**。 …**答**

(2) 3辺を$\sqrt{a}$の形で表すと，$2\sqrt{2}$ cm$=\sqrt{8}$ cm，$\sqrt{2}$ cm$=\sqrt{2}$ cm，$3\sqrt{2}$ cm$=\sqrt{18}$ cmより，最も長いのは $\sqrt{18}$ cm$=3\sqrt{2}$ cm
$$(2\sqrt{2})^2 + (\sqrt{2})^2 = 8 + 2 = 10$$
$$(3\sqrt{2})^2 = 18$$
よって，**直角三角形ではない**。 …**答**

補足 三角形の辺a，b，cにおいて，いちばん長い辺をcとしたときに
$a^2 + b^2 < c^2$ ⇒ cが長い ⇒ 鈍角三角形
$a^2 + b^2 > c^2$ ⇒ cがあまり長くない ⇒ 鋭角三角形
となります。

鋭角三角形と鈍角三角形はp.117でやったな

Check 2 次の3辺をもつ三角形が，直角三角形かどうか答えなさい。 解説は別冊p.77へ

(1) 2 cm，$\sqrt{5}$ cm，3 cm

(2) 2 cm，$\sqrt{6}$ cm，3 cm

(3) 5 cm，$2\sqrt{6}$ cm，7 cm

(4) $2\sqrt{3}$ cm，$\sqrt{3}$ cm，3 cm

2 特別な直角三角形

授業動画は
こちらから

160

　3つの角の大きさが45°，45°，90°の直角三角形と30°，60°，90°の直角三角形の3辺の長さの比は，次のようになります。これは覚えておかないといけませんよ。

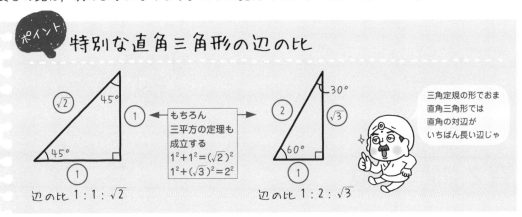

ポイント 特別な直角三角形の辺の比

もちろん
三平方の定理も
成立する
$1^2+1^2=(\sqrt{2})^2$
$1^2+(\sqrt{3})^2=2^2$

辺の比 $1:1:\sqrt{2}$

辺の比 $1:2:\sqrt{3}$

三角定規の形でおま
直角三角形では
直角の対辺が
いちばん長い辺じゃ

例題1 次の図において，xとyの値をそれぞれ求めなさい。

(1)

(2)

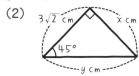

解答 (1) $x:4\sqrt{3}=1:\sqrt{3}$ より　$\sqrt{3}x=4\sqrt{3}$　　よって　$x=4$ …答

　　　$x:y=1:2$より　$y=2x$　　　よって　$y=8$ …答

(2) $x:3\sqrt{2}=1:1$より　$x=3\sqrt{2}$ …答

　　$3\sqrt{2}:y=1:\sqrt{2}$ より　$y=3\sqrt{2}\times\sqrt{2}$　　　よって　$y=6$ …答

Check 3 次の図において，xとyの値をそれぞれ求めなさい。 解説は別冊p.77へ

(1)

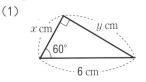

(2)

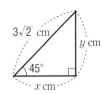

特別な直角三角形の辺の比を利用し，図形の面積を求めることもよくあります。

例題2 1辺の長さが8 cmの正三角形の面積を求めなさい。

解答 右の図のように，正三角形の高さをh cmとすると，
$8 : h = 2 : \sqrt{3}$ より $2h = 8\sqrt{3}$
よって 高さ$h = 4\sqrt{3}$ cm

したがって，正三角形の面積は $8 \times 4\sqrt{3} \times \dfrac{1}{2} = 16\sqrt{3}$ **cm²** …**答**

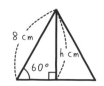

Check 4 1辺の長さが6 cmの正六角形の面積を求めなさい。

➡️ 解説は別冊p.77へ

6 cm

対角線で
分ければいいのよ

---

3 2点間の距離

授業動画は
こちらから ⋯⋯ 161

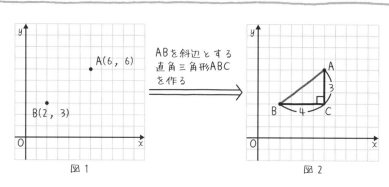

図1　　　　　　　　　　　　　　　　　図2

上の図1のように，座標上に点A (6，6)，点B (2，3) があります。この2点間の距離を求めるには，図2のようにABを斜辺とする直角三角形を作って，三平方の定理を利用します。

$$AB^2 = \underbrace{BC^2}_{4^2} + \underbrace{CA^2}_{3^2} = 16 + 9 = 25$$

AB＞0より，AB＝5となります。

ここで，BCの長さは点Aと点Bのx座標の差
　　　　CAの長さは点Aと点Bのy座標の差

なので，座標上にある2点間の距離は

$$\sqrt{(x\text{座標の差})^2 + (y\text{座標の差})^2}$$

と表せます。

解説は別冊p.77へ

Check 5　次の2点間の距離を求めなさい。

(1)　A (−2, 3), B (−5, −3)

(2)　C (−3, −2), D (1, −6)

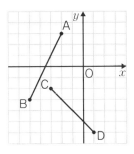

例題　3点A (−2, 1), B (−4, −1), C (1, −6) を結んでできる三角形について，次の各問いに答えなさい。

(1)　3辺の長さをそれぞれ求めなさい。

(2)　△ABCはどんな三角形か答えなさい。

(3)　△ABCの面積を求めなさい。

解答　(1)　$AB=\sqrt{\{(-4)-(-2)\}^2+\{(-1)-1\}^2}$
$=\sqrt{(-2)^2+(-2)^2}=\sqrt{4+4}=\sqrt{4\times2}$
$=\boldsymbol{2\sqrt{2}}$　…**答**

$BC=\sqrt{\{1-(-4)\}^2+\{(-6)-(-1)\}^2}$
$=\sqrt{5^2+(-5)^2}=\sqrt{25+25}=\sqrt{25\times2}$
$=\boldsymbol{5\sqrt{2}}$　…**答**

$AC=\sqrt{\{1-(-2)\}^2+\{(-6)-1\}^2}$
$=\sqrt{3^2+(-7)^2}=\sqrt{9+49}=\boldsymbol{\sqrt{58}}$　…**答**

(2)　最も長い辺は，AC
$AB^2+BC^2=(2\sqrt{2})^2+(5\sqrt{2})^2$
$=8+50=58$
$AC^2=(\sqrt{58})^2=58$

$AB^2+BC^2=AC^2$より，△ABCはACを斜辺とする**直角三角形である。**　…**答**

(3)　△ABCの面積は，たて7，横5の長方形から図の灰色の直角三角形を3つ引けばよいので

$$\triangle ABC=7\times5-\left(2\times2\times\frac{1}{2}+5\times5\times\frac{1}{2}+3\times7\times\frac{1}{2}\right)$$

$$=35-\left(2+\frac{25}{2}+\frac{21}{2}\right)=35-25=\boldsymbol{10}$$　…**答**

別解　(3)　△ABCは直角三角形なので　$2\sqrt{2}\times5\sqrt{2}\times\frac{1}{2}=\boldsymbol{10}$　…**答**

Check 6　3点A (−6, $\sqrt{3}$), B (−2, $5\sqrt{3}$), C (2, $\sqrt{3}$) を結んでできる三角形について，次の各問いに答えなさい。

解説は別冊p.78へ

(1)　3辺の長さをそれぞれ求めなさい。

(2)　△ABCはどんな三角形か答えなさい。

(3)　△ABCの面積を求めなさい。

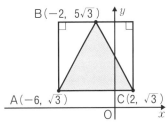

➡️ 解説は別冊p.78へ

1 次の図において，x と y の値をそれぞれ求めなさい。

(1)

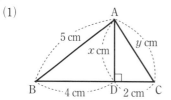

(2)

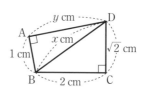

2 右の図において，AB＝8 cm，AC＝6 cmのとき，次の各問いに答えなさい。

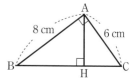

(1) BCの長さを求めなさい。

(2) BHの長さを x cmとして，AH^2 を x を使って2通りの式で表したい。☐ に当てはまる数を答えなさい。

$$AH^2 = \boxed{\ \ ア\ \ } - x^2 \quad , \quad AH^2 = -x^2 + \boxed{\ \ イ\ \ }x - \boxed{\ \ ウ\ \ }$$

(3) BH，CH，AHの長さをそれぞれ求めなさい。

3 次の3辺をもつ三角形(ア)～(エ)について，次の各問いに答えなさい。

(ア)　1 cm，　2 cm，　3 cm	(イ)　$\sqrt{2}$ cm，　$\sqrt{6}$ cm，　4 cm
(ウ)　$4\sqrt{3}$ cm，　$3\sqrt{4}$ cm，　$2\sqrt{5}$ cm	(エ)　$\sqrt{3}$ cm，　$\sqrt{7}$ cm，　2 cm

(1) (ア)～(エ)の中で直角三角形はどれか。すべて選びなさい。

(2) (1)で直角三角形だったものについて，その面積を求めなさい。

4 次の図において，x と y の値をそれぞれ求めなさい。

(1)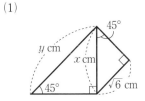

(2)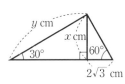

(3)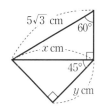

5 次の図において，(1)は二等辺三角形，(2)は台形である。それぞれの高さ h cm と面積を求めなさい。

(1)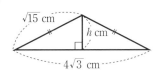

(2)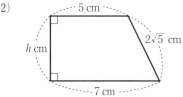

6 3点A$(1,\ 3)$，B$(-3,\ -5)$，C$(11,\ -7)$を結んでできる三角形について，次の各問いに答えなさい。

(1) 3辺の長さをそれぞれ求めなさい。

(2) △ABCはどんな三角形か答えなさい。

(3) △ABCの面積を，下の［考えかた1］と［考えかた2］の図を利用して，それぞれ求めなさい。

[考えかた1]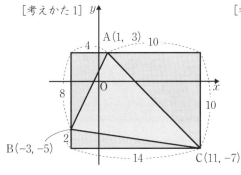

[考えかた2]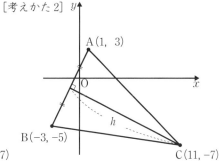

Lesson 30 標本調査

このLessonのイントロ♪

湖にいる魚の数を調べるにはどうすればよいでしょうか。魚をすべて捕まえるわけにはいかないし、ましてや湖の水を全部抜くなんてできません。今回、学習する内容を使うと、湖にいる魚のだいたいの数を調べることができます。さあ、最終単元です。あとひと踏んばり、頑張りましょう！

Lesson 30 の前に… おさらいテスト

解説は別冊p.80へ

資料の整理（中学1年）

50人の握力について調べた右の表から，次の各問いに答えなさい。

(1) ▢ に当てはまる数を答えなさい。

(2) 平均値を求めなさい。

(3) 下のヒストグラムを完成させなさい。

(4) 下の度数折れ線を完成させなさい。

(5) 資料を大きさの順に並べたとき，真ん中にくる値の階級値（中央値またはメジアン）を求めなさい。

(6) 度数が最も大きい階級の階級値（最頻値またはモード）を求めなさい。

握力（kg）	階級値	度数（人）	相対度数
20以上～24未満	22	6	0.12
24 ～28	ア	10	キ
28 ～32	30	エ	0.36
32 ～36	イ	12	ク
36 ～40	ウ	オ	ケ
計		カ	コ

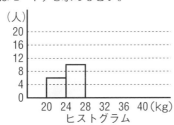

ヒストグラム

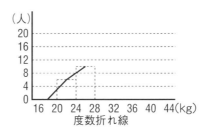

度数折れ線

---

1 標本調査と全数調査

授業動画はこちらから [164]

選挙では，投票所の出口で投票した人の何人かに「誰に投票したか」をたずね，選挙の結果を事前に予測することがあります。このように，一部を取り出して調べて，全体の性質を推測する**調査を標本調査**といいます。

また，人口の分布などを知るために，5年に1度，日本に住む人全員に対して国勢調査が行われます。このように，対象となるすべてのものについて行う**調査を全数調査**といいます。

Check 1 次の調査について，標本調査と全数調査のどちらが妥当か答えなさい。

解説は別冊p.81へ

(1) 学校での身体測定 　　(2) 製造した自動車の燃費を調べる調査 　　(3) 川の水質調査

注意 調査するのが一部なら標本調査，すべてなら全数調査です。

標本調査 **207**

② 標本と母集団

標本調査において，調査対象の集まり全体を**母集団**，調査のために取り出されたものの集まりを**標本**といいます。母集団からかたよりのないように標本を取り出すことを無作為に**抽出する**といいます。また，標本に含まれるものの個数を**標本の大きさ**，母集団に含まれるものの個数を**母集団の大きさ**といいます。

例えば，ある都市の有権者95237人から，1000人を無作為に抽出して世論調査を行った場合，母集団は「ある都市の有権者」，母集団の大きさは「95237人」，標本の大きさは「1000人」となります。

Check 2 　ある中学校の1年生160人の中から，20人を無作為に抽出して　→解説は別冊p.81へ
走り幅跳びの記録を調査したとき，次の各問いに答えなさい。

（1）　この調査は標本調査と全数調査のどちらであるか答えなさい。
（2）　この調査の母集団とその大きさを答えなさい。

③ 標本の平均

授業動画は
こちらから
166

スポーツテストの結果を使って，学年の平均値を推測する場合は，選んだ生徒全員が運動部員などという，かたよりがないように，くじなどを使って抽出します。また，選挙などの非常に大きい母集団から標本を抽出するときには，コンピュータを利用しています。

例題 ある中学校の1年生160人の中から15人を選んで50 m走の記録を調査する。くじを使って，次のように15人を選んだとき，この標本の平均値を求めなさい。

No.	13	20	35	44	51	60	77	90	101	122
タイム	8.2	7.9	8.6	7.5	9.2	8.8	8.2	6.9	7.8	8.9

No.	135	138	147	152	160
タイム	9.0	6.8	7.5	8.2	8.0

50 mなら
これをかつぎながら
5秒台で走れるぞ

解答 この標本における50m走の平均は

$$\frac{8.2+7.9+8.6+7.5+9.2+8.8+8.2+6.9+7.8+8.9+9.0+6.8+7.5+8.2+8.0}{15}$$

$$=8.1（秒）　…答$$

標本の大きさをできるだけ大きくするほうが，よりよい精度で母集団の性質を推測することができます。

Check 3 　上の 例題 の表において，前半10人を選んだときの標本の平均　→解説は別冊p.81へ
値を求めなさい。

➡ 解説は別冊p.81へ

1 次の調査について，標本調査と全数調査のどちらが妥当か答えなさい。

(1) 中学校でのスポーツテスト

(2) 新聞社の世論調査

(3) テレビ局の視聴率調査

ヒント 全数が多くて費用や手間がかかる場合は標本調査を行います。

2 世帯数が100000の都市において，あるテレビ番組の視聴率を調べるために500世帯について調査したとき，次の各問いに答えなさい。

(1) この調査における標本の大きさを答えなさい。

(2) この調査における母集団の大きさを答えなさい。

(3) このテレビ番組を180世帯が見ていたとすると，この都市全体で何世帯が視聴していたと推測できるか求めなさい。

3 くじが300本あり，よく混ぜて15本のくじを引いたら，当たりが2本出た。このとき，300本の中に当たりくじが何本あるか推測しなさい。

4 白の碁石が入った袋がある。白の碁石の数を調べるために，袋の中に黒の碁石を20個入れて，よくかき混ぜたあと，碁石をひとつかみしたら白が26個，黒が2個あった。白の碁石の数を推測しなさい。

5 ある国語辞典に書かれている語の総数を推測するために，適当に10ページを選び，そのページに書かれている語の数を数えたら次のようになった。このとき，次の各問いに答えなさい。

42語，39語，45語，43語，41語，37語，35語，38語，37語，43語

(1) 10ページに書かれている語の平均を求めなさい。

(2) 国語辞典が1500ページのとき，この辞典に書かれている語の総数を推測しなさい。

入試問題に挑戦！

Lesson 1〜30の内容を理解した人にとっては，入試問題もたちうちできない相手ではありません。自力で解いてみて，つまずいたところは復習しておきましょう。

1 正負の数（Lesson 1，Lesson 2）

解説は別冊p.82へ

a, bを負の数とするとき，次のア～エの式のうち，その値がつねに負になるものはどれですか。一つ選び，記号を○で囲みなさい。

ア ab　イ $a+b$　ウ $-(a+b)$　エ $(a-b)^2$　〈大阪府〉

2 方程式（Lesson 3，Lesson 4）

解説は別冊p.82へ

xについての方程式$ax+9=5x-a$の解が6であるとき，aの値を求めなさい。　〈栃木県〉

3 比例と反比例（Lesson 5，Lesson 6）

解説は別冊p.82へ

yはxに反比例し，$x=6$のとき$y=\dfrac{1}{2}$である。$x=-3$のときのyの値を求めなさい。

〈佐賀県〉

4 図形（Lesson 7, Lesson 8, Leson 9）

解説は別冊p.82へ

右の図は，三角錐，円柱，円錐のうち，いずれかの立体の投影図である。

この立体の表面積を求めなさい。

〈佐賀県〉

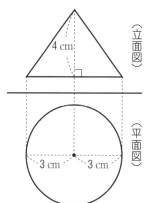

（立面図）

4 cm

（平面図）

3 cm　3 cm

5 資料の活用（Lesson 10）

解説は別冊p.83へ

あるクラスの生徒40人に実施したテストの得点をヒストグラムに表すと，図のようになった。このとき，平均値，中央値（メジアン），最頻値（モード）の大小関係を正しく表したものを，次のア〜エから1つ選んで，その記号を書きなさい。

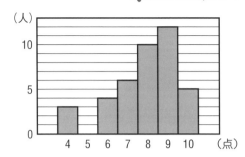

ア　（平均値）<（中央値）<（最頻値）　　イ　（中央値）<（平均値）<（最頻値）

ウ　（最頻値）<（平均値）<（中央値）　　エ　（最頻値）<（中央値）<（平均値）　　　〈兵庫県〉

6 式の計算（Lesson 11）

解説は別冊p.83へ

「連続する3つの整数の和は3の倍数になる」ことを次のように説明した。次の　①　〜　③　にもっとも適する式を入れなさい。

《説明》
連続する3つの整数のうち，もっとも小さい整数をnとすると，連続する3つの整数は小さい順に，n,　①　,　②　と表される。

これらの和は$n +$（　①　）$+$（　②　）$= 3$（　③　）

　③　は整数であるから，3（　③　）は3の倍数である。したがって，連続する3つの整数の和は3の倍数になる。

〈沖縄県〉

7 連立方程式（Lesson 12）

解説は別冊p.83へ

$$\begin{cases} 2x - 3y = 16 \\ 4x + y = 18 \end{cases}$$

〈富山県〉

連立方程式の利用（Lesson 13） ➡解説は別冊p.83へ

　ある工場では，機械Aと機械Bをそれぞれ1台ずつ使って，製品Pと製品Qを作っている。それぞれの機械は，どちらの製品も作ることができるが，両方の製品を同時に作ることはできない。

　Aを使ってQだけを作ると，Pだけを作るときに比べて，1時間に作ることができる製品の個数は2割多い。また，Bを使ってQだけを作ると，Pだけを作るときに比べて，1時間に作ることができる製品の個数は1割少ない。

　AとBの両方を使って，Pだけを作ると1時間に55個でき，Qだけを作ると1時間に57個できる。

　AとBのうち，どちらか1台を使って1時間に作ることができる製品の個数を，太郎さんは次のように求めた。アには x を使った式を，イには y を使った式を，ウ～カには数を，それぞれ当てはまるように書きなさい。

　Aを使って1時間に作ることができる製品の個数について，Pだけを作るときを x 個とすると，Qだけを作るときは2割多いので ア 個と表すことができる。

　また，Bを使って1時間に作ることができる製品の個数について，Pだけを作るときを y 個とすると，Qだけを作るときは1割少ないので イ 個と表すことができる。

　1時間に作ることができる製品の個数から連立方程式を作ると，

$$\begin{cases} x+y=55 \\ \boxed{ア}+\boxed{イ}=57 \end{cases}$$

となる。これを解くと，$x=$ ウ ，$y=$ エ となる。

　よって，AとBのうち，どちらか1台を使って1時間に作ることができる製品の個数は，次の表のようになる。

	A	B
Pだけを作るとき（個）	ウ	エ
Qだけを作るとき（個）	オ	カ

〈岐阜県〉

9 **1次関数**（Lesson 14）

➡ 解説は別冊p.83へ

　右の図で，2つの直線 $y-2x-1$，$y=-x+5$ の交点の座標を求めなさい。

〈山口県〉

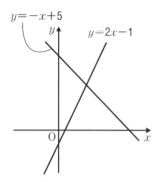

10 **1次関数の利用**（Lesson 15）

➡ 解説は別冊p.84へ

　和夫さんは，本を返却するために，家から1800m離れた図書館へ行った。和夫さんは，午後4時に家を出発し，毎分180mの速さで5分間走った後，毎分90mの速さで10分間歩いて，図書館に到着した。その後，本を返却して，しばらくたってから，図書館を出発し，家へ毎分100mの速さで歩いて帰ったところ，午後4時45分に到着した。

　次の図は，午後4時 x 分における家からの道のりを y m として，x と y の関係をグラフに表したものである。

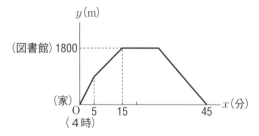

(1)　和夫さんが図書館に行く途中で，歩き始めてから図書館に着くまでの x と y の関係を式で表しなさい。ただし，x の変域を求める必要はありません。

(2)　和夫さんが図書館にいた時間は何分間か，求めなさい。　　　　　　　〈和歌山県〉

11 平行線と図形の角（Lesson 16）

解説は別冊p.84へ

右の図で，$\ell /\!/ m$のとき，∠xの大きさを求めなさい。

〈兵庫県〉

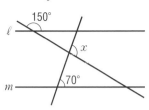

12 図形の証明（Lesson 17）

解説は別冊p.84へ

右の図のように，AB＝ACの二等辺三角形ABCの辺BCの上に，
BD＝CEとなるようにそれぞれ点D，Eをとる，ただしBD＜DCとする。
このとき△ABE≡△ACDであることを証明しなさい。　〈栃木県〉

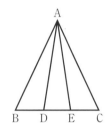

13 三角形・四角形（Lesson 18）

解説は別冊p.85へ

右の図において，四角形ABCDは平行四辺形である。∠xの大きさを求めなさい。

〈栃木県〉

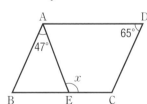

14 確率 (Lesson 19)

解説は別冊p.85へ

2個のさいころを同時に投げるとき，出る目の数の和が5の倍数になる確率を求めなさい。

〈岐阜県〉

15 式の展開と因数分解 (Lesson 21)

解説は別冊p.85へ

$(x-6)(x+6)=20-x$　を解きなさい。

〈静岡県〉

16 2次方程式 (Lesson 23)

解説は別冊p.85へ

xについての二次方程式$x^2-5x+a=0$の解の1つが2であるとき，aの値を求めなさい。

〈愛媛県〉

17 2次方程式の利用 (Lesson 24)

解説は別冊p.85へ

1辺の長さがx cmの正方形がある。この正方形の縦の長さを4 cm長くし，横の長さを5 cm長くして長方形をつくったところ，できた長方形の面積は210 cm^{2}であった。xの値を求めなさい。

〈大阪府〉

18 関数$y=ax^2$ (Lesson 25)

解説は別冊p.86へ

関数$y=-7x^2$のグラフ上にy座標が-28である点がある。この点のx座標を求めなさい。

〈滋賀県〉

19 相似な図形, 三角形と比 (Lesson 27)

解説は別冊p.86へ

右の図で, △ABCは正三角形である。点Dは, 辺BC上にある点で, 頂点B, 頂点Cのいずれにも一致しない。頂点Aと点Dを結ぶ。線分ADを1辺とする正三角形ADEを, 辺ACと辺DEが交わるようにつくり, 辺ACと辺DEの交点をFとする。頂点Cと頂点Eを結ぶ。

このとき, △ACE∽△DCFであることを証明しなさい。

〈東京都立西高等学校〉

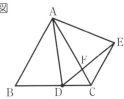

図

20 相似の応用, 円 (Lesson 28)

解説は別冊p.86へ

右の図のように, 円Oの周上に点A, B, Cがある。
このとき, $\angle x$の大きさを求めなさい。 〈富山県〉

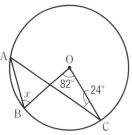

21 三平方の定理 (Lesson 29)

解説は別冊p.86へ

右の図のように, AC= 4 cm, BC= 5 cm, ∠ACB=90°の直角三角形ABCがある。辺ABの長さを求めなさい。 〈北海道〉

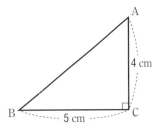

22 標本調査 (Lesson 30)

解説は別冊p.87へ

箱の中に同じ大きさの黒玉だけがたくさん入っている。この箱の中に黒玉と同じ大きさの白玉200個を入れてよくかき混ぜたあと, その箱から170個の玉を無造作に抽出すると, 黒玉は140個, 白玉は30個であった。

この結果から, はじめに箱の中に入っていた黒玉の個数は, およそ何個と推定されるか。一の位の数を四捨五入した概数で答えなさい。 〈山口県〉

Epilogue
[エピローグ]

さくいん

やさしくまるごと中学数学 改訂版

著者：吉川直樹

イラスト：ふじいまさこ，関谷由香理（ミニブック）

DVD・ミニブック・計画シート 監修協力：葉一

デザイン：山本光徳

データ作成：株式会社四国写研

動画編集：学研編集部（DVD），株式会社四国写研（授業動画）

DVDオーサリング：株式会社メディアスタイリスト　DVDプレス：東京電化株式会社

企画・編集：宮﨑 純，小椋恵梨（改訂版）

編集協力

秋下幸恵，内山とも子，江川信恵，岡庭璃子，
神村 真，志村俊幸，林千珠子，持田洋美，渡辺泰葉，
森 一郎，佐藤玲子，高木直子

やさしくまるごと中学数学 改訂版

別冊

Gakken

Lesson 0 小学校のおさらい

▼ Check 1
(1) 14.9　(2) 1.88　(3) 2.912　(4) 3.02

解説

(1) ←小数点の位置をそろえる

```
   3.7
+ 11.2
------
  14.9
```

(2) ←小数点の位置をそろえる

```
  6.28
- 4.40  ← 0をつける
------
  1.88
```

(3) ←右はしをそろえる

```
      5.2
×    0.56
--------
     312
    260
--------
   2.912  ← 小数点を3つ分左にずらす
```

(4)

```
          3.02
  1.5 ) 4.5.3
        4 5
        ----
          3 0
          3 0
          ----
            0
```
割る数を整数にする分だけ
割られる数の小数点も
右にずらす

0をおとす

▼ Check 2
(1) $\dfrac{19}{15}$　(2) $\dfrac{53}{12}$　(3) $\dfrac{1}{15}$　(4) $\dfrac{2}{5}$

(5) 3　(6) $\dfrac{9}{10}$

解説

(1) $\dfrac{3}{5}+\dfrac{2}{3}$

分母を通分して15にそろえる

$=\dfrac{9}{15}+\dfrac{10}{15}$

$=\dfrac{19}{15}$

(2) $2\dfrac{3}{4}+1\dfrac{2}{3}$

$=\dfrac{11}{4}+\dfrac{5}{3}$

分母を通分して12にそろえる

$=\dfrac{33}{12}+\dfrac{20}{12}$

$=\dfrac{53}{12}$　← 約分できないことを確認

(3) $\dfrac{2}{3}-\dfrac{3}{5}=\dfrac{10}{15}-\dfrac{9}{15}=\dfrac{1}{15}$

(4) $\dfrac{{}^1\!3}{5}\times\dfrac{2}{3_1}=\dfrac{2}{5}$

(5) $2\dfrac{1}{4}\times1\dfrac{1}{3}=\dfrac{{}^3\!9}{{}_1\!4}\times\dfrac{4^1}{3_1}=3$

(6) $\dfrac{3}{5}\div\dfrac{2}{3}$

逆数にして掛ける

$=\dfrac{3}{5}\times\dfrac{3}{2}$

$=\dfrac{9}{10}$

▼ Check 3
3

解説

$\dfrac{3}{5}\div\dfrac{8}{5}\div0.125$

$0.125=\dfrac{\cancel{125}^1}{\cancel{1000}_8}=\dfrac{1}{8}$

$=\dfrac{3}{5}\div\dfrac{8}{5}\div\dfrac{1}{8}$

$=\dfrac{3}{{}_1\!5}\times\dfrac{5^1}{8_1}\times8^1$　← ÷の後ろにある数を逆数にして掛ける

$=3$

▼ Check 4

ア	60	イ	60	ウ	24
エ	10	オ	100	カ	1000
キ	1000	ク	1000	ケ	1000
コ	1000000	サ	10000		
シ	1000000	ス	100		

解説

面積　1 km＝1000 m より
3コ

$1\text{ km}^2=1\underbrace{000}_{3コ}\underbrace{000}_{3コ}\text{ m}^2$

1 m＝100 cm より
2コ

$1\text{ m}^2=1\underbrace{00}_{2コ}\underbrace{00}_{2コ}\text{ cm}^2$

体積　1 m＝100 cm より

$1\text{ m}^3=1\underbrace{00}_{2コ}\underbrace{00}_{2コ}\underbrace{00}_{2コ}\text{ cm}^3$

▼ Check 5

正方形	長方形	ひし形	平行四辺形	台形
○	×	○	×	×
○	○	×	×	×
○	○	×	×	×
○	○	○	○	×
○	×	○	×	×

▼ Check 6

周の長さ　125.6 cm　　面積　942 cm²

解説

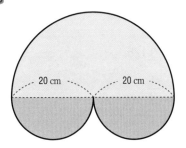

20 cm　　　20 cm

上の図の青い部分と灰色の部分に分けて考える。
青い部分の周の長さは，直径40 cmの円周の半分
なので

$$40 \times 3.14 \div 2 = 20 \times 3.14 = 62.8 \,(\text{cm})$$

ココを先に計算

灰色の部分の周の長さは，直径20 cmの円周の半
分が2つなので

$$20 \times 3.14 \div 2 \times 2 = 20 \times 3.14 = 62.8 \,(\text{cm})$$

よって，周の長さは

$$62.8 + 62.8 = 125.6 \,(\text{cm})$$

青い部分の面積は，半径20 cmの円の半分なので
$$20 \times 20 \times 3.14 \div 2 = 200 \times 3.14 = 628 \,(\text{cm}^2)$$

灰色の部分の面積は，半径10 cmの円の半分が2
つなので

$$10 \times 10 \times 3.14 \div 2 \times 2 = 100 \times 3.14$$
$$= 314 \,(\text{cm}^2)$$

よって，面積は

$$628 + 314 = 942 \,(\text{cm}^2)$$

Lesson 1　正負の数

▼ おさらいテスト

(1) 3　(2) 16　(3) 18　(4) 90

(5) 23　(6) 3　(7) $\dfrac{4}{5}$　(8) 100

解説

(1)　$6 \times 12 \div 24 = {}^{3}\!6 \times \overset{1}{12} \times \dfrac{1}{24_{\,21}} = 3$

(2)　$64 \div 88 \times 22 = {}^{16}\!64 \times \dfrac{1}{1\,88} \times 22^{1} = 16$

(3)　$14 + 56 \div 14 = 14 + \overset{4}{56} \times \dfrac{1}{14_{\,1}} = 18$

(4)　$94 - 84 \div 21 = 94 - \overset{4}{84} \times \dfrac{1}{21_{\,1}} = 90$

(5)　$2.5 \times 2.3 \times 4 = 10 \times 2.3 = 23$
　　　先に掛ける

(6)　$8.1 \div 9 \div 0.3 = 81 \div 9 \div 3 = 9 \div 3 = 3$
　　　割る数0.3を整数にする分だけ
　　　割られる数8.1の小数点も右にずらす

(7)　$\left(1 - \dfrac{1}{2}\right) + \left(\dfrac{1}{2} - \dfrac{1}{3}\right) + \left(\dfrac{1}{3} - \dfrac{1}{4}\right) + \left(\dfrac{1}{4} - \dfrac{1}{5}\right)$

　　　$= 1 - \dfrac{1}{2} + \dfrac{1}{2} - \dfrac{1}{3} + \dfrac{1}{3} - \dfrac{1}{4} + \dfrac{1}{4} - \dfrac{1}{5}$

　　　$= 1 - \dfrac{1}{5} = \dfrac{4}{5}$

(8)　$1 + 2 \times 3 \times 4 \times 5 \div 6 + 7 + 8 \times 9$

　　　$= 1 + 2^{1} \times 3^{1} \times 4 \times 5 \times \dfrac{1}{6_{\,31}} + 7 + 8 \times 9$

　　　$= 1 + 20 + 7 + 72$

　　　$= 100$

▼ Check 1

(1) ① -2, -2.3, $-\dfrac{1}{4}$

　　② -2, $+3$, 0, 4

　　③ $+3$, 4

(2)　ア -5　イ -2　ウ $+5$

解説

(1)　①負の数はマイナスがついている数を選ぶ。

　　③自然数は正の整数。0は自然数ではない。

▼ Check 2

(1) ① $-3<+8$　② $-\dfrac{1}{3}<-0.3$

③ $-3.8<-\dfrac{7}{2}<-3$

(2) ① 7　② 3.6　③ 0

解説

(1) ① $+8>-3$ も正解。

② $-0.3>-\dfrac{1}{3}$ も正解。$-\dfrac{1}{3}$ を小数に直すと，

$-0.333\cdots\cdots$

③ $-3>-\dfrac{7}{2}>-3.8$ も正解だが，

$-3>-3.8<-\dfrac{7}{2}$ とするのは誤り。3つ以上の

場合は，小さい順または大きい順に書くこと。

(2) 絶対値は，プラス，マイナスの符号をとる。

▼ Check 3

(1) -5　(2) 16　（または $+16$）　(3) $-\dfrac{1}{3}$

解説

(1) 同符号の足し算

(2) $(+6)-(-10)$

$=(+6)+(+10)$

$=16$　（または $+16$）

(3) $\left(+\dfrac{1}{6}\right)-\left(+\dfrac{1}{2}\right)$

$=\dfrac{1}{6}+\left(-\dfrac{1}{2}\right)$ ← 符号を変えて足す

$=\dfrac{1}{6}+\left(-\dfrac{3}{6}\right)$ ← 通分する

$=-\left(\dfrac{3}{6}-\dfrac{1}{6}\right)$ ← 異符号の足し算なので絶対値の大きいほうの符号になる

$=-\dfrac{2}{6}$

$=-\dfrac{1}{3}$

▼ Check 4

(1) -5　(2) $\dfrac{5}{12}$　$\left(\text{または}+\dfrac{5}{12}\right)$

解説

(1) $(-3)+(+5)-(+7)$

$=(-3)+(+5)+(-7)$ ← 足し算にする

← 同符号を先に計算

$=(-10)+(+5)=-5$

(2) $\left(+\dfrac{2}{3}\right)-\left(-\dfrac{1}{2}\right)+\left(-\dfrac{3}{4}\right)$

$=\left(+\dfrac{2}{3}\right)+\left(+\dfrac{1}{2}\right)+\left(-\dfrac{3}{4}\right)$ ← 足し算にする

同符号を先に計算

$=\left(+\dfrac{4}{6}\right)+\left(+\dfrac{3}{6}\right)+\left(-\dfrac{3}{4}\right)$

$=\left(+\dfrac{7}{6}\right)+\left(-\dfrac{3}{4}\right)$

$=\left(+\dfrac{14}{12}\right)+\left(-\dfrac{9}{12}\right)$

$=\dfrac{5}{12}$　$\left(\text{または}+\dfrac{5}{12}\right)$

▼ Check 5

(1) -36　(2) -2　(3) 24

(4) -12　(5) 70

解説

掛け算と割り算では，マイナスの数が1個なら答えはマイナス，2個なら答えはプラスになる。

(1)は1個なのでマイナス，(2)も1個なのでマイナス，(3)は2個なのでプラス，(4)は1個なのでマイナス，(5)は2個なのでプラスになる。

(5)は計算の順番を工夫しよう。

(5) $(+7)\times(-2)\times(-5)=(+7)\times10=70$
$\underbrace{}_{\times10}$

▼ Lesson 1 の力だめし

1 (1) ア -6.5　イ -5

ウ -3　エ -2

(2) オ 0　カ -6.5

解説

(1) 負の数は絶対値が大きいほど小さくなる。

(2) 絶対値は符号をとった数

$-2,\ +5,\ -3,\ -5,\ 5,\ 0,\ -6.5,\ 4$

↓　↓　↓　↓　↓　↓　↓　↓

$2,\ 5,\ 3,\ 5,\ 5,\ \underset{\text{小}}{0},\ \underset{\text{大}}{6.5},\ 4$

2 (1) A　-2.5 $\left(\text{または}-\dfrac{5}{2}\right)$

　E　0.5 $\left(\text{または}\dfrac{1}{2}\right)$

(2) -1　(3) -0.5 $\left(\text{または}-\dfrac{1}{2}\right)$

(4) B　-1.75 $\left(\text{または}-\dfrac{7}{4}\right)$

　D　-0.25 $\left(\text{または}-\dfrac{1}{4}\right)$

(5) 2.25 $\left(\text{または}\dfrac{9}{4}\right)$

解説

(2)　中点は平均点と同じように，2つの数を足して2で割ると求まる。

点A-2.5と点E0.5の中点Cは

　$(-2.5+0.5)\div2=(-2)\div2=-1$

(4)　点A-2.5と点C-1の中点Bは

　$\{(-2.5)+(-1)\}\div2=(-3.5)\div2=-1.75$

点C-1と点E0.5の中点Dは

　$\{(-1)+0.5\}\div2=(-0.5)\div2=-0.25$

(5)　原点からいちばん遠い点Aが，いちばん絶対値が大きい値である。点Aは-2.5なので，絶対値は2.5

原点からいちばん近い点Dが，いちばん絶対値が小さい値である。点Dは-0.25なので，絶対値は0.25

よって，差は　$2.5-0.25=2.25$

3 (1) 0　(2) -12
(3) -2　(4) -1　(5) -3

解説

(1)　$(-6)+(-8)+(+6)+(+8)=0$

(2)　$(-11)-(+6)-(-12)-7$

　　$=(-11)+(-6)+(+12)+(-7)$

　　$=(-24)+(+12)=-12$

(3)　$(+5.4)+(-6.2)+(+3.6)+(-4.8)$

　　$=(+9)+(-11)=-2$

(4)　$\left(+\dfrac{2}{5}\right)+\left(-\dfrac{2}{3}\right)+\left(+\dfrac{3}{5}\right)+\left(-\dfrac{4}{3}\right)$

　　$=(+1)+(-2)=-1$

(5)　$\dfrac{3}{5}-(+1.8)-\dfrac{2}{15}+\left(-\dfrac{5}{3}\right)$

　$=\dfrac{3}{5}+\left(-\dfrac{9}{5}\right)+\left(-\dfrac{2}{15}\right)+\left(-\dfrac{5}{3}\right)$

　$=\dfrac{9}{15}+\left(-\dfrac{27}{15}\right)+\left(-\dfrac{2}{15}\right)+\left(-\dfrac{25}{15}\right)$

　$=\dfrac{9}{15}+\left(-\dfrac{54}{15}\right)$

　$=-\dfrac{45}{15}$

　$=-3$

4 (1) $-\dfrac{12}{5}$　(2) 162

(3) $-\dfrac{1}{2}$　(4) -40

解説

(1)　$(-8)\div(+5)\div(+4)+(-2)$

$=-\overset{2}{8}\times\dfrac{1}{5}\times\dfrac{1}{\underset{1}{4}}+(-2)$ 　← 足し算より先に割り算をする

$=-\dfrac{2}{5}+(-2)$

$=-\dfrac{2}{5}+\left(-\dfrac{10}{5}\right)$

$=-\dfrac{12}{5}$

(2)　$(-9)^2-(-3^4)$ 　$(-9)^2=(-9)\times(-9)=81$
　　$-3^4=-3\times3\times3\times3=-81$

$=81-(-81)$ 　累乗の計算はカッコがあるかないかに注意

$=81+81$

$=162$

(3)　$\dfrac{3}{5}\times\dfrac{7}{12}\times\left(-\dfrac{5}{14}\right)\times4$

$=-\dfrac{\overset{1}{3}\times\overset{1}{7}\times\overset{1}{5}\times\overset{1}{4}}{\underset{1}{5}\times\underset{1}{12}\underset{1}{}\times\underset{2}{14}}$

$=-\dfrac{1}{2}$

(4)　$\left(\dfrac{1}{3}-\dfrac{1}{2}\right)\div\left(\dfrac{1}{4}-\dfrac{1}{3}\right)\div\left(\dfrac{1}{5}-\dfrac{1}{4}\right)$

$=\left(\dfrac{2}{6}-\dfrac{3}{6}\right)\div\left(\dfrac{3}{12}-\dfrac{4}{12}\right)\div\left(\dfrac{4}{20}-\dfrac{5}{20}\right)$

$=\left(-\dfrac{1}{6}\right)\div\left(-\dfrac{1}{12}\right)\div\left(-\dfrac{1}{20}\right)$

$=-\dfrac{1}{6}\times12\times20$

$=-40$

Lesson 2 正負の数（応用）

解説
(1) ①　$17 \times 25 \times 4$
　　　$= 17 \times 100$
　　　$= 1700$

②　$6400 \div 20 \div 50$ 　$6400 \div 20 \div 50 = \dfrac{6400}{20 \times 50}$
　　$= 6400 \div 1000$
　　$= 6.4$

③　$7 \times 7 \times 3.14 - 3 \times 3 \times 3.14$
　　$= 49 \times 3.14 - 9 \times 3.14$
　　$= (49 - 9) \times 3.14$ 　分配法則の逆
　　$= 40 \times 3.14$
　　$= 125.6$

④　$70 + 30 \div 6 - 3 \times 4$
　　$= 70 + 5 - 12$
　　$= 75 - 12$
　　$= 63$

(2) ①平均値を基準にしてAは$+5\,\mathrm{kg}$，Cは$-4\,\mathrm{kg}$なので，その差は$9\,\mathrm{kg}$

②4人の体重を足し合わせると，平均値の体重の人が4人いるのと同じになるはずである。
Aは平均値（の体重の人）より$+5\,\mathrm{kg}$，Bは平均値（の体重の人）より$-3\,\mathrm{kg}$，Cは平均値（の体重の人）より$-4\,\mathrm{kg}$なので，Dは平均値（の体重の人）より$+2\,\mathrm{kg}$になる。

▼Check 1
(1) ①4　②−18　③11
(2) ①−4　②0　③$\dfrac{37}{4}$　（または$9\dfrac{1}{4}$）

解説
(1) ①　$-36 \div (-6 - 3)$
　　　$= -36 \div (-9)$
　　　$= 4$

②　$-3^2 - (-3)^2$ 　$-3^2 = -3 \times 3 = -9$　$(-3)^2 = (-3) \times (-3) = 9$
　　$= -9 - 9$
　　$= -18$

③　$-4 - (-3) \times 5$ 　掛け算を先に計算する
　　$= -4 - (-15)$
　　$= -4 + 15$
　　$= 11$

(2) ①　$-(-2^2) - 2^2 - (-2)^2$
　　　$= -(-4) - 4 - 4$
　　　$= 4 - 8$
　　　$= -4$

②　$-3 - 4.5 \div (-0.5 \times 3)$
　　$= -3 - 4.5 \div (-1.5)$
　　$= -3 + 3$
　　$= 0$

③　$\dfrac{1}{4} - \left(-\dfrac{3}{2}\right)^2 \times (-4)$
　　$= \dfrac{1}{4} - \dfrac{9}{4} \times (-4)$
　　$= \dfrac{1}{4} - (-9)$
　　$= \dfrac{1}{4} + 9$
　　$= \dfrac{37}{4}$ 　（または$9\dfrac{1}{4}$）

▼Check 2
(1) −2　(2) −1.6　(3) −1
(4) −345　(5) 360　(6) 50

解説
(1)　$(+23) + (-11) + (-17) + (+3)$
　　$= (+26) + (-28)$ 　先に同符号の計算
　　$= -2$

(2)　$(-2.5) + (+3.6) + (-4.2) + (+1.5)$
　　$= (+5.1) + (-6.7)$ 　先に同符号の計算
　　$= -1.6$

(3) $\left(-\dfrac{5}{3}\right)+\left(+\dfrac{1}{4}\right)+\left(+\dfrac{7}{4}\right)+\left(-\dfrac{4}{3}\right)$

$=\left(-\dfrac{9}{3}\right)+\left(+\dfrac{8}{4}\right)$ ← 先に同符号の計算

$=(-3)+(+2)$

$=-1$

(4) $(+20)\times(-17)+(-5)$

$=(-340)+(-5)$

$=-345$

(5) $(-12.5)\times(+3.6)\times(-8)$ マイナスが2個なのでプラスになる

$=12.5\times3.6\times8$

$=100\times3.6$

$=360$

(6) $\left(-\dfrac{5}{3}\right)\times(+5)\times(-6)$ マイナスが2個なのでプラスになる

$=\dfrac{5}{\underset{1}{3}}\times5\times\overset{2}{6}$

$=50$

♥ Check 3

(1) -4　　(2) -180　(3) 22

(4) -31.4

解説 分配法則

(1) $(-18)\times\left(\dfrac{5}{6}-\dfrac{1}{9}-\dfrac{1}{2}\right)$ ← −18とカッコの中のそれぞれの項との掛け算

$=(-18)\times\dfrac{5}{6}-(-18)\times\dfrac{1}{9}-(-18)\times\dfrac{1}{2}$

$=-15+2+9$

$=-15+11$

$=-4$

(2) $-18\times17-18\times6-18\times(-13)$

$=-18\times(17+6-13)$ ← 分配法則の逆

$=-18\times(23-13)$

$=-18\times10$

$=-180$

(3) $\left(\dfrac{8}{3}-\dfrac{4}{7}\right)\times\dfrac{21}{2}$ 分配法則

$=\dfrac{\overset{4}{8}}{\underset{1}{3}}\times\dfrac{\overset{7}{21}}{\underset{1}{2}}-\dfrac{\overset{2}{4}}{\underset{1}{7}}\times\dfrac{\overset{3}{21}}{\underset{1}{2}}$

$=28-6$

$=22$

(4) $-18\times3.14+8\times3.14$

$=(-18+8)\times3.14$ ← 分配法則の逆

$=-10\times3.14$

$=-31.4$

♥ Check 4

(1) 397点

(2) ア +5　イ −4　ウ +11

エ −11　オ −3

平均：49.6 kg

解説

(1) $(+35)+(-10)+(-45)+(+12)+(-7)$

$=(+47)+(-62)$

$=-15$

5人の得点の，400点との違いの平均は

$-15\div5=-3$（点）

よって，5人の得点の平均点は400点より3点低いから　397点

(2) $(+5)+(-4)+(+11)+(-11)+(-3)$ 先に計算

$=(+5)+(-4)+(-3)$

$=(+5)+(-7)$

$=-2$

5人の体重の，50 kgとの違いの平均は

$-2\div5=-0.4$（kg）

よって，5人の体重の平均は50 kgより0.4 kg軽いから　49.6 kg

♥ Lesson 2 の 力だめし

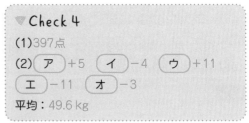

1 (1) -18　(2) 70　(3) 10

(4) 6　(5) 0

解説

(1) $7\times(-2)-(-12)\div(-3)$

$=-14-4$

$=-18$

(2) $-3^2\times(-8)-(-6)\div(-3)$

$=-9\times(-8)-(-\overset{2}{6})\times\left(-\dfrac{1}{\underset{1}{3}}\right)$

$=72-2$

$=70$

(3) $11-(-3)^2 \div 3^2$

$\quad = 11 - 9 \div 9$

$\quad = 11 - 9 \times \dfrac{1}{9}$

$\quad = 11 - 1$

$\quad = 10$

(4) $(10^2 - 2^2) \div (5^2 - 3^2)$

$\quad = (100 - 4) \div (25 - 9)$

$\quad = {}^{6}96 \times \dfrac{1}{16_{1}}$

$\quad = 6$

(5) $2 \times (-7) + \dfrac{1}{8} \times (-14) \div \left(-\dfrac{1}{2}\right)^3$

$\quad = -14 + \dfrac{1}{8_1} \times (-14) \times (-8^{1})$

$\quad = -14 + 14$

$\quad = 0$

---

2 (1) 2　(2) -630　(3) -1
(4) 10　(5) -30　(6) -100

解説

(1) $4 + (-6) + 12 + (-8)$

$\quad = 16 - 14$

$\quad = 2$

(2) $7 \times 5 \times 9 \times (-2)$

　　　　先に計算

$\quad = 7 \times 9 \times (-10)$

$\quad = 63 \times (-10)$

$\quad = -630$

(3) $6 \times \left(\dfrac{1}{2} - \dfrac{2}{3}\right)$

$\quad = 6^{3} \times \dfrac{1}{2_1} - {}^{2}6 \times \dfrac{2}{3_1}$

$\quad = 3 - 4$

$\quad = -1$

(4) $\left(-\dfrac{1}{6} + \dfrac{7}{12}\right) \times 24$

$\quad = -\dfrac{1}{{}_16} \times 24^{4} + \dfrac{7}{12_1} \times 24^{2}$

$\quad = -4 + 14$

$\quad = 10$

(5) $8 \times (-3) - 5 \times (-3) + 7 \times (-3)$

$\quad = (8 - 5 + 7) \times (-3)$

$\quad = 10 \times (-3)$

$\quad = -30$

(6) $-5 \times 3 - 5 \times 11 - 5 \times 6$

$\quad = -5 \times (3 + 11 + 6)$

$\quad = -5 \times 20$

$\quad = -100$

---

3 (1) 19℃
(2) ［ア］$+5$　［イ］$+3$　［ウ］-1
［エ］$+6$　［オ］$+5$
(3) 9℃

解説

(1) $(+5) + (-2) + (-4) + (+7) + (-1)$

$\quad = (+12) + (-7)$

$\quad = +5$

(月)が14℃のとき，(土)の最低気温は

$\quad 14 + 5 = 19(℃)$

(2) (火)　$0 + (+5) = +5$

　　(水)　$0 + (+5) + (-2) = +3$

　　(木)　$0 + (+5) + (-2) + (-4)$

$\quad\quad = (+3) + (-4) = -1$

　　(金)　$0 + (+5) + (-2) + (-4) + (+7)$

$\quad\quad = (-1) + (+7) = +6$

　　(土)　$0 + (+5) + (-2) + (-4)$

$\quad\quad\quad\quad + (+7) + (-1)$

$\quad\quad = (+6) + (-1) = +5$

(3) (2)の結果より

$\quad 0 + (+5) + (+3) + (-1) + (+6) + (+5)$

　　(月)　(火)　(水)　(木)　(金)　(土)

$\quad = (+19) + (-1)$

$\quad = +18$

(月)～(土)の最低気温の平均は

$(+18) \div 6 = +3$より，(月)より3℃高い。

(月)～(土)の平均気温は12℃なので，(月)の最低気温は

$\quad 12 - 3 = 9(℃)$

解説

$5+2+(−1)=6$ より，たて，横，ななめの数の合計をすべて6にすればよいので

ウ $+2+6=6$ より， ウ は$−2$

ア $+$ ウ $+5=6$ より， ア は3
（ウの下に −2）

ア $+$ イ $+(−1)=6$ より， イ は4
（アの下に 3）

イ $+2+$ エ $=6$ より， エ は0
（イの下に 4）

$5+$ エ $+$ オ $=6$ より， オ は1
（エの下に 0）

Lesson 3 文字と式

▼ おさらいテスト
(1) ①420人　②4　③4点
(2) ①黒　②66個

解説

(1)① 生徒数$×\underline{0.15}=63$(人)
（0.15の下に 15%）

$63÷0.15=63÷\dfrac{15^3}{100_{20}}$

$=\dfrac{^{21}63}{}×\dfrac{20}{3_1}$

$=21×20$

$=420$(人)

② $56−3×6−(3×\boxed{}+2×\boxed{})=18$

$56−18−(3+2)×\boxed{}=18$　← 分配法則の逆

$5×\boxed{}=38−18$

これより，$\boxed{}$に当てはまる数は4

③ 6回の漢字テストの合計点は

$\underset{\text{5回の合計点}}{70×5}+94=350+94$

$=444$

よって，平均点は　$444÷6=74$(点)

$74−70=4$(点)平均点が上がった。

(2)① ○●○●○○の6個を1グループと考える。

$100÷6=16…4$

よって，100番目の碁石はグループの4番目にくる色になるので　黒

② 1グループに白が4個ずつあり，16グループで　$4×16=64$(個)

残りの4つは○●○●となるので

$64+2=66$（個）の白の碁石がある。

▼ Check 1
(1) $−6xy$
(2) $−4(x+y)$　（または$−4x−4y$）
(3) $−\dfrac{5a}{b^2}$

解説

(1) $1×x×y×(−6)$

$=−6×xy$

$=−6xy$

(2) $(x+y)×(−4)$

$=(−4)×(x+y)$
（省略）

$=−4(x+y)$

(3) $−a÷b÷b×5$

$=−a×\dfrac{1}{b}×\dfrac{1}{b}×5$

$=−\dfrac{5a}{b^2}$

▼ Check 2
(1) 4　(2) 16　(3) $−52$

解説

(1) $a^2=(−2)^2$

$=4$

(2) $−2a^3=−2×(−2)^3$

$=−2×(−8)$

$=16$

(3) $−a^2+6a^3=−(−2)^2+6×(−2)^3$　← 掛け算より先に累乗を計算

$=−4+6×(−8)$

$=−4−48$

$=−52$

♥ Check 3

(1) $-2x+2$　(2) $a-5$

解説

(1) $5x+2-7x=5x-7x+2=$ 　$2x+2$

(2) $(2a-3)+(-a-2)=2a-3-a-2$
$$=2a-a-3-2$$
$$=a-5$$

♥ Check 4

(1) $6x-1$　(2) $2x-6$

解説

(1) $\dfrac{2}{5}\left(15x-\dfrac{5}{2}\right)$

$$=\dfrac{2}{\cancel{5}_1}\times\cancel{15}^3x-\dfrac{\cancel{2}^1}{\cancel{5}_1}\times\dfrac{\cancel{5}^1}{\cancel{2}_1}$$

$$=6x-1$$

(2) $\dfrac{x-3}{\cancel{2}_1}\times\cancel{4}^2$

$$=(x-3)\times2$$
$$=x\times2-3\times2$$
$$=2x-6$$

♥ Lesson3 の力だめし

1　(1) $\dfrac{x}{60}$ 時間　(2) $1000y$ mL

(3) $10000z$ cm^2

解説

(1)　1分$=\dfrac{1}{60}$ 時間より　x分$=\dfrac{x}{60}$ 時間

(2)　1 L$=1000$ mLより　y L$=1000y$ mL

(3)　1 m$^2=10000$ cm^{2}より
　　z m$^2=10000z$ cm^2

2　(1) $0.5x+0.5$　(2) $3a-1$

(3) $-16x+6$

解説

(2)　$(2a-3)-(-a-2)$　← カッコの中の符号をすべて変える
$$=2a-3+a+2$$
$$=3a-1$$

(3)　$\left(14x-\dfrac{21}{4}\right)\times\left(-\dfrac{8}{7}\right)$

$$=\cancel{14}^2x\times\left(-\dfrac{8}{\cancel{7}_1}\right)-\dfrac{^3\cancel{21}}{\cancel{4}_1}\times\left(-\dfrac{\cancel{8}^2}{\cancel{7}_1}\right)$$

$$=-16x+6$$

3　$5x+9$　　$7x-5$

解説

$(6x+2)+(7-x)=6x-x+2+7$
$$=5x+9$$
$(6x+2)-(7-x)=6x+2-7+x$
$$=6x+x+2-7$$
$$=7x-5$$

4　①周の長さ(cm)　②面積(cm^2)

解説

①　$a+b+c$は3辺を足したものなので，周の長さを表す。

②　底辺をa，高さをbとして　$a\times b\times\dfrac{1}{2}=\dfrac{ab}{2}$

よって，$\dfrac{ab}{2}$ は面積を表している。

5　(1) 18個　(2) 解説を参照

(3) $3n-3$

解説

(1)　1辺が7個の三角形なので，まずは3倍して，3つの頂点で重複して数えている分を引けばよい。
　　$7\times3-3=21-3$
　　　　　　$=18$(個)

(2)　ア：1辺がn個の三角形なので，3倍して，3つの頂点で重複して数えている分を引いて表した。

$$n\times3-3$$

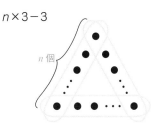

イ：三角形の各辺から一方の頂点を引いて，これを3倍して表した。

$$(n-1) \times 3$$

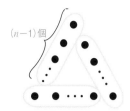

(n−1)個

ウ：頂点を除いた辺を3倍してから，3つの頂点を加えて表した。

$$(n-2) \times 3+3$$

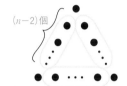

(n−2)個

(3) ア： $n \times 3-3$
$$=3n-3$$

イ： $(n-1) \times 3$
$$=n \times 3-1 \times 3$$
$$=3n-3$$

ウ： $(n-2) \times 3+3$
$$=n \times 3-2 \times 3+3$$
$$=3n-6+3$$
$$=3n-3$$

いずれも，$3n-3$ となる。

Lesson 4 方程式

解説

(1) ① $35-12=23$

② $25+17=42$

③ $180 \div 12=15$

④ $54 \div 3=18$

⑤ $\dfrac{8}{9} \div \dfrac{2}{3}=\dfrac{\overset{4}{8}}{\underset{3}{9}} \times \dfrac{\overset{1}{3}}{\underset{1}{2}}=\dfrac{4}{3}$

⑥ $\dfrac{5}{8} \div \dfrac{5}{4}=\dfrac{\overset{1}{5}}{\underset{2}{8}} \times \dfrac{\overset{1}{4}}{\underset{1}{5}}=\dfrac{1}{2}$

(2) ① ア に入るのは，3の倍数の3，6，9のどれかで，4× イ と答えの10はともに偶数なので， ア は6となる。

$$\boxed{6} \div 3+4 \times \boxed{イ}=10$$
$$2+4 \times \boxed{イ}=10$$

より， イ は2となる。

② $(9 \times \boxed{ウ}-\boxed{エ}) \div 2=10$

両辺に2を掛けると

$$9 \times \boxed{ウ}-\boxed{エ}=20$$

よって，$9 \times \boxed{3}-\boxed{7}$ となる。

(3) ① $(30 \boxed{ア} 6) \times 3=17 \boxed{イ} 2$

$17 \boxed{イ} 2$ は，左辺より3で割り切れることがわかるので，$17\boxed{−}2=15$ となる。

よって，$30 \boxed{ア} 6=5$ より $30\boxed{÷}6$

② $2 \boxed{ウ} 4 \times 3=7 \boxed{エ} 2$

ウ は，2のほうが4より小さいので，右辺と比べると−と÷は入らないことがわかる。

ウ に×を入れた場合，$2\boxed{×}4 \times 3=7 \boxed{エ} 2$ は成り立たない。

ウ に＋を入れると，$2\boxed{+}4 \times 3=7 \boxed{エ} 2$ となり，$7\boxed{×}2$ で成り立つ。

▼ Check 1

(1)，(3)

解説

(1)～(3)の式に $x=-4$ を代入して，等式が成り立つか調べる。

(1) 左辺 $=2(x+4)=2(-4+4)=2 \times 0=0$

よって，等式が成り立つので，(1)は−4を解にもつ。

(2) 左辺 $=x-4=-4-4=-8$ で1とならない。

よって，等式が成り立たないので，(2)は−4を解にもたない。

(3) 左辺$=-2(1-x)=-2\times\{1-(-4)\}$
$\qquad\qquad=-2\times(1+4)=-2\times5=-10$

　　右辺$=x-6=-4-6=-10$

よって，等式が成り立つので，(3)は-4を解に
もつ。

♥ **Check 2**
(1) $x=-4$　(2) $x=5$

【解説】

(1)　$(0.3x+0.4)\times100$
$\qquad\qquad=(0.22x+0.08)\times100$
$\quad30x+40=22x+8$ ← 両辺を100倍して
小数をなくす
$\quad30x-22x=8-40$
$\qquad\qquad8x=-32$
$\qquad\qquad\quad x=-4$

(2)　$\left(\dfrac{x-7}{2}-\dfrac{x}{5}\right)\times10=-2\times10$　両辺を10倍して
分数をなくす
$\quad5(x-7)-2x=-20$
$\quad5x-35-2x=-20$
$\qquad\qquad3x=-20+35$
$\qquad\qquad3x=15$
$\qquad\qquad\quad x=5$

♥ **Check 3**
(1) $x=14$　(2) $x=9$　(3) $x=-1$

【解説】　外側×外側

(1)　$4:x=2:7$
　　　内側×内側
$\qquad\quad2x=28$
$\qquad\qquad x=14$

　　　　　外側×外側

(2)　$(x+1):5=4:2$
　　　　内側×内側
$\qquad2(x+1)=20$ ← xがあるほうを左辺へもっていく
$\qquad\quad x+1=10$
$\qquad\qquad\quad x=9$

(3)　$9x:8=\dfrac{x-2}{8}:\dfrac{1}{3}$　外側×外側
　　　　　　　内側×内側
$\quad {}^{3}9x\times\dfrac{1}{3_1}=8^{1}\times\dfrac{x-2}{8_1}$
$\qquad\quad3x=x-2$
$\qquad\quad2x=-2$
$\qquad\qquad x=-1$

♥ Lesson 4 の力だめし
1　(1) $x=1$　(2) $x=-1$
(3) $x=-13$　(4) $x=40$

【解説】

(1)　$5x-2(x-3)=9$
$\quad5x-2x+6=9$ ← 移項して文字を左辺，
数を右辺にまとめる
$\qquad\quad3x=9-6$
$\qquad\quad3x=3$ ← 両辺を3で割る
$\qquad\qquad x=1$

(2)　$\qquad0.3(x+0.4)=0.22x+0.04$　両辺に100を掛ける
$\quad100\times0.3(x+0.4)=100\times(0.22x+0.04)$
$\qquad30(x+0.4)=22x+4$
$\qquad30x+12=22x+4$
$\qquad30x-22x=4-12$
$\qquad\qquad8x=-8$
$\qquad\qquad\quad x=-1$

(3)　$\dfrac{2x-7}{3}=\dfrac{3x-5}{4}$　両辺に12を掛ける
$\quad12^{4}\times\dfrac{2x-7}{3_1}=12^{3}\times\dfrac{3x-5}{4_1}$
$\quad4(2x-7)=3(3x-5)$
$\quad8x-28=9x-15$
$\quad8x-9x=-15+28$
$\qquad-x=13$
$\qquad\qquad x=-13$

　　　　　外側×外側

(4)　$2x:(x-8)=5:2$
　　　　内側×内側
$\quad5(x-8)=2x\times2$
$\quad5x-40=4x$
$\quad5x-4x=40$
$\qquad\qquad x=40$

2 ア 10　イ 710　ウ 90
エ 3　オ 7

解説

50円切手をx枚買ったとすると，80円切手は

$(10-x)$枚と表される。したがって

$$50x+80(10-x)=710$$

（移項して文字を左辺，数を右辺にまとめる）

$$50x+800-80x=710$$

$$-30x=710-800$$

$$-30x=-90$$

$$x=3$$

$x=3$は問題に適している。

80円切手は　$10-3=7$

よって，答えは，50円切手3枚，80円切手7枚

となる。

3　(1) 6　(2) 男子：23人　女子：19人
(3) 7人

解説

(1)　ある数をxとすると

$$(x\times5-5)\div5=5$$

$$(5x-5)\times\frac{1}{5}=5$$

（両辺に5を掛ける）

$$(5x-5)\times\frac{1}{5_1}\times5^1=5\times5$$

$$5x-5=25$$

$$5x=30$$

$$x=6$$

(2)　男子の人数をx人とすると，女子は$(x-4)$

人となるので

$$x+(x-4)=42$$

$$2x=46$$

$$x=23$$

男子は23人，女子は$(x-4)$人なので

$$23-4=19（人）$$

(3)　x人に4個ずつ配ると13個余るとき，アメ

の個数は　$4x+13$（個）

また，x人に7個ずつ配ると8個足りないとき，

アメの個数は　$7x-8$（個）

アメの個数はどちらも同じなので

$$4x+13=7x-8$$

（移項して文字を左辺，数を右辺にまとめる）

$$4x-7x=-8-13$$

$$-3x=-21$$

$$x=7$$

$x=7$は問題に適している。よって　7人

Lesson 5　比例

▼おさらいテスト

(1) ウ，エ　(2) 2：3，8：12　など
(3) ① ア 8　② イ 5
(4) 姉：48個　妹：42個

解説

(3)①　$2：3=$ ア $：12$

$$3\times\boxed{ア}=2\times12$$

$$\boxed{ア}=24\div3$$

$$\boxed{ア}=8$$

②　$25：\boxed{イ}=\boxed{イ}：1$

（外側×外側　内側×内側）

$$\boxed{イ}^2=25$$

イ は正の整数なので　5

(4)　$90\div(8+7)=90\div15$

$$=6（個）$$

姉は　$8\times6=48$（個）

妹は　$7\times6=42$（個）

▼Check 1

(1) ① $x\leqq-3$　② $-2\leqq x<1$
(2) ［数直線：-9 -8 -7 -6 -5 -4，-8に白丸，-5に黒丸，間を塗る］

解説

● か○かに注意する。

▼Check 2

(1) $y=-4x$　(2) $y=-8$　(3) $x=\frac{1}{3}$

解説

(1) 「yはxに比例」とあるので$y=ax$とおける。
$y=ax$に$x=-2$, $y=8$を代入して
$$8=a\times(-2)$$
$$\frac{8}{-2}=a$$
$$a=-4$$
よって $y=-4x$

(2) $y=-4x$に$x=2$を代入して
$$y=-4\times2=-8$$

(3) $y=-4x$に$y=-\frac{4}{3}$を代入して
$$-\frac{4}{3}=-4x$$
$${}^{1}4x=\frac{4^{1}}{3}$$
$$x=\frac{1}{3}$$

▼ Check 3

A(3, 2), B(-5, 3), C(-2, -3),
D(4, -2), E(0, 4)

解説

点の位置をあせらずに読みとること。

▼ Check 4

x	$\cdots$	-3	-2	-1	0	1	2	3	$\cdots$
y	$\cdots$	$\frac{3}{2}$	1	$\frac{1}{2}$	0	$-\frac{1}{2}$	-1	$-\frac{3}{2}$	$\cdots$

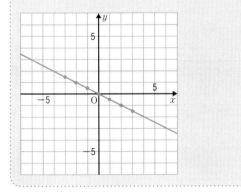

解説

$y=-\frac{1}{2}x$に$x=-3$, -2, $\cdots$, 3を順に代入し

て求めてもよいが，比例定数$a=-\frac{1}{2}$より，xの値が1増えると，yの値は$\frac{1}{2}$減るとして，表の空らんを左から順にうめていくとよい。この表をもとに，xとyの座標の点を図にかき入れ，直線で結ぶとグラフが完成する。

▼ Lesson 5 の力だめし

1 （ア）6 （イ）12

解説

yがxに比例しているので，$y=ax$と考えられる。$x=1$のとき$y=3$より，$y=3x$とわかるので，$x=2$，$x=4$をそれぞれ代入して，表をうめる。

2 （1）$y=3x$ （2）$y=-15$
（3）$x=\frac{1}{2}$

解説

(1) $y=ax$に$x=-2$, $y=-6$を代入すると
$$-6=a\times(-2) \quad より \quad a=3$$
よって $y=3x$

(2) $y=3x$に$x=-5$を代入して
$$y=3\times(-5)=-15$$
よって $y=-15$

(3) $y=3x$に$y=\frac{3}{2}$を代入して
$$\frac{{}^{1}3}{2}=3^{1}x \quad より \quad x=\frac{1}{2}$$

3 ① $y=-\frac{1}{3}x$ ② $y=-3x$
③ $y=3x$

解説

① 原点から右へ3，下へ1進むので
$$a=\frac{-1}{3}=-\frac{1}{3}$$
よって $y=-\frac{1}{3}x$

② 原点から右へ1，下へ3進むので

$$a = \frac{-3}{1} = -3$$

よって　$y = -3x$

③ 原点から右へ1，上へ3進むので

$$a = \frac{3}{1} = 3$$

よって　$y = 3x$

---

4 (1) $y = -\frac{2}{3}x$　(2) $s = -9$

解説

(1)　$y = ax$ に $x = 3$，$y = -2$ を代入して

　　$-2 = a \times 3$　より　$a = -\frac{2}{3}$

よって　$y = -\frac{2}{3}x$

(2)　$y = -\frac{2}{3}x$ に $x = s$，$y = 6$ を代入して

　　$6 = -\frac{2}{3}s$

　　$\frac{2}{3}s = -6$

　　$s = -6 \times \frac{3}{2}$　より　$s = -9$

---

5 (1) B(3，−4)　(2) C(−3，4)
(3) D(−3，−4)

解説

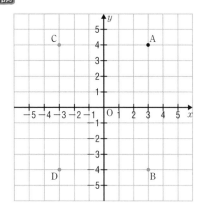

上図より，A(3，4)のとき

x 軸について対称な点　B(3，−4)

y 軸について対称な点　C(−3，4)

原点について対称な点　D(−3，−4)

(1)　x 軸について対称とは，x 軸で折り返すことなので，y 座標の符号を変える。(点B)

(2)　y 軸について対称とは，y 軸で折り返すことなので，x 座標の符号を変える。(点C)

(3)　原点について対称とは，原点を対称の中心として，180°回転させることである。これは x 軸について対称で，さらに y 軸について対称となるので，x 座標と y 座標の両方の符号を変える。(点D)

今回はA(3，4)なので，B(3，−4)，C(−3，4)，D(−3，−4)となる。

Lesson 6 反比例と比例・反比例の利用

▼ おさらいテスト

(1)① ア −2　イ −8　ウ −12
エ −16　② オ −12　カ −9
キ −3　ク −$\frac{3}{2}$

(2) イ：比例定数4　ウ：比例定数 $\frac{1}{4}$

エ：比例定数 −4

(3)① $y = \frac{1}{4}x$　$\left(\text{または } y = \frac{x}{4}\right)$

② $y = -2$　③ $x = -3$

解説

(1)① $y = ax$ に $x = 2$，$y = -4$ を代入して

　　$-4 = a \times 2$　より　$a = -2$

よって　$y = -2x$

$y = -2x$ に $x = 1$，4，6，8を順に代入して求める。

② $y = ax$ に $x = -4$，$y = -6$ を代入して

　　$-6 = a \times (-4)$　より　$a = \frac{3}{2}$

よって　$y = \frac{3}{2}x$

$y = \frac{3}{2}x$ に $x = -8$，−6，−2，−1を順に代入して求める。

(2)　アは反比例の式，ウは $y = \dfrac{x}{4} = \underset{a}{\underline{\dfrac{1}{4}}}x$ より比例の式となる。

(3) ① $y=ax$に$x=4$, $y=1$を代入して

$1=a×4$ より $a=\dfrac{1}{4}$

よって $y=\dfrac{1}{4}x$

② $y=\dfrac{1}{4}x$に$x=-8$を代入して

$y=\dfrac{1}{4}×(-8)=-2$

③ $y=\dfrac{1}{4}x$に$y=-\dfrac{3}{4}$を代入して

$-\dfrac{3}{4}=\dfrac{1}{4}x$ より $x=-3$

▽ Check 1

(1) $y=-\dfrac{16}{x}$ (2) $y=-8$ (3) $x=-32$

【解説】

(1) $y=\dfrac{a}{x}$に$x=-2$, $y=8$を代入して

$8=\dfrac{a}{-2}$ より $a=-16$

よって $y=-\dfrac{16}{x}$

(2) $y=-\dfrac{16}{x}$に$x=2$を代入して

$y=-\dfrac{16}{2}=-8$

(3) $y=-\dfrac{16}{x}$に$y=\dfrac{1}{2}$を代入して $\dfrac{1}{2}=-\dfrac{16}{x}$

両辺に$2x$を掛けて $x=-32$

▽ Check 2

x	…	-6	-4	-3	-2	-1	0	1	2	3	4	6	…
y	…	2	3	4	6	12		-12	-6	-4	-3	-2	…

【解説】

$y=-\dfrac{12}{x}$に$x=-6$, -3, -2, -1, 1, 2, 3, 6を順に代入して求める。グラフは点を打ったあとに, なめらかにつなぐ。$y=-1$になるのは$x=12$, $y=1$になるのは$x=-12$なので, 与えられた目盛りではグラフは$y=1$, $y=-1$に届かないことに注意。

▽ lesson 6 の力だめし

1 ⑦ 6 ⑦ 3 ⑦ $\dfrac{12}{5}$

【解説】

$y=\dfrac{a}{x}$に$x=1$, $y=12$（または$x=3$, $y=4$）を代入して

$12=\dfrac{a}{1}$ より $a=12$ よって $y=\dfrac{12}{x}$

$y=\dfrac{12}{x}$に$x=2$, 4, 5を順に代入して求める。

2 (1) $y=\dfrac{12}{x}$ (2) $y=-\dfrac{12}{5}$

(3) $x=8$

【解説】

(1) $y=\dfrac{a}{x}$に$x=-2$, $y=-6$を代入して

$-6=\dfrac{a}{-2}$ より $a=12$

よって $y=\dfrac{12}{x}$

(2) $y=\dfrac{12}{x}$に$x=-5$を代入して

$y=\dfrac{12}{-5}=-\dfrac{12}{5}$

(3) $y=\dfrac{12}{x}$に$y=\dfrac{3}{2}$を代入して

$\dfrac{3}{2}=\dfrac{12}{x}$

両辺に$2x$を掛けて

$2^{1}x×\dfrac{3}{2_{1}}=2x×\dfrac{12}{x}$

$3x=24$

$x=8$

解説

比例定数aが正の数のアとウは，②または④のグラフ，比例定数aが負の数のイとエは，①または③のグラフである。

また，比例定数の絶対値が大きいほど原点から離れるので　ウ→②，エ→①。

同様に　ア→④，イ→③。

4　(1) $y=\dfrac{5}{2}x$

(2) $0\leqq x\leqq 8$，$0\leqq y\leqq 20$

解説

(1)　三角形の面積yは，底辺5と高さxより

$$y=5\times x\times\dfrac{1}{2}\quad よって\quad y=\dfrac{5}{2}x$$

(2)　BCの長さは8 cmなので，xの変域は

$$0\leqq x\leqq 8$$

$y=\dfrac{5}{2}x$に$x=0$，8を順に代入すると$y=0$，20

と求められるので，yの変域は　$0\leqq y\leqq 20$

5　(1) $y=\dfrac{720}{x}$　(2) 15回転　(3) 40

解説

(1)　歯車AとBは，1分間に$20\times 36=720$（回）

歯がかみ合うので

$$x\times y=720$$
$$y=\dfrac{720}{x}$$

(2)　$y=\dfrac{720}{x}$に歯の数$x=48$を代入して

$$y=\dfrac{720}{48}=15（回転）$$

(3)　$y=\dfrac{720}{x}$に1分間の回転数$y=18$を代入して

$$18=\dfrac{720}{x}$$

両辺にxを掛ける

$$18x=720$$
$$x=40$$

Lesson 7 平面図形

▼おさらいテスト

(1) 線対称：①，②，③，⑤

①1本　②無限　③2本　⑤2本

(2) ア 75°　イ 135°　ウ 15°　エ 45°

解説

(1) ①

対称の軸 1 本

②

対称の軸 無限
（中心を通る直線すべて）

③

対称の軸 2 本

⑤

対称の軸 2 本

(2)　三角定規は，それぞれ正三角形と正方形を半分にした図形になるので，30°，60°，90°と45°，45°，90°の三角形となる。

▼Check 1

(1) 6 cm　(2) 9 cm　(3) 3 cm

解説

それぞれ垂直な線の距離を測る。

▼Check 2

(1) カ　(2) ウ，オ，キ　(3) カ

解説

(1)　平行移動とは，一定の方向に一定の距離ずらす移動のこと。アの三角形を左下にずらすと，カの三角形と重なる。

(2)　点Oを中心として回転させる。時計回りに回転させると，ウ→オ→キの順に重なる。

（3） 線分ACが対称の軸なので，アの三角形を
形成する点O，H，Dに注目し，線分ACとの距
離が等しくなる点を調べる。点O↔点O，点H↔
点E，点D↔点Bなので，カの三角形と重なる。

▼ Check 3

（1）

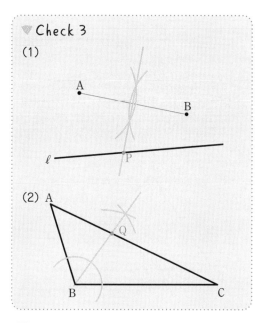

（2）

解説

（1） 2点から等距離の点 ⇒ 垂直二等分線を
作図する。
よって，線分ABの垂直二等分線を作図すればよ
い。直線ℓとの交点が点Pとなる。
（2） 2辺から等距離の点 ⇒ 角の二等分線を
作図する。
よって，∠ABCの二等分線を作図すればよい。
辺ACとの交点が点Qとなる。

平行移動

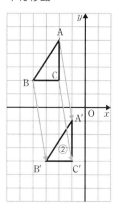

回転移動

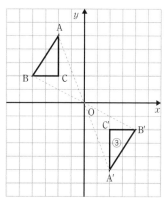

対称移動

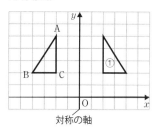

対称の軸

▼ Lesson 7 の力だめし

1 ①5 cm ②7 cm ③5 cm
2 （1）∠a＝∠BAD （または∠DAB）
∠b＝∠ABC （または∠CBA）
（2）∠a＝∠AOC （または∠COA）
∠b＝∠BOC （または∠COB）
3 ①対称移動 ②平行移動 ③回転移動

解説

平行移動は三角形の向きが同じもの。
回転移動はある点を中心に回転させたもの。
対称移動は左右または上下反対のもの。

4 (1)

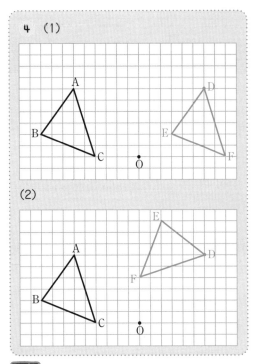

(2)

解説

(1) 点Aと点Dの距離と同じ長さだけ点Bを点E
へ，点Cを点Fへ動かす。

(2) 図より，∠AOD＝90°なので，∠BOE，
∠COFも90°にする。またBO＝EO，CO＝FO
となる。

---

5 (1) オ (2) ク (3) キ (4) ク
(5) カ

解説

(1) 平行移動は同じ向きのもの。

(2) DMを結んで，同じ長さだけのばすと点G
と重なる。同様に，EM，OM，NMをのばすと
点F，K，Lと重なる。

(3) 対称の軸CHは対応する頂点を結ぶ線分の
垂直二等分線となっている。

(4) 点Nを中心として180°回転移動するとア→
エとなり，そこから平行移動するので，エと同じ
向きのものを選ぶ。

(5) 上の(1)よりアを平行移動するとオとなり，
オをKOで折り返すと，カと重なる。

---

6 (1)

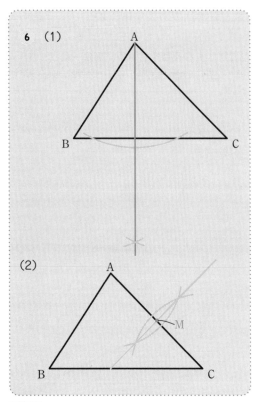

(2)

解説

(1) 本冊p.56にある垂線の作図のとおり。

(2) 本冊p.56にある線分の垂直二等分線の作図
のとおり。

---

7 (1)

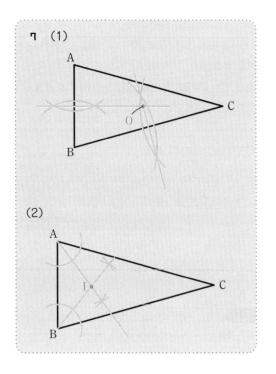

(2)

解説

（1） 3点A，B，Cから等しい距離なので，それ
ぞれの点を結んだ線分の垂直二等分線を作図する。
点A，Bから等距離になる線分ABの垂直二等分
線と，点B，Cから等距離になる線分BCの垂直
二等分線の交点が点Oになる（線分CAの垂直二等
分線を引いても交点は同じになるので省略してよ
い）。

（2） 3辺AB，BC，CAから等しい距離なので，
それぞれの辺が交わってできる角の二等分線を作
図する。辺ABと辺CAから等距離になる∠BAC
の二等分線と，辺ABと辺BCから等距離になる
∠ABCの二等分線の交点が点Iになる（∠BCAの
二等分線を引いても交点は同じになるので省略し
てよい）。

Lesson 8 空間図形

▼おさらいテスト
(1) ［ ア ］半径 ［ イ ］球の中心
　　［ ウ ］直径
(2) ［ ア ］6 ［ イ ］12 ［ ウ ］8
　　［ エ ］3 ［ オ ］6 ［ カ ］4 ［ キ ］12

解説
(2)

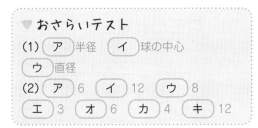

直方体　　　　　　立方体

直方体も立方体もすべての面が四角形なので面の
数，辺の数，頂点の数は同じである。
立方体はすべての面が正方形で同じなのに対し，
直方体は向かい合う長方形の面が等しい。

▼Check 1
(1) ［ ア ］7 ［ イ ］5 ［ ウ ］8
　　［ エ ］4 ［ オ ］6 ［ カ ］6 ［ キ ］12
(2) すべて2になる

解説

（2）　五角柱10＋7－15＝2，四角錐5＋5－8＝2
四面体4＋4－6＝2，正八面体　6＋8－12＝2
平面で構成されるすべての立体では
　　（頂点の数）＋（面の数）－（辺の数）＝2
が成り立つ。

▼Check 2

正三角柱

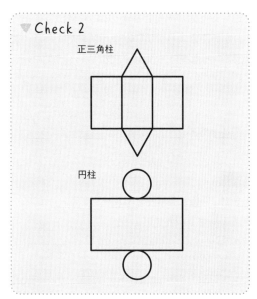

円柱

解説

正三角柱の展開図は，他に次のようなものも考え
られる。

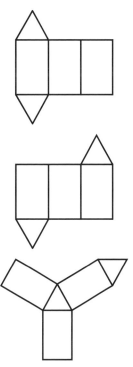

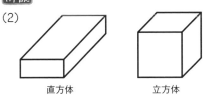

Check 3

(1) 1本　(2) 辺CF，辺DF，辺EF
(3) 1つ　(4) 3本

解説

(1) 辺ABに平行なのは辺DEのみ。
(2) ねじれの位置は，交わらず平行でもないもの。
(3) 辺と面が平行となるのは，"交わらない"，
"辺が面に含まれない"の両方を満たすとき。辺
ABと平行な面は，面DEF1つ。
(4) 辺DE，辺EF，辺FDの3辺。

Check 4

(1) 円柱　(2) 球

解説

ℓを軸に回転する様子をイメージする。
円を回転させると球になる。

Check 5

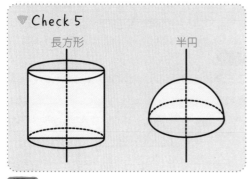

長方形　　　　半円

解説

回転の軸に垂直な平面で切ると円になるが，回転
の軸を含む平面で切ると，いろいろな形になる。

Check 6

(1) 球

(2) 六角柱

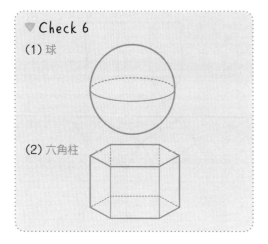

Lesson8 の力だめし

	正四面体	正六面体	正八面体	正十二面体	正二十面体
面の形	正三角形	正方形	正三角形	正五角形	正三角形
頂点の数	4	8	6	20	12
面の数	4	6	8	12	20
辺の数	6	12	12	30	30

解説

（頂点の数）＋（面の数）－（辺の数）＝2
がすべての多面体で成立している。

2 (1) 平行　(2) 交わる
(3) ねじれの位置　(4) 平行
(5) 交わる　(6) 平行　(7) 交わる
3 (1) 線対称（な図形）　(2) 円
4 ①円錐　②正四角錐（四角錐でもよい）

Lesson9 図形の計量

おさらいテスト

(1) 350 cm³　(2) 250π cm³　(3) 48 cm³

解説

(1) $10 \times 7 \times 5 = 350$（cm³）
(2) $\pi \times 5^2 \times 10 = 250\pi$（cm³）
(3) $4 \times 4 \times 9 \times \dfrac{1}{3} = 48$（cm³）

Check 1

35°

解説

∠OAP＝90°より
　∠APO＝180°－90°－55°
　　　　＝35°

▼ Check 2

周の長さ：$4\pi + 16$ (cm)

面積：$64 - 16\pi$（cm²）

解説

周の長さ：$2\pi \times 8 \times \dfrac{90}{360} + 8 \times 2$

   <u>90°のおうぎ形の周の長さ</u> <u>正方形の2辺の長さ</u>

   $= 16\pi \times \dfrac{1}{4} + 16$

   $= 4\pi + 16$（cm）

面積：$8 \times 8 - \pi \times 8^2 \times \dfrac{90}{360} = 64 - 64\pi \times \dfrac{1}{4}$

  <u>正方形の面積</u> <u>90°のおうぎ形の面積</u>

        $= 64 - 16\pi$（cm²）

▼ Check 3

(1) 150π cm² (2) 189π cm²

解説

(1)

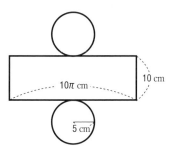

   <u>円周の長さ</u>

  $\underbrace{2\pi \times 5 \times 10}_{側面積} + \underbrace{\pi \times 5^2 \times 2}_{底面積}$

  $= 100\pi + 50\pi = 150\pi$（cm²）

(2)

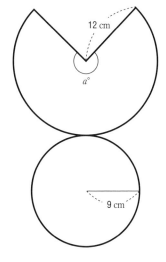

左下の図のように展開して，おうぎ形の中心角を $a°$ とすると，底面の円周の長さと側面のおうぎ形の弧の長さが等しいことより

$\underbrace{2\pi \times 9}_{円周の長さ} = \underbrace{2\pi \times 12 \times \dfrac{a}{360}}_{おうぎ形の弧の長さ}$

$18\pi = 24\pi \times \dfrac{a}{360}$

$\dfrac{18\pi}{24\pi} = \dfrac{a}{360}$

$\dfrac{3}{4} = \dfrac{a}{360}$

$a = 360^{90} \times \dfrac{3}{4_1} = 270$

よって，表面積は

$\underbrace{\pi \times 9^2}_{底面積} + \underbrace{\pi \times 12^2 \times \dfrac{270}{360}}_{側面積（おうぎ形の面積）}$

$= 81\pi + \pi \times 12^3\not{12} \times \dfrac{3}{4_1}$

$= 81\pi + 108\pi$

$= 189\pi$（cm²）

▼ Check 4

表面積：108π cm² 体積：144π cm³

解説

表面積：$4\pi \times 6^2 \times \dfrac{1}{2} + \pi \times 6^2$

   <u>球の表面積$S = 4\pi r^2$</u> <u>底面積</u>

   $= 72\pi + 36\pi = 108\pi$（cm²）

体積：$\dfrac{4}{3}\pi \times 6^3 \times \dfrac{1}{2} = 144\pi$（cm³）

  <u>球の体積$V = \dfrac{4}{3}\pi r^3$</u>

▼ Lesson の 力だめし

1 （ア）接する （イ）接線

（ウ）接点 （エ）OBP （オ）90

（カ）145

解説

（カ）は四角形AOBPより

 ∠AOB $= 360° - (90° \times 2 + 35°)$

    $= 360° - 215° = 145°$

> **2** (1) ア 3　イ 10　ウ 6π
> (2) 表面積：78π cm²　体積：90π cm³

解説

(1)　ウ は，側面の長方形の横の長さと，底面の円周の長さが等しいことより

$$2\pi \times 3 = 6\pi \text{（cm）}$$

(2)　表面積：$10 \times 6\pi + \pi \times 3^2 \times 2$
　　　　　　　側面積　　　底面積

$$= 60\pi + 18\pi = 78\pi \text{（cm}^2\text{）}$$

体積：$\underset{\text{底面積}}{\underline{\pi \times 3^2}} \times \underset{\text{高さ}}{\underline{10}} = 9\pi \times 10 = 90\pi \text{（cm}^3\text{）}$

> **3** (1) ア 10　イ 8　ウ 16π
> (2) 表面積：144π cm²　体積：128π cm³

解説

(1)　ウ は，側面のおうぎ形の弧の長さと，底面の円周の長さが等しいことより

$$2\pi \times 8 = 16\pi \text{（cm）}$$

(2)

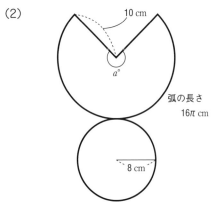

10 cm
$a°$
弧の長さ
16π cm
8 cm

上の図のようにおうぎ形の中心角を$a°$とすると

$$2\pi \times 10 \times \frac{a}{360} = 16\pi$$

$$\frac{a}{360} = \frac{16\pi}{20\pi} = \frac{4}{5}$$

表面積：$\pi \times 10^2 \times \underset{\frac{4}{5}}{\underline{\frac{a}{360}}} + \pi \times 8^2 = 80\pi + 64\pi$

$$= 144\pi \text{（cm}^2\text{）}$$

体積：$\underset{\text{底面積}}{\underline{\pi \times 8^2}} \times \underset{\text{高さ}}{\underline{6}} \times \frac{1}{3} = 64\pi \times 2 = 128\pi \text{（cm}^3\text{）}$

> **4** 表面積：204π cm²
> 体積：432π cm³

解説

表面積：$\underset{\text{球の表面積の半分}}{\underline{4\pi \times 6^2 \times \frac{1}{2}}} + \underset{\text{側面積}}{\underline{8 \times 12\pi}} + \underset{\text{底面積}}{\underline{\pi \times 6^2}}$

$$= 72\pi + 96\pi + 36\pi$$

$$= 204\pi \text{（cm}^2\text{）}$$

8 cm
6 cm

体積：$\underset{\text{半球の体積}}{\underline{\frac{4}{3}\pi \times 6^3 \times \frac{1}{2}}} + \underset{\text{円柱の体積}}{\underline{\pi \times 6^2 \times 8}}$

$$= 4\pi \times 36 + 8\pi \times 36 \quad \longleftarrow \begin{array}{l}\text{分配法則の逆}\\ (4\pi + 8\pi) \times 36\end{array}$$

$$= 12\pi \times 36$$

$$= 432\pi \text{（cm}^3\text{）}$$

Lesson 10 資料の活用

▼ おさらいテスト

> (1) ① ア 9　イ 5　ウ 8
> ② アメリカ：20%　フランス：15%
> 中国：10%
> (2) ① 15人　② 40人

解説

(1) ① 棒グラフの人数を読みとる。

② クラス全員で　$8+9+6+5+4+8=40$（人）

アメリカ　$8 \div 40 \times 100 = 20$（％）

フランス　$6 \div 40 \times 100 = 15$（％）

中国　$4 \div 40 \times 100 = 10$（％）

(2)

部活動＼委員会	参加	不参加	合計
参加	15	14	29	← 部活動に参加している人
不参加	6	5	11	← 部活動に参加していない人
合計	21	19	40	

委員会に参加している人　委員会に参加していない人　クラスの人数

▼ **Check 1**

> (1) 40人　(2) 20 kg　(3) 4 kg
> (4) 階級値：30 kg　度数：16人
> (5) ア 4　イ 12　ウ 28
> 　　エ 38　オ 40

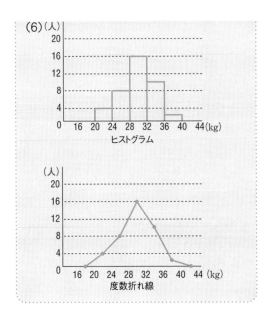

ヒストグラム

度数折れ線

(1) 40人のクラスで, 20番目と21番目の値は, どちらも28 ～ 32 kgの階級にあるので 30 kg

(2) 最頻値とは, 資料の中で最も個数の多い値。28 ～ 32 kgの階級の度数が16といちばん多い。

(3) $\dfrac{22\times4+26\times8+30\times16+34\times10+38\times2}{40}$

$= \dfrac{88+208+480+340+76}{40} = \dfrac{1192}{40}$

$= 29.8$ (kg)

(4) ［ア］4÷40, ［イ］8÷40, ［ウ］16÷40,
［エ］10÷40, ［オ］2÷40, ［カ］40÷40
また, 別解として, ［ア］を求めたら,
［イ］は［ア］の2倍, ［ウ］は［ア］の4倍,
［エ］は［ア］の2.5倍, ［オ］は［ア］の半分。
よって, ［ア］4÷40, ［イ］0.10×2,
［ウ］0.10×4, ［エ］0.10×2.5, ［オ］0.10÷2
［ク］0.10＋0.20, ［ケ］0.30＋0.40,
［コ］0.70＋0.25, ［サ］0.95＋0.05

解説

(2) 範囲は, 資料の最大のものから最小のものを引いた差なので 40－20＝20 (kg)

(3) 階級の幅は, 区間の幅のことなので
24－20＝28－24＝36－32＝40－36＝4(kg)

(5) ［イ］4＋8, ［ウ］12＋16,
［エ］28＋10, ［オ］38＋2

(6) ヒストグラムとは, 柱状グラフのこと。
度数折れ線は, 各階級値に点をとる。左右のはしの度数が0になる点は, その隣の階級値にとる。

Check 2

(1) 30 kg (2) 30 kg (3) 29.8 kg

(4) ［ア］0.10 ［イ］0.20 ［ウ］0.40
［エ］0.25 ［オ］0.05 ［カ］1.00
［キ］0.10 ［ク］0.30 ［ケ］0.70
［コ］0.95 ［サ］1.00

解説

握力（kg）	階級値	度数(人)	相対度数	累積相対度数
20以上 ～ 24未満	22	4	0.10	0.10
24 ～ 28	26	8	0.20	0.30
28 ～ 32	30	16	0.40	0.70
32 ～ 36	34	10	0.25	0.95
36 ～ 40	38	2	0.05	1.00
計		40	1.00	

Lesson 10 の力だめし

1 (1) ［ア］11 ［イ］15 ［ウ］17
［エ］12 ［オ］4 ［カ］4 ［キ］12
［ク］20 ［ケ］36 ［コ］40

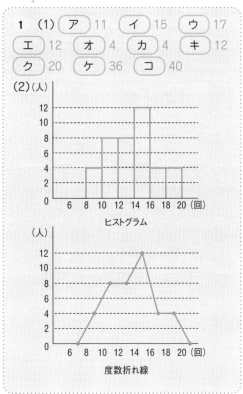

ヒストグラム

度数折れ線

解説

(1) ［エ］32－(4＋8＋8), ［オ］40－(32＋4),
［キ］4＋8, ［ク］4＋8＋8, ［ケ］32＋4

階級値は階級の真ん中の値である。

度数折れ線の点は階級値にとることに注意。

2 （1）最頻値：15回

（2） 13.8回

（3）相対度数：上から順に，

0.1　0.2　0.2　0.3　0.1　0.1　1.0

累積相対度数：上から順に，

0.1　0.3　0.5　0.8　0.9　1.0

【解説】

(2) $\dfrac{9 \times 4 + 11 \times 8 + 13 \times 8 + 15 \times 12 + 17 \times 4 + 19 \times 4}{40}$

$= \dfrac{36 + 88 + 104 + 180 + 68 + 76}{40} = \dfrac{552}{40}$

$= 13.8$（回）

（別解） 平均値は，階級値×相対度数の合計で求めることもできる。

$9 \times 0.1 + 11 \times 0.2 + 13 \times 0.2 +$

$\qquad\qquad 15 \times 0.3 + 17 \times 0.1 + 19 \times 0.1$

$= 0.9 + 2.2 + 2.6 + 4.5 + 1.7 + 1.9$

$= 13.8$（回）

Lesson 11　式の計算

● おさらいテスト

（1）①円周の長さ：$2\pi r$ cm

②円の面積：πr^2 cm^2

（2）①項：$3x$，-2　　x の係数：3

②項：x，$\dfrac{1}{2}$　　x の係数：1

（3）①32　②64　（4）$7x-3$　　$-x-1$

【解説】

(1)① 円周の長さは，直径×円周率より

$2 \times r \times \pi = 2\pi r$（cm）

② 円の面積は，半径×半径×円周率より

$r \times r \times \pi = \pi r^2$（cm^2）

(3)① $2x^2 = 2 \times (-4)^2$ ← 負の数を代入するときは（ ）をつける

$= 2 \times 16$

$= 32$

② $-x^3 = -(-4)^3$

$= 4^3$ ← マイナスを4つ掛けるとプラス

$= 64$

(4) $(3x-2) + (4x-1)$

$= 3x - 2 + 4x - 1$

$= 7x - 3$

$(3x-2) - (4x-1)$ ← カッコの中の符号をすべて変える

$= 3x - 2 - 4x + 1$

$= -x - 1$

▼ Check 1

（ア）次数：2　（ウ）次数：1　（オ）次数：1

【解説】

（ウ）は $\dfrac{a}{4} + \dfrac{b}{4}$ となり，項は2つなので多項式。

▼ Check 2

（1）$-x-5y$　（2）$2x^2 - 6xy + 4y^2$

（3）$-5a + 10b$

（4）$\dfrac{19a-6b}{12}$　$\left(\text{または } \dfrac{19}{12}a - \dfrac{1}{2}b\right)$

【解説】

(1) $5x - 3y - 6x - 2y = 5x - 6x - 3y - 2y$

$= (5-6)x + (-3-2)y$

$= -x - 5y$

(2) $(3x^2 - 7xy + 2y^2) - (x^2 - xy - 2y^2)$

$= 3x^2 - 7xy + 2y^2 - x^2 + xy + 2y^2$

$= 2x^2 - 6xy + 4y^2$

(3) $2.1(a-2b) - 7.1(a-2b)$

$= 2.1a - 4.2b - 7.1a + 14.2b$

$= -5a + 10b$

（別解） 分配法則の逆を利用して

$2.1(a-2b) - 7.1(a-2b) = -5(a-2b)$

$\underset{2.1-7.1}{}$

$= -5a + 10b$

(4) $\dfrac{5a-6b}{6} - \dfrac{-3a-2b}{4}$

$= \dfrac{2(5a-6b) - 3(-3a-2b)}{12}$

$= \dfrac{10a - 12b + 9a + 6b}{12}$

$= \dfrac{19a - 6b}{12}$

（別解） 各項に分けてから計算すると

$$\frac{5}{6}a-\frac{6}{6}b-\frac{-3a}{4}-\frac{-2b}{4}$$

$$=\frac{5}{6}a-b+\frac{3}{4}a+\frac{1}{2}b$$

$$=\frac{10}{12}a+\frac{9}{12}a-\frac{2}{2}b+\frac{1}{2}b$$

$$=\frac{19}{12}a-\frac{1}{2}b$$

▼ Check 3

(1) $-18xy$　(2) $-3b$　(3) -10　(4) 1

解説

(1) $6x\times(-3y)=-18xy$ ← $6\times(-3)=-18$, $x\times y=xy$

(2) $12ab^2\div(-4ab)=-3b$ ← $12\div(-4)=-3$, $ab^2\div ab=\dfrac{ab^2}{ab}=b$

(3) $\dfrac{5}{3}xy\div\left(-\dfrac{xy}{6}\right)$

$$=-\frac{5xy\times 6^{2}}{{}_{1}3\times xy}$$
マイナスは1つなので答えもマイナス

$$=-10$$

(4) $-3ab\div\dfrac{5}{2a}\div\left(-\dfrac{6}{5}a^2b\right)$

$$=\frac{3ab\times 2a\times 5}{5\times 6a^2b}$$
マイナスは2つでプラスになる

$$=1$$

▼ Check 4

(1) 8　(2) -500

解説

(1) $(x-3y)-(2x-y)$

$$=x-3y-2x+y$$

$$=-x-2y$$

ここで，$x=2$，$y=-5$を代入して

$$-2-2\times(-5)$$

$$=-2+10=8$$

(2) $\dfrac{5}{3}x^2y^3\div\left(-\dfrac{xy}{6}\right)=-\dfrac{5x^2y^{3}\,{}^{2}\times 6^{2}}{{}_{1}3\times xy}$

$$=-10xy^2$$

ここで，$x=2$，$y=-5$を代入して

$$-10\times 2\times(-5)^2=-500$$

▼ Check 5

ア 10　イ 10　ウ 9　エ 9

解説

もとの数と入れ替えた数の差は

$$(10a+b)-(10b+a)=10a+b-10b-a$$

$$=9a-9b$$

$$=9(a-b)$$ ← 9の倍数になる
整数

▼ Check 6

(1) $b=-a-c+5$　(2) $r=\dfrac{\ell}{2\pi}$

解説

(1) $a+b+c=5$
右辺へ移項して

$$b=-a-c+5$$

(2) $\ell=2\pi r$

$2\pi r=\ell$
両辺を2πで割る

$$r=\frac{\ell}{2\pi}$$

▼ Lesson 11 の力だめし

1 (1) ［ア］ － ［イ］ ＋ ［ウ］ ＋

(2) ［エ］ × ［オ］ ÷ ［カ］ ÷

解説

(1) 右辺は$3x-y$なので，xの係数が3になるように，［ウ］には＋が入る。yの係数は-1になるので，［ア］は－，［イ］は＋になる。

(2) 右辺はa^2bなので，aの次数が2になるように，［オ］には÷が入る。bの次数は1なので，［エ］は×，［カ］は÷になる。

2 (1) $-12ab^2$　(2) $\dfrac{x}{2y}$　(3) $\dfrac{3b}{2}$

(4) y

(1) $4ab \times (-3b) = -12ab^2$ ← $4 \times (-3) = -12,$ $ab \times b = ab^2$

(2) $-5x^2y \div (-10xy^2)$

$= -^1\!5x^2y \times \left(-\dfrac{1}{_210xy^2}\right) = \dfrac{x}{2y}$

(3) $-7ab^2 \div \left(-\dfrac{14ab}{3}\right)$

$= \dfrac{^17ab^2 \times 3}{_214ab} = \dfrac{3b}{2}$

(4) $-3xy \div \dfrac{6x}{5y} \div \left(-\dfrac{5}{2}y\right)$

$= \dfrac{3xy \times 5y \times 2}{6x \times 5y} = y$

3 (1) $a = \dfrac{10}{bc}$ (2) $V = \dfrac{2}{3}\pi r^3$

解説

(1) $abc = 10$

$a = \dfrac{10}{bc}$ → 両辺をbcで割る

(2) $V : \pi r^3 = 2 : 3$

$3V = 2\pi r^3$

$V = \dfrac{2}{3}\pi r^3$ → 両辺を3で割る

4 (1) 6 (2) $2ab$ (3) 3倍

解説

(1) 長方形Aの面積は，たて$2a$，横$b + 2b = 3b$より

$2a \times 3b = 6ab$

(2) 長方形Bの面積は，たて$3a - 2a = a$，横$2b$より

$a \times 2b = 2ab$

(3) $6ab \div 2ab = \dfrac{^36ab}{_12ab} = 3$（倍）

5 (1) 同じ (2) 2倍

解説

(1) 大きい円の半径をrとすると，小さい円の半径は$\dfrac{r}{2}$と表されるので

大きい円の円周は $2\pi r$

小さい円の円周は $2\pi \times \dfrac{r}{2} = \pi r$

よって，大きい円の円周$2\pi r$と，小さい円2つの円周$\pi r \times 2 = 2\pi r$は同じになる。

(2) 大きい円の面積は πr^2

小さい円の面積は $\pi \times \left(\dfrac{r}{2}\right)^2 = \dfrac{\pi r^2}{4}$

よって，大きい円の面積πr^2は，小さい円2つの面積$2 \times \dfrac{\pi r^2}{4} = \dfrac{\pi r^2}{2}$の2倍になる。

Lesson 12 連立方程式

▼おさらいテスト

(1) (イ), (ウ) (2)① ア 10 イ 5

② ウ -6 エ -11

(3)① $x = 42$ ② $x = 2$

解説

(3)① $0.3(0.1x - 0.2) = 1.2$ → 小数をなくすために両辺を100倍

$30(0.1x - 0.2) = 120$

$3x - 6 = 120$

$3x = 126$

$x = 42$

② $\dfrac{x-4}{2} - \dfrac{2x-1}{3} = -2$ → 分数をなくすために両辺を6倍

$3(x - 4) - 2(2x - 1) = -12$

$3x - 12 - 4x + 2 = -12$

$-x = -12 + 10$

$-x = -2$

$x = 2$

▼Check 1

(ア), (エ), (オ)

解説

$x+2y=6$のx, yに代入して計算する。

(ア) $2+2\times2=6$ ○

(イ) $-3+2\times5=7$ ×

(ウ) $1+2\times3=7$ ×

(エ) $4+2\times1=6$ ○

(オ) $-2+2\times4=6$ ○

▼ Check 2

$x=3$, $y=4$

解説

$3x-2y=1$を満たすx, yの組み合わせから

$x+y=7$も満たすものを探せばよい。

$3x-2y=1$を満たすx, y

x	-3	-2	-1	0	1	2	3
y	-5	$-\dfrac{7}{2}$	-2	$-\dfrac{1}{2}$	1	$\dfrac{5}{2}$	4

▼ Check 3

(1) $x=-1$, $y=-2$ (2) $x=1$, $y=1$

(3) $x=3$, $y=0$

解説

(1) $\begin{cases} 3x-2y=1 & \cdots\cdots① \\ 2y=x-3 & \cdots\cdots② \end{cases}$

②式より $x=2y+3$ $\cdots\cdots②'$

②′式を①式に代入すると

$\quad 3(2y+3)-2y=1$

$\quad\quad 6y+9-2y=1$

$\quad\quad\quad\quad\quad 4y=-8$

$\quad\quad\quad\quad\quad\quad y=-2$

これを②′式に代入して

$\quad x=2\times(-2)+3=-1$

よって $x=-1$, $y=-2$

（別解）

$\begin{cases} 3x-2y=1 & \cdots\cdots① \\ 2y=x-3 & \cdots\cdots② \end{cases}$

②式を①式に代入して

$\quad 3x-(x-3)=1$

$\quad\quad 3x-x+3=1$

$\quad\quad\quad\quad\quad 2x=-2$

$x=-1$

これを②式に代入して

$\quad 2y=-1-3$

$\quad 2y=-4$

$\quad\quad y=-2$

(2) $\begin{cases} y=\dfrac{3}{2}x-\dfrac{1}{2} & \cdots\cdots① \\ y=-x+2 & \cdots\cdots② \end{cases}$

①式を②式に代入して

$\quad \dfrac{3}{2}x-\dfrac{1}{2}=-x+2$

$\quad\quad\quad \dfrac{5}{2}x=\dfrac{5}{2}$

$\quad\quad\quad\quad x=1$

これを②式に代入して

$\quad y=-1+2=1$

(3) $\begin{cases} 3x-2y=9 & \cdots\cdots① \\ 3y=x-3 & \cdots\cdots② \end{cases}$

②式より $x=3y+3$ $\cdots\cdots②'$

これを①式に代入して

$\quad 3(3y+3)-2y=9$

$\quad\quad 9y+9-2y=9$

$\quad\quad\quad\quad\quad 7y=0$

$\quad\quad\quad\quad\quad\quad y=0$

これを②′式に代入すると $x=3$

（別解）

$\begin{cases} 3x-2y=9 & \cdots\cdots① \\ 3y=x-3 & \cdots\cdots② \end{cases}$

①×3, ②×2より

$\begin{cases} 9x-6y=27 & \cdots\cdots①' \\ 6y=2x-6 & \cdots\cdots②' \end{cases}$

②′式を①′式に代入して

$\quad 9x-(2x-6)=27$

$\quad\quad\quad\quad 7x=21$

$\quad\quad\quad\quad x=3$ $\cdots\cdots③$

③式を②式に代入して

$\quad 3y=3-3$

$\quad\quad y=0$

Lesson 12 の力だめし

1 (1) ア $-\dfrac{7}{2}$ イ -3 ウ $-\dfrac{5}{2}$ エ -2 オ -1

(2) ① $x=1,\ y=-2$ ② $x=3,\ y=-1$

解説
(1) $x-2y=5$にxの値を代入して，yの値を求める。

(2) (1)で完成させた表で，$x+y=-1$や$x+y=2$も満たすものを探す。

2 (1) ⑦, ⑨ (2) ⑨, ⑤ (3) ⑨

解説
①式を満たすのが⑦⑨，②式を満たすのが⑨⑤なので，両方を満たす⑨が連立方程式の解になる。

3 ①′式が誤っている

①式を2倍して　$2x+4y=12$ ……①′

$2x-\ y=1$ ……②

$-\underline{)\ 2x+4y=12}$ ……①′

$-5y=-11$

$y=\dfrac{11}{5}$

$y=\dfrac{11}{5}$を①式に代入して

$x+2\times\dfrac{11}{5}=6$

$x=6-\dfrac{22}{5}$

$x=\dfrac{8}{5}$

よって　$x=\dfrac{8}{5},\ y=\dfrac{11}{5}$

解説
式を何倍かするときは，両辺に同じ数を掛ける。

4 (1) $x=3,\ y=2$ (2) $x=6,\ y=2$

解説
(1) $\begin{cases} x+3y=9 & \cdots\cdots① \\ 2x-5y=-4 & \cdots\cdots② \end{cases}$

①式を2倍して　$2x+6y=18$ ……①′

$2x-5y=-4$ ……②

$-\underline{)\ 2x+6y=18}$ ……①′

$-11y=-22$

$y=2$

これを①式に代入して

$x+3\times2=9$

$x=3$

(2) $\begin{cases} x+2y=10 & \cdots\cdots① \\ 3x+4y=26 & \cdots\cdots② \end{cases}$

①式を2倍して　$2x+4y=20$ ……①′

$3x+4y=26$ ……②

$-\underline{)\ 2x+4y=20}$ ……①′

$x=6$

これを①式に代入して　$6+2y=10$

$2y=4$

$y=2$

補足 (1)，(2)ともに，代入法で解いてもよい。

Lesson 13 連立方程式の利用

おさらいテスト
(1)① $x=\dfrac{5}{4}$ ② $x=-2$ ③ $x=7$

④ $x=4$ (2)① $4x+30=1290$ ②315円

解説
(1)① $-3^1(2x-1)=6^2(x-2)$ 　両辺を3で割る

$-2x+1=2x-4$

$-4x=-5$

$x=\dfrac{5}{4}$

② $0.2(x+0.5)=0.05(2x-2)$ 　両辺を100倍する

$20(x+0.5)=5(2x-2)$ 　両辺を5で割る

$4(x+0.5)=2x-2$

$4x+2=2x-2$

$2x=-4$

$x=-2$

28

③ $\dfrac{3}{2}x - \dfrac{1}{6} = \dfrac{1}{3}x + 8$ 2，6，3の最小公倍数の6を掛ける

$9x - 1 = 2x + 48$

$7x = 49$

$x = 7$

④ $\dfrac{3}{5}x - \dfrac{1}{2} = 0.4x + 0.3$

$0.6x - 0.5 = 0.4x + 0.3$ ← すべて分数に直してもよい

$6x - 5 = 4x + 3$

$2x = 8$

$x = 4$

（1），（2）　ケーキ4個の値段が$4x$円，30円の保冷剤を入れて1290円なので

$4x + 30 = 1290$

$4x = 1260$

$x = 315$（円）

▼ Check 1

(1) $x = 1$，$y = 4$　(2) $x = 12$，$y = 5$

(3) $x = 4$，$y = 2$　(4) $x = \dfrac{17}{3}$，$y = -9$

解説

(1) $\begin{cases} 2x - \dfrac{y-1}{3} = 1 & \cdots\cdots① \\ x + y = 5 & \cdots\cdots② \end{cases}$

①式を3倍して　$6x - (y - 1) = 3$

$6x - y + 1 = 3$

$6x - y = 2$　$\cdots\cdots①'$

$\begin{array}{r} x + y = 5 \quad \cdots\cdots② \\ +)\ 6x - y = 2 \quad \cdots\cdots①' \\ \hline 7x \quad\quad = 7 \end{array}$

$x = 1$

$x = 1$を②式に代入して　$1 + y = 5$

$y = 4$

よって　$x = 1$，$y = 4$

(2) $\begin{cases} -x + 2y = -2 & \cdots\cdots① \\ 0.05x - 0.14y = -0.1 & \cdots\cdots② \end{cases}$

②式を100倍して　$5x - 14y = -10$　$\cdots\cdots②'$

①式を5倍して　$-5x + 10y = -10$　$\cdots\cdots①'$

$\begin{array}{r} -5x + 10y = -10 \quad \cdots\cdots①' \\ +)\ \ 5x - 14y = -10 \quad \cdots\cdots②' \\ \hline -4y = -20 \end{array}$

$y = 5$

$y = 5$を①式に代入して　$-x + 10 = -2$

$-x = -12$

$x = 12$

よって　$x = 12$，$y = 5$

(3) $\begin{cases} 3(x - 2) - 2y = y & \cdots\cdots① \\ x + y = 6 & \cdots\cdots② \end{cases}$

①式のカッコをはずして整理すると

$3x - 6 - 2y = y$

$3x - 3y = 6$　両辺を3で割る

$x - y = 2$　$\cdots\cdots①'$

$x + y = 6$　$\cdots\cdots②$

$\begin{array}{r} +)\ x - y = 2 \quad \cdots\cdots①' \\ \hline 2x \quad\quad = 8 \end{array}$

$x = 4$

$x = 4$を②式に代入して

$4 + y = 6$

$y = 2$

よって　$x = 4$，$y = 2$

(4) $\begin{cases} \dfrac{x-1}{2} + \dfrac{y-1}{3} = -1 & \cdots\cdots① \\ 0.1(0.3x - 0.2) + 0.03y = -0.12 & \cdots\cdots② \end{cases}$

①式を6倍して整理すると

$3(x - 1) + 2(y - 1) = -6$

$3x - 3 + 2y - 2 = -6$

$3x + 2y = -1$　$\cdots\cdots①'$

②式を100倍して整理すると

$10(0.3x - 0.2) + 3y = -12$

$3x - 2 + 3y = -12$

$3x + 3y = -10$　$\cdots\cdots②'$

$3x + 2y = -1$　$\cdots\cdots①'$

$\begin{array}{r} -)\ 3x + 3y = -10 \quad \cdots\cdots②' \\ \hline -y = 9 \end{array}$

$y = -9$

$y = -9$を①'式に代入して

$3x + 2 \times (-9) = -1$

$3x - 18 = -1$

$3x = 17$

$x = \dfrac{17}{3}$

よって　$x = \dfrac{17}{3}$，$y = -9$

Check 2

(1) $\begin{cases} 2x+5y=530 \\ 3x+2y=410 \end{cases}$

(2) A：$90\,g$　　B：$70\,g$

解説

(1)　Aが2個とBが5個で530 gなので

$\qquad 2x+5y=530$ ……①

Aが3個とBが2個で410 gなので

$\qquad 3x+2y=410$ ……②

(2)　$\begin{cases} 2x+5y=530 & ……① \\ 3x+2y=410 & ……② \end{cases}$

①×2－②×5より

$\qquad\quad 4x+10y=1060$

$\underline{-)\quad 15x+10y=2050}$

$\qquad\quad -11x\qquad\quad =-990$

$\qquad\qquad\qquad x=90$

$x=90$を②式に代入して

$\qquad 3\times90+2y=410$

$\qquad\qquad\quad 2y=140$

$\qquad\qquad\quad\ y=70$

$x=90$，$y=70$は問題に適している。

よって　Aは$90\,g$，Bは$70\,g$

Lesson 13 の力だめし

1　(1) $x=1,\ y=0$　(2) $x=-3,\ y=-2$

　　(3) $x=-1,\ y=-1$　(4) $x=-\dfrac{11}{3},\ y=3$

解説

(1)　$\begin{cases} 3x-y=3 & ……① \\ 2(x-y)-3(x-y)=-1 & ……② \end{cases}$

②式を整理すると

$\qquad (2-3)(x-y)=-1$ ← 分配法則の逆 $2a-3a=(2-3)a$

$\qquad\qquad\qquad x-y=1$ ……②′

②′－①より

$\qquad\quad x-y=1$ ……②′

$\underline{-)\quad 3x-y=3}$ ……①

$\qquad -2x\quad\ =-2$

$\qquad\qquad\ x=1$

$x=1$を②′式に代入して

$\qquad 1-y=1$

$\qquad\quad -y=0$

$\qquad\qquad y=0$

よって　$x=1$，$y=0$

(2)　$\begin{cases} \dfrac{2}{3}x-\dfrac{3}{2}y=1 & ……① \\ \dfrac{1}{3}x=\dfrac{y-2}{4} & ……② \end{cases}$

①式を6倍して

$\qquad 4x-9y=6$ ……①′

②式を12倍して整理すると

$\qquad 4x=3(y-2)$

$\qquad 4x-3y=-6$ ……②′

②′－①′より

$\qquad\quad 4x-3y=-6$ ……②′

$\underline{-)\quad 4x-9y=\ \ 6}$ ……①′

$\qquad\qquad\ 6y=-12$

$\qquad\qquad\ \ y=-2$

$y=-2$を②′式に代入して

$\qquad 4x-3\times(-2)=-6$

$\qquad\qquad\qquad 4x=-12$

$\qquad\qquad\qquad\ x=-3$

よって　$x=-3$，$y=-2$

(3)　$\begin{cases} 0.1y=0.3x+0.2 & ……① \\ 0.05x-0.04y=-0.01 & ……② \end{cases}$

①式を10倍して　$y=3x+2$ ……①′

②式を100倍して　$5x-4y=-1$ ……②′

①′式を②′式に代入して

$\qquad 5x-4(3x+2)=-1$

$\qquad 5x-12x-8=-1$

$\qquad\qquad\quad -7x=7$

$\qquad\qquad\qquad x=-1$

$x=-1$を①′式に代入して

$\qquad y=3\times(-1)+2$

$\qquad y=-1$

よって　$x=-1$，$y=-1$

(4)　$\begin{cases} -0.3x-0.2y=0.5 & ……① \\ \dfrac{3x+2y}{10}+\dfrac{y}{3}=\dfrac{1}{2} & ……② \end{cases}$

①式を－10倍して　$3x+2y=-5$ ……①′

②式を30倍して整理すると

$\qquad 3(3x+2y)+10y=15$

$\qquad 9x+6y+10y=15$

$\qquad 9x+16y=15$ ……②′

①′×3−②′より

$$9x+\ 6y=-15 \quad \cdots\cdots①′×3$$
$$-\underline{)\ 9x+16y=\ \ \ 15 \quad \cdots\cdots②′}$$
$$-10y=-30$$
$$y=3$$

$y=3$を①′式に代入して

$$3x+2\times3=-5$$
$$3x=-11$$
$$x=-\frac{11}{3}$$

よって $x=-\dfrac{11}{3},\ y=3$

---

2 (1) $\begin{cases} x-2(x-y)=5 & \cdots\cdots① \\ 2x-y=2 & \cdots\cdots② \end{cases}$

①式のカッコをはずして整理すると

$$x-2x+2y=5$$
$$-x+2y=5 \quad \cdots\cdots①′$$

①′×2+②より

$$-2x+4y=10 \quad \cdots\cdots①′×2$$
$$+\underline{)\ \ 2x-\ \ y=\ \ 2 \quad \cdots\cdots②}$$
$$3y=12$$
$$y=4$$

$y=4$を②式に代入して

$$2x-4=2$$
$$2x=6$$
$$x=3$$

よって $x=3,\ y=4$

(2) $\begin{cases} -x+2y=5 & \cdots\cdots①′ \\ 2x-y=2 & \cdots\cdots② \end{cases}$

②式を整理して

$$-y=-2x+2$$
$$y=2x-2 \quad \cdots\cdots②′$$

②′式を①′式に代入して

$$-x+2(2x-2)=5$$
$$-x+4x-4=5$$
$$3x=9$$
$$x=3$$

$x=3$を②′式に代入して

$$y=2\times3-2$$
$$y=4$$

よって $x=3,\ y=4$

解説

加減法でも代入法でも同じ答えになります。どちらも使えるようにしましょう。

> **3** 地点A〜P：4 km
> 地点P〜B：6 km

解説

	道のり	速さ	時間
A〜P	x	4	$\dfrac{x}{4}$
P〜B	y	3	$\dfrac{y}{3}$
合計	10		3

地点A〜Pの道のりをx km
地点P〜Bの道のりをy kmとすると

$$\begin{cases} x+y=10 & \cdots\cdots① \\ \dfrac{x}{4}+\dfrac{y}{3}=3 & \cdots\cdots② \end{cases}$$

②式を12倍して $3x+4y=36$ $\cdots\cdots②′$
①式を3倍して $3x+3y=30$ $\cdots\cdots①′$

②′−①′より

$$3x+4y=36 \quad \cdots\cdots②′$$
$$-\underline{)\ 3x+3y=30 \quad \cdots\cdots①′}$$
$$y=6$$

$y=6$を①式に代入して $x+6=10$
$$x=4$$

$x=4,\ y=6$は問題に適している。

よって，地点A〜Pの道のりは4 km，地点P〜Bの道のりは6 km

> **4** ⑦ 12 　⑦ 600 　⑦ 42
> ⑦ 150 　⑦ 450

解説

10%の食塩水をx g，6%の食塩水をy gとおく。

$$\begin{cases} x+y=600 & \cdots\cdots①\ \ \leftarrow\ 食塩水全体の重さ \\ \dfrac{10}{100}x+\dfrac{6}{100}y=42 & \cdots\cdots②\ \ \leftarrow\ 食塩の重さ \end{cases}$$

②式を50倍して $5x+3y=2100$ $\cdots\cdots②′$
①式を3倍して $3x+3y=1800$ $\cdots\cdots①′$

②′−①′より

$$
\begin{array}{r}
5x+3y=2100 \quad \cdots\cdots② '\\
-\underline{\big)\ 3x+3y=1800 \quad \cdots\cdots① '}\\
2x\qquad\quad=300\\
x=150
\end{array}
$$

$x=150$を①式に代入して　$150+y=600$
$$y=450$$

$x=150$，$y=450$は問題に適している。

よって，10%の食塩水150 g，6%の食塩水450 g

Lesson 14 1次関数

(1) ［ア］関数　［イ］変域　［ウ］ax
［エ］$\dfrac{a}{x}$

(2) ① ［ア］12　［イ］-3　［ウ］-6
［エ］-12　　$y=-3x$
② ［オ］3　［カ］-12　［キ］-6
［ク］-3　　$y=-\dfrac{12}{x}$

(3) ① $y=-9x$　　$x=\dfrac{4}{3}$
② $y=-\dfrac{4}{x}$　　$x=\dfrac{1}{3}$

(4) ① $4\leqq y\leqq8$　② $-8\leqq y\leqq-4$
③ $2\leqq y\leqq4$　④ $-4\leqq y\leqq-2$

解説

(2) ① yがxに比例するとき，$y=ax$と表される。

式を変形すると$\dfrac{y}{x}=a$となるため，$\dfrac{y}{x}$は一定となる。

$\dfrac{y}{x}=\dfrac{6}{-2}=-3$より，各$x$の値に対して
$$\dfrac{y}{-4}=-3,\ \dfrac{y}{1}=-3,\ \dfrac{y}{2}=-3,\ \dfrac{y}{4}=-3$$

よって　$y=12$，$y=-3$，$y=-6$，$y=-12$
また，比例定数$a=-3$より　$y=-3x$

② yがxに反比例するとき，$y=\dfrac{a}{x}$と表される。

式を変形すると$xy=a$となるため，xyは一定となる。

$xy=-2\times6=-12$より，各xの値に対して
　$-4y=-12$，$1y=-12$，$2y=-12$，
　$4y=-12$

よって　$y=3$，$y=-12$，$y=-6$，$y=-3$
また，比例定数$a=-12$より　$y=-\dfrac{12}{x}$

(3) ① yがxに比例するとき，$y=ax$と表されるので，$y=ax$に$x=-\dfrac{2}{3}$，$y=6$を代入して

$6=a\times\left(-\dfrac{2}{3}\right)$より　$a={}^3\!6\times\left(-\dfrac{3}{\underset{1}{2}}\right)=-9$

よって　$y=-9x$

$y=-9x$に$y=-12$を代入して

$-12=-9x$より　$x=\dfrac{-12}{-9}=\dfrac{4}{3}$

② yがxに反比例するとき，$y=\dfrac{a}{x}$と表されるので，$y=\dfrac{a}{x}$に$x=-\dfrac{2}{3}$，$y=6$を代入して

$6=a\div\left(-\dfrac{2}{3}\right)$より　$a={}^2\!6\times\left(-\dfrac{2}{\underset{1}{3}}\right)=-4$

よって　$y=-\dfrac{4}{x}$

$y=-\dfrac{4}{x}$に$y=-12$を代入して

$-12=-\dfrac{4}{x}$より　$-12x=-4$　$x=\dfrac{1}{3}$

(4) $x=1$，$x=2$を①～④の式に代入して求める。その際，②と③はxとyの大小関係が逆転する。

①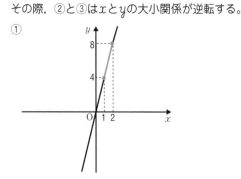

②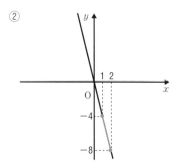

③
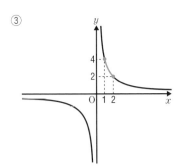

④
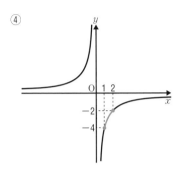

💎 Check 1

(1) 1次関数である　(2) 1次関数ではない

(3) 1次関数である

【解説】

(1) （道のり）＝（速さ）×（時間）より

$y = 40 \times x$　　よって　$y = 40x$

$y = ax$ の形なので，y は x に比例し，1次関数である。

(2) 立方体の表面積は正方形の面積が6個より

$y = x^2 \times 6$　　よって　$y = 6x^2$

$y = ax^2$ の形なので，y は x の1次関数ではない（y は x^2 に比例し，2次関数という）。

(3) 水そうに b L の水が残っていたとすると，そこに毎分1.5 L ずつ x 分間水を入れたので，水そうの水の量は

$y = b + 1.5 \times x$　　よって　$y = 1.5x + b$

$y = ax + b$ の形なので，y は x の1次関数である。

💎 Check 2

(1) 変化の割合：5　y の増加量：20

(2) 変化の割合：－4　y の増加量：－16

(3) 変化の割合：$-\dfrac{3}{2}$　y の増加量：－6

【解説】

$y = ax + b$ の a を変化の割合という。

また，（変化の割合）＝$\dfrac{（yの増加量）}{（xの増加量）}$ より

　（yの増加量）＝（変化の割合）×（xの増加量）

と表される。

また，x が2から6まで増加するので，x の増加量は4である。

(1) 変化の割合は5

（yの増加量）＝5×4＝20

(2) 変化の割合は－4

（yの増加量）＝－4×4＝－16

(3) 変化の割合は$-\dfrac{3}{2}$

（yの増加量）＝$-\dfrac{3}{2}$×4＝－6

💎 Check 3

① $y = -2x + 2$　② $y = \dfrac{2}{3}x - 2$

【解説】

① y 軸との交点から，切片は　$b = 2$

右へ1つ進むとき，下に2つ進むので

傾きは　$a = \dfrac{-2}{1} = -2$

よって　$y = -2x + 2$

② y 軸との交点から，切片は　$b = -2$

右へ3つ進むとき，上に2つ進むので

傾きは　$a = \dfrac{2}{3}$

よって　$y = \dfrac{2}{3}x - 2$

💎 Check 4

(1) $y = -2x - 1$　(2) $y = x + 3$

(3) $y = 5x + 2$

【解説】

(1) $y = -2x + 3$ に平行なので，傾きは－2

点(0，－1)を通るので，切片は－1

よって　$y = -2x - 1$

(2) $y=-2x+3$ と y 軸上で交わるので，切片は3

点$(-4，-1)$ を通るので，直線の式 $y=ax+3$ に $x=-4$，$y=-1$ を代入すると

$\quad -1=-4a+3 \quad 4a=4 \quad a=1$

よって，求める直線の式は $y=x+3$

(3) 傾きは $a=\dfrac{22-(-13)}{4-(-3)}=\dfrac{35}{7}=5$

直線の式 $y=5x+b$ に $x=4$，$y=22$ を代入して

$22=5\times4+b$ より $b=2$

よって，求める直線の式は $y=5x+2$

（別解）$y=ax+b$ に $x=-3$，$y=-13$ と $x=4$，$y=22$ を代入すると

$\begin{cases} -3a+b=-13 & \cdots\cdots① \\ 4a+b=22 & \cdots\cdots② \end{cases}$

①-②より

$\quad -7a=-35 \quad a=5$

$a=5$ を②式に代入して

$\quad 4\times5+b=22$

$\quad\quad\quad\quad b=2$

よって $y=5x+2$

♥ Lesson 14 の力だめし

> **1** ウ，エ，オ

解説

ア $y=\dfrac{10}{x}$ 反比例

イ $y=x^2$ 2次関数

ウ $y=-3x+50$ 1次関数

エ $y=\dfrac{5}{8}x$ 比例(1次関数)

オ $y=-x+10$ 1次関数

> **2** (1) 変化の割合：$-\dfrac{4}{3}$
>
> y の増加量：$-\dfrac{16}{3}$
>
> (2) 変化の割合：$-\dfrac{1}{8}$ y の増加量：$-\dfrac{1}{2}$

解説

(1) 1次関数では，変化の割合は傾き a と等しい。

よって，変化の割合は $-\dfrac{4}{3}$

$\quad$ (変化の割合)$=\dfrac{(yの増加量)}{(xの増加量)}$ より

$\quad$ (y の増加量)$=$(変化の割合)$\times$(x の増加量)

x の増加量は，$-2-(-6)=4$ だから

$\quad$ (y の増加量)$=-\dfrac{4}{3}\times4=-\dfrac{16}{3}$

(2) 変化の割合は $a=-\dfrac{1}{8}$

x の増加量は4だから

$\quad$ (y の増加量)$=-\dfrac{1}{8}\times4=-\dfrac{1}{2}$

> **3** ① $y=-\dfrac{2}{3}x+2$ ② $y=2x-1$

解説

① y 軸との交点から，切片は $b=2$

右へ3つ進むとき，下へ2つ進むので

$\quad$ 傾きは $a=\dfrac{-2}{3}=-\dfrac{2}{3}$

よって $y=-\dfrac{2}{3}x+2$

② y 軸との交点から，切片は $b=-1$

右へ1つ進むとき，上へ2つ進むので

$\quad$ 傾きは $a=\dfrac{2}{1}=2$

よって $y=2x-1$

> **4** (1) $y=-3x+7$ (2) $y=3x+1$

解説

(1) $y=-3x+1$ に平行なので $a=-3$

点A$(4，-5)$ を通るので，直線の式 $y=-3x+b$ に $x=4$，$y=-5$ を代入して

$-5=-3\times4+b$ より $b=7$

よって $y=-3x+7$

(2) $y=-3x+1$ と y 軸上で交わるので，切片は1

点B(3, 10)を通るので，直線の式$y=ax+1$に $x=3$, $y=10$を代入して
$10=a×3+1$より $a=3$
よって $y=3x+1$

5 (1) $y=2x-5$ (2) $c=8$

解説

(1) 傾きは $a=\dfrac{5-(-1)}{5-2}$ ← $\dfrac{Bのy座標-Aのy座標}{Bのx座標-Aのx座標}$

$=\dfrac{6}{3}=2$

直線の式$y=2x+b$に$x=5$, $y=5$を代入して
$5=2×5+b$より $b=-5$ ← $x=2$, $y=-1$ でもよい
よって $y=2x-5$
(2) $y=2x-5$に$x=c$, $y=11$を代入して
$11=2c-5$
$16=2c$
$c=8$

Lesson 15 1次関数の利用

▼ おさらいテスト
(1) ①0.4 cm ②$y=0.4x$ ③20 cm
④30 g
(2) ①$y=6x$ ②（ア）0 （イ）6
（ウ）12 （エ）18 （オ）24
③$0≦x≦4$, $0≦y≦24$
(3) ①20 ②点S(7, 14)

解説

(1) ① 5 gのおもりをつけると，ばねの伸びは 2 cmなので
$2÷5=0.4$（cm）
② 1 gで0.4 cm伸びるので，$y=0.4×x$より
$y=0.4x$
③ $y=0.4x$に$x=50$を代入して
$y=0.4×50=20$（cm）

④ $y=0.4x$に$y=12$を代入して
$12=0.4x$より $x=30$（g）
(2) ① x秒後の線分BPの長さは
$2×x=2x$（cm）なので，△ABPの面積は
$y=6×2x×\dfrac{1}{2}$より $y=6x$
② $y=6x$に$x=0$, 1, 2, 3, 4を順に代入して
$y=6×0=0$, $y=6×1=6$, $y=6×2=12$,
$y=6×3=18$, $y=6×4=24$
③ 点Pは，点Bから点Cまで$8÷2=4$（秒）かかるので，xの変域は $0≦x≦4$
このとき，②の表より $0≦y≦24$
(3) ① $y=2x$に$x=4$を代入して
$y=2×4$より 点S(4, 8)
よって，△OSTの面積は $5×8×\dfrac{1}{2}=20$

②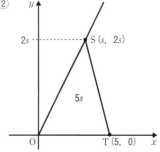

点Sのx座標をsとすると，$y=2x$に$x=s$を代入して，$y=2×s$より 点S(s, $2s$)
よって，△OSTの面積は
$5×2s×\dfrac{1}{2}=5s$
ここで，△OSTの面積は35より
$5s=35$
$s=7$
したがって 点S(7, 14)

▼ Check 1
$x=1$, $y=3$

解説

$\begin{cases} -x+y=2 & ……① \\ 3x+y=6 & ……② \end{cases}$

①式を変形すると$y=x+2$となり，傾き1，切片2の直線とわかるので，①式は直線ℓの式となる。

②式を変形すると$y=-3x+6$となり，傾き-3，切片6の直線とわかるので，②式は直線mの式となる。

グラフより，直線ℓと直線mの交点は$(1，3)$

よって，①式と②式の連立方程式の解は

$$x=1，y=3$$

▼ Check 2

$$\left(-\frac{13}{9}，-\frac{17}{9}\right)$$

解説

直線ℓは，傾きが2，切片が1より　$y=2x+1$

直線mは2点$(-1，-2)$，$(3，-3)$を通るので

傾きは　$a=\dfrac{-3-(-2)}{3-(-1)}=\dfrac{-1}{4}=-\dfrac{1}{4}$

よって，$y=-\dfrac{1}{4}x+b$とおけるので，この式に

$x=-1$，$y=-2$を代入して

$$-2=-\frac{1}{4}\times(-1)+b$$

$$b=-\frac{9}{4}$$

よって，直線mは　$y=-\dfrac{1}{4}x-\dfrac{9}{4}$

$$\begin{cases} y=2x+1 & \cdots\cdots① \\ y=-\dfrac{1}{4}x-\dfrac{9}{4} & \cdots\cdots② \end{cases}$$

①式を②式に代入して

$$2x+1=-\frac{1}{4}x-\frac{9}{4}$$

$$8x+4=-x-9$$

$$9x=-13$$

よって　$x=-\dfrac{13}{9}$

これを①式に代入して

$$y=2\times\left(-\frac{13}{9}\right)+1=-\frac{17}{9}$$

①，②の連立方程式の解は

$$x=-\frac{13}{9}，y=-\frac{17}{9}$$

よって，2直線ℓとmの交点は　$\left(-\dfrac{13}{9}，-\dfrac{17}{9}\right)$

▼ Check 3

(1) 5 cm　(2) 0.4 cm

(3) $y=\dfrac{2}{5}x+5$　（または$y=0.4x+5$）

(4) 25 cm　(5) 30 g

解説

(1)　$x=0$のときのyの値は　$y=5$

よって　5 cm

(2)　おもりを5 g増やすと，ばねの伸びは2 cm増えるので

$$2\div5=0.4\,(\text{cm})$$

(3)　表より$x=5$，$y=7$と$x=10$，$y=9$に注目して，傾きは　$a=\dfrac{9-7}{10-5}=\dfrac{2}{5}$

よって，$y=\dfrac{2}{5}x+b$とおけるので，この式に

$x=5$，$y=7$を代入して

$$7=\frac{2}{5}\times5+b$$

$$b=5$$

よって　$y=\dfrac{2}{5}x+5$

（別解）(1)より，切片は　$b=5$

(2)より，傾きは　$a=0.4$

よって　$y=0.4x+5$

(4)　$y=\dfrac{2}{5}x+5$に$x=50$を代入して

$y=\dfrac{2}{5}\times50+5$より　$y=25\,(\text{cm})$

(5)　$y=\dfrac{2}{5}x+5$に$y=17$を代入して

$$17=\frac{2}{5}x+5$$

$$\frac{2}{5}x=12$$

両辺に$\dfrac{5}{2}$を掛けて　$x=30\,(\text{g})$

▼ Lesson 15 の力だめし

1　(1) $y=2x-2$　(2) $y=-\dfrac{2}{3}x+2$

(3) $\left(\dfrac{3}{2}，1\right)$

解説

(1) 2点(0, −2), (1, 0)を通るので

　傾き$a=2$, 切片$b=-2$

よって　$y=2x-2$

(2) 2点(0, 2), (3, 0)を通るので

　傾き$a=-\dfrac{2}{3}$, 切片$b-2$

よって　$y=-\dfrac{2}{3}x+2$

(3) $\begin{cases} y=2x-2 & \cdots\cdots① \\ y=-\dfrac{2}{3}x+2 & \cdots\cdots② \end{cases}$

①式を②式に代入して

$$2x-2=-\dfrac{2}{3}x+2$$

$$\dfrac{8}{3}x=4$$　両辺に$\dfrac{3}{8}$を掛ける

$$x=\dfrac{3}{2}$$

これを①式に代入して

$$y=2\times\dfrac{3}{2}-2=1$$

よって，①式と②式の交点の座標は　$\left(\dfrac{3}{2},\ 1\right)$

2

(1)

x	0	1	2	3	4	5	6
y	0	8	16	24	32	32	32

	7	8	9	10	11	12
	32	32	24	16	8	0

(2)

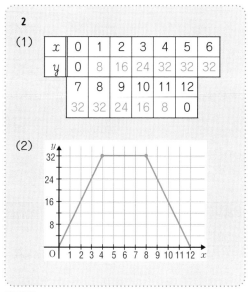

解説

(1) 点Pが辺BC上を進むとき($0\leqq x\leqq4$)

線分$BP=2\times x=2x$(cm)より，△ABPの面積は

$$y=8\times2x\times\dfrac{1}{2}$$

よって，$y=8x$で切片$b=0$より，$x=0$のとき $y=0$

傾き$a=8$より，xの値が1増えると，yの値が8増える。

x	0	1	2	3	4
y	0	8	16	24	32

8ずつ増える

点Pが辺CD上を進むとき($4\leqq x\leqq8$)

このとき，高さはBC＝8(cm)で一定なので

　△ABPの面積は　$y=8\times8\times\dfrac{1}{2}$

よって　$y=32$

x	4	5	6	7	8
y	32	32	32	32	32

点Pが辺DA上を進むとき($8\leqq x\leqq12$)

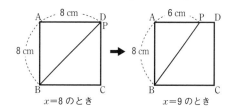

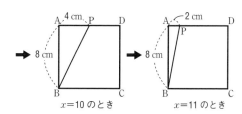

上の図より

$x=8$のとき　$y=8\times8\times\dfrac{1}{2}=32$(cm²)

$x=9$のとき　$y=8\times6\times\dfrac{1}{2}=24$(cm²)

$x=10$のとき　$y=8\times4\times\dfrac{1}{2}=16$(cm²)

$x=11$のとき　$y=8\times2\times\dfrac{1}{2}=8$(cm²)

x	8	9	10	11	12
y	32	24	16	8	0

8ずつ減る

---

3 (1)①24 cm² ②$y=8x-24$
③$y=-x+6$ (2)$6s$ cm² (3)(8, 16)

(1) ① $y=2x$に$x=4$を代入して

　　$y=2×4=8$

よって　点S(4, 8)

△OSTの面積は　$6×8×\dfrac{1}{2}=24$（cm²）

② 点Sを通る直線が線分OTの中点を通るとき，△OSTの面積は2等分される。点S(4, 8)と線分OTの中点(3, 0)を通る直線の傾きは

　　$a=\dfrac{8-0}{4-3}=8$

$y=8x+b$に$x=3$，$y=0$を代入して

　　$0=8×3+b$

　　$b=-24$

よって　$y=8x-24$

③ 点Tを通る直線が線分OSの中点を通るとき，△OSTの面積は2等分される。

原点O(0, 0)と点S(4, 8)の中点は，x座標，y座標の平均をとると求められるので

$\left(\dfrac{0+4}{2},\ \dfrac{0+8}{2}\right)$より　(2, 4)

点T(6, 0)と線分OSの中点(2, 4)を通る直線の

傾きは　$a=\dfrac{0-4}{6-2}=-1$

$y=-x+b$に$x=6$，$y=0$を代入して

　　$0=-6+b$

　　$b=6$

よって　$y=-x+6$

(2) $y=2x$に$x=s$を代入して

　　$y=2×s=2s$

よって，点S(s, $2s$)と表される。

△OSTの面積は　$6×2s×\dfrac{1}{2}=6s$（cm²）

(3) $6s=48$より　$s=8$

よって　S(8, 16)

▼ おさらいテスト

(1) ①

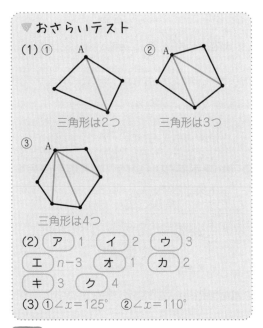

三角形は2つ　　　三角形は3つ

③

三角形は4つ

(2) ［ ア ］ 1　［ イ ］ 2　［ ウ ］ 3
［ エ ］ $n-3$　［ オ ］ 1　［ カ ］ 2
［ キ ］ 3　［ ク ］ 4

(3) ① $\angle x=125°$　② $\angle x=110°$

解説

(2) (1)から

　（対角線の本数）＋1＝（含まれる三角形の数）

とわかるので，［ エ ］は$n-3$

(3) ①

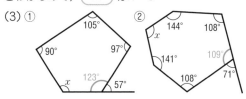

① 五角形は三角形3つに分けられるので，五角形のすべての角を足すと　$180°×3=540°$

上の図より

　$\angle x=540°-(90°+105°+97°+123°)=125°$

② 六角形は三角形4つに分けられるので，六角形のすべての角を足すと　$180°×4=720°$

上の図より

　$\angle x=720°-(144°+108°+109°+108°+141°)$

　　　$=110°$

▼ Check 1

(1) $\angle x=107°$，$\angle y=38°$

(2) $\angle x=122°$

(1)
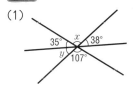

対頂角は等しいので ∠x＝107°

∠y＝38°

(2)
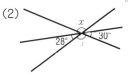

対頂角は等しいので，上の図より

28°＋∠x＋30°＝180°

∠x＝180°－(28°＋30°)＝122°

Check 2

(1) ∠x＝123°，∠y＝72°

(2) ∠x＝53°，∠y＝51°

解説

(1)
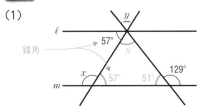

上の図より ∠x＝180°－57°＝123°

∠y＝180°－(57°＋51°)＝72°

(2)
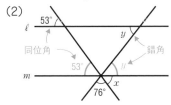

上の図より ∠x＝53°（対頂角）

∠y＝180°－(∠x＋76°)

＝180°－(53°＋76°)

＝180°－129°＝51°

Check 3

(1)内角：135° 外角：45° (2)十一角形

解説

(1) 内角：正八角形の内角の総和は

180°×(8－2)＝1080°

よって，1つの内角の大きさは

1080°÷8＝135°

外角：360°÷8＝45°

(2) 180°×(n 2)＝1620°

$n-2＝\dfrac{1620}{180}$

$n-2＝9$

$n＝11$

よって，十一角形

Lesson 16 の力だめし

1 (1) ∠e (2) ∠d (3) ∠h (4) ∠h

(5) ∠c (6) ∠h (7) ∠a，∠c，∠e

(8) ∠b，∠d，∠f

解説

(6) 対頂角はつねに等しいので ∠f＝∠h

(7) 対頂角より ∠g＝∠e

また，平行線の錯角と同位角はそれぞれ等しいので

∠e＝∠c，∠e＝∠a

(8) 対頂角より ∠h＝∠f

また，平行線の錯角と同位角はそれぞれ等しいので

∠h＝∠b，∠h＝∠d

2 (1) ∠x＝50°，∠y＝125°

(2) ∠x＝60°，∠y＝50°

(3) ∠x＝80°，∠y＝50°

解説

(1)
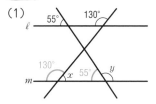

上の図より ∠x＝180°－130°＝50°

∠y＝180°－55°＝125°

(2)
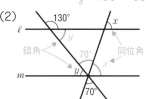

前ページの図より

$$\angle y = 180° - 130° = 50°$$
$$\angle x = 180° - (70° + \angle y)$$
$$= 180° - (70° + 50°)$$
$$= 180° - 120°$$
$$= 60°$$

(3)

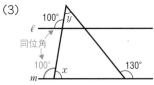

上の図より　$\angle x = 180° - 100° = 80°$

三角形の内角と外角の関係から

$$\angle x + \angle y = 130°$$
$$\angle y = 130° - 80°$$
$$\angle y = 50°$$

3　(1) 5本　(2) 1080°　(3) 360°

解説

(2)　$180° × (8-2) = 1080°$

(3)　すべての多角形の外角の和は 360°

4　(1) 十角形　(2) 150°　(3) 1260°

解説

(1)　$\underset{\text{内角の和}}{\underline{180° × (n-2)}} = \underset{\text{外角の和}}{\underline{360°}} × 4$

$$n - 2 = 8$$
$$n = 8 + 2 = 10$$

よって，十角形

(2)　$180° × (n-2) = 1800°$
$$n - 2 = 10$$
$$n = 12$$

よって，正十二角形

1つの内角の大きさは　$1800° ÷ 12 = 150°$

(3)　外角の和360°を1つの外角の大きさ40°で

割ると　$360° ÷ 40° = 9$

よって，この正多角形は正九角形である。

正九角形の内角の和は

$$180° × (9-2) = 180° × 7 = 1260°$$

▼ おさらいテスト

(1) ［ア］ 錯角　［イ］ e　［ウ］ 同位角
　　［エ］ d　［オ］ 180

(2) ① $\angle x = 78°$，$\angle y = 101°$
　　② $\angle x = 50°$，$\angle y = 67°$

解説

(1)　$\angle a = \angle e$，$\angle b = \angle d$

$\angle c + \angle e + \angle d = 180°$ なので

$$\angle a + \angle b + \angle c = 180°$$

(2) ①

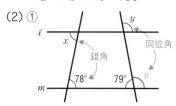

上の図より　$\angle x = 78°$
$$\angle y = 180° - 79° = 101°$$

②

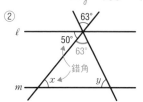

上の図より　$\angle x = 50°$
$$\angle y = 180° - (\angle x + 63°)$$
$$= 180° - 113° = 67°$$

▼ Check 1

(1) 8 cm　(2) 46°　(3) 60°

解説

(1)　$\triangle CBA \equiv \triangle DEF$ より　$DE = CB = 8$ (cm)

(2)　$\triangle \underset{②①③}{CBA} \equiv \triangle \underset{②①③}{DEF}$ より
　　$\angle EDF = \angle BCA = 46°$

(3)　$\triangle \underset{①②③}{CBA} \equiv \triangle \underset{①②③}{DEF}$ より
　　$\angle DEF = \angle CBA$
$$= 180° - (74° + 46°) = 60°$$

補足　図に頼らず，文字の並びで対応する辺や角を
確認するとよい。

▼ Check 2

△ABC≡△STU　2組の辺とその間の角が
それぞれ等しい

△DEF≡△NMO　1組の辺とその両端の角
がそれぞれ等しい

△GHI≡△WXV　3組の辺がそれぞれ等しい

△JKL≡△PRQ　1組の辺とその両端の角が
それぞれ等しい

解説
対応する点が合っていれば，順番は上のとおりで
なくてよい。例えば△BAC≡△TSUも正解である。

▼ Check 3

（ア）DA=DC　（イ）∠ABD=∠CBD
（ウ）△CBD　（エ）BD　（オ）BD
（カ）3組の辺　（キ）△CBD
（ク）対応する角

解説
（ウ）と（キ）は△CBDのみ正解。順番が違
うと，合同の証明として間違いなので×。

▼ Lesson 17 の力だめし

1　(1) 5 cm　(2) 2 cm　(3) 90°
(4) 75°

解説
(4)　∠BCD=∠FGH
　　　　=360°−(125°+70°+90°)=75°

2　△ABC≡△RQP　3組の辺がそれぞれ
等しい

△DEF≡△LKJ　1組の辺とその両端の角が
それぞれ等しい

△GHI≡△NMO　2組の辺とその間の角がそ
れぞれ等しい

解説
△GHIと△NMOは二等辺三角形なので，頂角の
点Hと点Mが対応していれば，底角の順番は逆に
なってもよい。

3　（ア）CO=DO（またはOC=OD）
（イ）AC∥BD　（ウ）△BDO
（エ）対頂角　（オ）∠BOD
（カ）2組の辺とその間の角
（キ）△BDO　（ク）対応する角
（ケ）∠OBD　（コ）錯角

解説
同位角が等しいことや，錯角が等しいことを導け
れば，2直線が平行であることを証明したことに
なる。

4　(1) [仮定] BA=BC，∠BAE=∠BCD
　　　　[結論] AE=CD

(2) [証明] △BAEと△BCD において
仮定より　BA=BC　……①
　　　　　　∠BAE=∠BCD　……②
共通な角なので
　　　　　　∠ABE=∠CBD　……③
①，②，③より1組の辺とその両端の角がそ
れぞれ等しいから
　　　　　　△BAE≡△BCD
合同な図形の対応する辺は等しいので
　　　　　　AE=CD

Lesson 18　三角形・四角形

▼ おさらいテスト

(1) ① 21 cm² ② 42 cm² ③ 面積も2倍，3
倍，……と高さに比例して変化する

(2)

	正方形	長方形	ひし形	平行四辺形	台形
対角線が直角に交わる	○	×	○	×	×
対角線の長さが等しい	○	○	×	×	×
4つの角がすべて直角	○	○	×	×	×
向かい合った2組の辺が平行	○	○	○	○	×
4つの辺の長さがすべて等しい	○	×	○	×	×

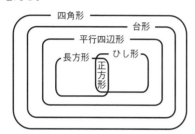

解説

(1) （底辺）×（高さ）×$\frac{1}{2}$＝（三角形の面積）

高さだけ2倍，3倍，……とすると，面積も2倍，3倍，……となる

(2) それぞれの図形を自分でかいてみて，特徴をつかむとよい。

下の図のように，正方形，長方形，ひし形は平行四辺形の特別な場合なので，平行四辺形で○となるものは，正方形，長方形，ひし形ですべて○となる。つまり，下の図では，中心にいくほど○の数が増える。

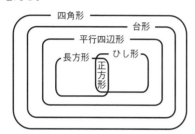

▼ Check 1

(1) $\angle x = 15°$　(2) $\angle y = 10°$

解説

(1) $\angle B = 60°$ より

$\angle DCB = 180° - (75° + 60°) = 45°$

よって　$\angle x = 60° - 45° = 15°$

（別解）　△ACDに注目すると

$\angle BDC = \angle A + \angle ACD$ ← 1つの外角は，それと隣り合わない2つの内角の和に等しい

$75° = 60° + \angle x$

よって　$\angle x = 15°$

(2)

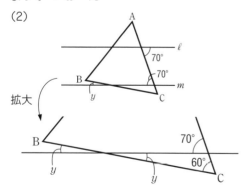

三角形の1つの外角は，それと隣り合わない2つの内角の和に等しいので

$70° = \angle y + 60°$

$\angle y = 10°$

▼ Check 2

(1) ○　(2) ×　(3) ×　(4) ○

解説

(1) 平行四辺形になるための条件❶（本冊p.130の「ポイント」参照）

(2)，(3) ともに右の図の場合も考えられる。

(4) 平行四辺形になるための条件❷

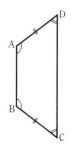

▼ Check 3

$\angle x = 30°$

解説

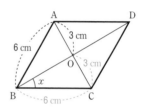

ひし形は4つの辺がすべて等しいので

BC＝6（cm）

また，ひし形は平行四辺形の特別な場合であるので，対角線はおのおのの中点で交わる。

よって　AC＝6（cm）

したがって，△ABCは正三角形となる。

△ABOと△CBOは3組の辺がそれぞれ等しいので合同である。

よって　$\angle x = 60° \div 2 = 30°$

▼ Check 4

(1) 30 cm²　(2) 30 cm²

解説

(1) 平行四辺形は，対角線がおのおのの中点で交わる。

△OAB，△OCBで，それぞれ底辺をOA，OCと考えると，OA＝OCなので底辺の長さが等しい。

また，高さは明らかに等しいので

$\triangle OAB = \triangle OCB$　……①

△OABと△OADで，それぞれ底辺をOB，OD

と考えると，OB＝ODなので底辺の長さが等しい。
また，高さは明らかに等しいので
$$△OAB＝△OAD \quad ……②$$
△OADと△OCDで，それぞれ底辺をOA，OC
と考えると，OA＝OCなので底辺の長さが等しい。
また，高さは明らかに等しいので
$$△OAD＝△OCD \quad ……③$$
①，②，③より
$$△OAB＝△OCB＝△OAD＝△OCD$$
となるので，△OAB＝15 cm² であれば
$$△ABC＝15×2＝30（cm²）$$

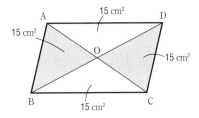

（2）　AE∥BCより，△ABCと△BCEは底辺が同
じBCで，高さも等しいので面積は等しくなる。

♥ Lesson 18 の力だめし

1　ア　ACD　イ　CAD　ウ　ADC
　エ　AD　オ　1組の辺とその両端の角

解説

△ABD≡△ACDより
$$BD＝CD$$
$$∠BDA＝∠CDA＝90°$$
なので，二等辺三角形の頂角の二等分線は底辺の
垂直二等分線にもなる。

2　（1）∠x＝120°，∠y＝60°
（2）∠x＝75°
（3）∠x＝155°，∠y＝50°

解説

（2）　△EDCにおいて
$$∠x＝180°－(∠C＋∠DEC)$$
$$＝180°－(75°＋30°)＝75°$$
（3）　平行線の錯角は等しいので
$$∠DEA＝25°$$
よって　∠x＝180°－25°＝155°

△DAEは二等辺三角形なので
$$∠DAE＝∠DEA＝25°$$
平行四辺形の対角は等しいので
$$∠y＝∠DAB＝50°$$

3　①平行四辺形　②長方形　③正方形

解説

本冊p.131を復習し，これらの四角形の特徴を理
解しておくこと。

4　（1）①△DBC　②△ACD　③△OCD
（2）△ABC：$\dfrac{2}{3}S$　△ABD：$\dfrac{1}{3}S$

解説

（1）　AD∥BCより，底辺BCが同じなので
$$△ABC＝△DBC \quad （①）$$
同じように，底辺ADが同じなので
$$△ABD＝△ACD \quad （②）$$
また　△OAB＝△ABD－△OAD
　　　　　　　　　↕等しい
　　　△OCD＝△ACD－△OAD
よって
$$△OAB＝△OCD \quad （③）$$
（2）　△ABCと△ACDは高さが等しく，底辺が
BC＝8 cmとAD＝4 cmより
$$（△ABCの面積）：（△ACDの面積）＝2：1$$
よって
$$△ABC＝S×\frac{2}{3}＝\frac{2}{3}S$$
$$△ABD＝△ACD＝S×\frac{1}{3}＝\frac{1}{3}S$$

43

Lesson 19 確率

おさらいテスト

(1) ①0.2 ②0.4 ③0.36 ④0.246

(2) ①44人 ②30人 ③300人 ④960円

⑤3割5分

(3) 6試合

解説

(2) ① 55×0.8＝44（人）

② 40×0.75＝30（人）

③ 360÷1.2＝300（人）

④ 800×1.2＝960（円）

2割の利益とは「もとの数（1）より0.2多い」

⑤ 7÷20＝0.35より 3割5分

(3) A−B, A−C, A−D, B−C, B−D,
C−Dの6試合。

A−Bを数えたら，B−Aなどを数えないように
注意。

Check 1

(1) 表を○，裏を×とすると

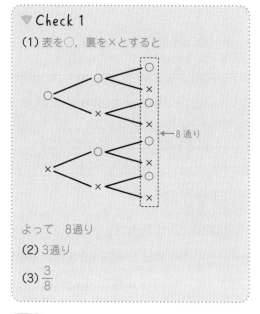

←8通り

よって 8通り

(2) 3通り

(3) $\frac{3}{8}$

解説

1回目，2回目，3回目のすべてが2通りに分かれ
る樹形図となる。本冊p.136の 例題1 との違いを
確認しておくこと。

Check 2

(1) $\frac{1}{4}$ (2) $\frac{3}{13}$

解説

(1) ハート♡のカードは13枚あるので，ハート
♡の出る確率は $\frac{13}{52}＝\frac{1}{4}$

（別解） スペード♠, ダイヤ◇, クローバー♣,
ハート♡の4種類あり，どのカードも同じ枚数ず
つあるので，ハート♡の出る確率は $\frac{1}{4}$

(2) ♠A, ♠2, ♠3, ◇A, ◇2, ◇3, ♣A,
♣2, ♣3, ♡A, ♡2, ♡3の12枚より，3以下
のカードが出る確率は $\frac{12}{52}＝\frac{3}{13}$

Check 3

(1) $\frac{2}{9}$ (2) $\frac{7}{9}$ (3) $\frac{1}{4}$ (4) $\frac{3}{4}$

解説

(1) すべての目の出かたは，本冊p.138の表に
ある36通り。

目の積が20以上になるのは，(4，5)，(4，6)，
(5，4)，(5，5)，(5，6)，(6，4)，(6，5)，
(6，6)の8通りが考えられるので

$$\frac{8}{36}＝\frac{2}{9}$$

(2) 目の積が20未満になるのは，起こりうるす
べての場合の数36通りから，上の(1)の8通り
を引いた 36−8＝28（通り）

よって $\frac{28}{36}＝\frac{7}{9}$

（別解）

　（目の積が20未満の確率）

＝（起こりうるすべての確率）

　　　　　　−（目の積が20以上の確率）

$＝1−\frac{2}{9}$ ← "1−逆"
と覚える

$＝\frac{7}{9}$

(3) 2個とも奇数の目が出るのは，(1，1)，
(1，3)，(1，5)，(3，1)，(3，3)，(3，5)，
(5，1)，(5，3)，(5，5)の9通り考えられるので

$$\frac{9}{36}=\frac{1}{4}$$

(4) 少なくとも1つは偶数の目が出るとは，両方とも偶数が出るか，大小どちらかのさいころで偶数が出ることを指しているので，次の27通りが考えられる。

(1，2)，(1，4)，(1，6)，(2，1)，(2，2)，
(2，3)，(2，4)，(2，5)，(2，6)，(3，2)，
(3，4)，(3，6)，(4，1)，(4，2)，(4，3)，
(4，4)，(4，5)，(4，6)，(5，2)，(5，4)，
(5，6)，(6，1)，(6，2)，(6，3)，(6，4)，
(6，5)，(6，6)

よって $\frac{27}{36}=\frac{3}{4}$

（別解）

（少なくとも1つは偶数の目が出る確率）
＝（起こりうるすべての確率）
　　　　－（2個とも奇数の目が出る確率）

$$=1-\frac{1}{4}=\frac{3}{4}$$

♥ Lesson 19 の力だめし

> **1** (1) 10通り
> (2) 10通り
> (3) ［ア］(C，D)　［イ］(C，E)
> 　　［ウ］(D，E)　［エ］(D，C)
> 　　［オ］(E，C)　［カ］(E，D)
> 　　20通り

解説
(1) 5人から2人の代表者を選ぶ選びかたは，次の10通りが考えられる。
(A，B)，(A，C)，(A，D)，(A，E)，(B，C)，
(B，D)，(B，E)，(C，D)，(C，E)，(D，E)
(2) 5人から3人の代表者を選ぶ選びかたは，次の10通りが考えられる。
(A，B，C)，(A，B，D)，(A，B，E)，(A，C，D)，
(A，C，E)，(A，D，E)，(B，C，D)，(B，C，E)，
(B，D，E)，(C，D，E)

（別解） 5人から3人選ぶと，必ず2人残る。その残るほうを決めると考えると，5人から3人選ぶことと，5人から2人選ぶ（残るように決める）ことは同じなので，(1)と同じ10通りとなる。
(3) 表のマス目の数を数えてもよいが，「5人から2人の代表者を選ぶのは10通り，選んだ2人に順番を決めて委員長と書記にするのは2倍の20通り」と考えると，すぐにわかる。

> **2** (1) 12通り　(2) 6通り　(3) 6通り

解説
(1) 2桁の整数は12，13，14，21，23，24，31，32，34，41，42，43の12通り
(2) 2桁の偶数は12，14，24，32，34，42の6通り
(3) (1，2)，(1，3)，(1，4)，(2，3)，(2，4)，(3，4)の6通り

> **3** (1) $\frac{1}{9}$　(2) $\frac{2}{9}$　(3) $\frac{1}{3}$　(4) $\frac{2}{3}$
> (5) $\frac{1}{9}$　(6) $\frac{1}{3}$

解説
問題文にある樹形図より，起こりうるすべての場合の数は，27通り
(1) 同じ手であいこになるのは
　A　　B　　C　　　A　　　B　　　C
　グー　グー　グー，　チョキ　チョキ　チョキ，
　A　　B　　C
　パー　パー　パー
の3通りなので，その確率は $\frac{3}{27}=\frac{1}{9}$
(2) 異なる手であいこになるのは
A　　B　　　C　　　A　　　B　　C
グーチョキ　パー　，　チョキグー　　パー，
グーパー　　チョキ，　チョキパー　　グー，
A　　B　　C
パーグー　　チョキ
パーチョキ　グー
の6通りなので，その確率は $\frac{6}{27}=\frac{2}{9}$

(3) あいこになるのは、(1)と(2)の

　　3＋6＝9(通り)

よって，その確率は　$\dfrac{9}{27}=\dfrac{1}{3}$

(4) (あいこにならない確率)

　　＝(起こりうるすべての確率)−(あいこになる確率)

　　＝$1-\dfrac{1}{3}$

　　＝$\dfrac{2}{3}$

(5) Cだけが勝つのは

A	B	C		A	B	C
グー	グー	パー	,	チョキ	チョキ	グー

A	B	C
パー	パー	チョキ

の3通りなので，その確率は

　　$\dfrac{3}{27}=\dfrac{1}{9}$

(6) Aだけが勝つ場合も，Bだけが勝つ場合も
(5)と同じように3通りずつあるので，1人だけが
勝つのは　3×3＝9(通り)

よって，確率は　$\dfrac{9}{27}=\dfrac{1}{3}$

4 (1) $\dfrac{1}{6}$ (2) $\dfrac{5}{6}$

解説

赤球をR1，R2，青球をB，白球をWとすると，
起こりうるすべての場合の数は

(R1，R2)，(R1，B)，(R1，W)，(R2，B)，

(R2，W)，(B，W)の6通り。

(1) 2個とも赤球は(R1，R2)の1通りより，そ
の確率は　$\dfrac{1}{6}$

(2) 2個とも違う色の球は，上の(1)以外の5通
りより，その確率は　$\dfrac{5}{6}$

Lesson **20 箱ひげ図**

おさらいテスト

(1) 最小値：5点　最大値19点
(2) 平均点14点
(3) 中央値15.5点

解説

(1) 次のように小さい順に並べると，最小値と
最大値がわかります。

　　5　10　10　14　14　17　17　17
　　17　19

(2) 10人の得点を合計して，人数の10人で割
れば平均点が求まります。

　　(5＋10×2＋14×2＋17×4＋19)÷10

　　＝140÷10＝14(点)

(別解)

仮の平均(例えば10点)よりも＋か−の値を出し
てから，平均を求める方法もあります。

　　−5　0　0　＋4　＋4　＋7　＋7　＋7　＋7
　　＋9より，

　　10＋(−5＋4×2＋7×4＋9)÷10

　　＝10＋40÷10＝14(点)

(3) 10人の中央値は5番目と6番目の真ん中に
なります。

　　$\dfrac{14+17}{2}=31÷2=15.5(点)$

Check 1

(1) 最小値：7点　最大値：19点

中央値：15点　(2) 四分位範囲：8点

(3)

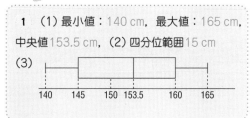

解説

(1) 次のように小さい順に並べると，最小値と最大値がわかります。

　　7　9　10　13　14　16　17　18

　　18　19

また，10人の中央値は5番目と6番目の真ん中になります。

$$\frac{14+16}{2} = 30 \div 2 = 15（点）$$

(2) 第1四分位数は10，第3四分位数は18より

　　四分位範囲＝18－10＝8（点）

Lesson 20 の力だめし

1　(1) 最小値：140 cm，最大値：165 cm，

中央値153.5 cm，(2) 四分位範囲15 cm

(3)

解説

(1) データを小さい順に並べると，

　　140　142　145　148　152　155

　　159　160　163　165

となり，中央値は

$$\frac{152+155}{2} = 153.5\ \text{cm}$$

となる。

(2) 第1四分位数は145 cm，第3四分位数は160 cmより，四分位範囲は

　　160－145＝15 cm

となる。

解説

40人のデータを小さいほうから並べたとき，ヒストグラムから最小値，第1四分位数，中央値，第3四分位数，最大値は次の通りです。

最小値は，8回または9回。

第1四分位数は，10回，10.5回，11回。

中央値は，13回または13.5回または14回。

第3四分位数は，14回，14.5回，15回。

最大値は，18回または19回。

ここで，中央値は20番目と21番目の平均となるが，20番目は12回以上14回未満，21番目は14回以上16回未満より，20番目は12または13回，21番目は14または15回となる。よって，中央値は

$$\frac{12+14}{2} = 13\text{回}$$

$$\frac{12+15}{2} = 13.5\text{回}$$

$$\frac{13+14}{2} = 13.5\text{回}$$

$$\frac{13+15}{2} = 14\text{回}$$

が考えられる。

4つの箱ひげ図の中央値は，①～④はすべて満たしているが，④は第3四分位数が16，最大値が20なので誤りである。

同様に第1四分位数は

$$\frac{10+10}{2} = 10\text{回}$$

$$\frac{10+11}{2} = 10.5\text{回}$$

$$\frac{11+11}{2} = 11\text{回}$$

第3四分位数は

$$\frac{14+14}{2} = 14\text{回}$$

$$\frac{14+15}{2} = 14.5\text{回}$$

$$\frac{15+15}{2} = 15\text{回}$$

となる。

式の展開と因数分解

▼おさらいテスト

(1) ①$3x-y$　②$-x^2+x-8$　③$6x-y$

　④$-4x^2+2$

(2) ①$7x-y$,　$-x-7y$

　②$-ab-b^2$,　$-2a^2+7ab-7b^2$

(3) ①$-ab^2$　②$\dfrac{1}{y^2}$

(4) ①-2　②$\dfrac{1}{4}$

解説

(1) ③

$$2x-3y$$
$$+\!\!\underline{)\ +4x+2y}$$
$$6x-\ y$$

← 足し算に変えて
それぞれの符号を変更

④

$$-\ x^2-5x-1$$
$$+\!\!\underline{)\ -3x^2+5x+3}$$
$$-4x^2\qquad +2$$

← 足し算に変えて
それぞれの符号を変更

(2) 式と式の計算は，（　）をつけて考える。

① $(3x-4y)+(4x+3y)$

$=3x-4y+4x+3y$

$=7x-y$

$(3x-4y)-(4x+3y)$

$=3x-4y-4x-3y$

$=-x-7y$

−（　）の場合は
符号を変えて（　）をはずす

② $(-a^2+3ab-4b^2)+(a^2-4ab+3b^2)$

$=-a^2+3ab-4b^2+a^2-4ab+3b^2$

$=-ab-b^2$

$(-a^2+3ab-4b^2)-(a^2-4ab+3b^2)$

$=-a^2+3ab-4b^2-a^2+4ab-3b^2$

$=-2a^2+7ab-7b^2$

−（　）の場合は
符号を変えて
（　）をはずす

(3) 掛け算と割り算は符号を確認し，分数の形で表す。

① $2a^2b^2\div(-6a^2b)\times3ab$

$=-\dfrac{2a^2b^2\times3ab}{6a^2b}$

$=-ab^2$

② $-\dfrac{4}{3}x^3\div(-2xy^2)^2\div\left(-\dfrac{x}{3y^2}\right)$

$=-\dfrac{4}{3}x^3\times\dfrac{1}{4x^2y^4}\times\left(-\dfrac{3y^2}{x}\right)$

$=\dfrac{4x^3\times3y^2}{3\times4x^2y^{4^2}\times x}$

$=\dfrac{1}{y^2}$

マイナスが2つなので
符号はプラスになる

(4) x, yに代入する前に，式をできるだけ簡単にする。

① $-4x^3y^2\div(-2x^2y)$

$=\dfrac{4x^3y^2}{2x^2y}$

$=2xy$

これに$x=-2$, $y=\dfrac{1}{2}$を代入して

$$2\times(-2)\times\dfrac{1}{2}=-2$$

② $-6x^2y^3\div(-3x)\div2xy$

$=\dfrac{6x^2y^{3^2}}{3x\times2xy}$

$=y^2$

これに$y=\dfrac{1}{2}$を代入して

$$\left(\dfrac{1}{2}\right)^2=\dfrac{1}{4}$$

Check 1

(1) $x^2-7x+12$　(2) $a^2+10a+25$

(3) x^2-2x+1　(4) x^2-1

解説

(1) $(x-4)(x-3)=\underset{(-4)+(-3)}{x^2-7x}+\underset{(-4)\times(-3)}{12}$

(2) $(a+5)^2=\underset{2\times5}{a^2+10a}+\underset{5^2}{25}$

(3) $(x-1)^2=\underset{2\times(-1)}{x^2-2x}+\underset{1^2}{1}$

(4) $(x+1)(x-1)=x^2-1$ ← $(x+a)(x-a)=x^2-a^2$

Check 2

(1) x^2-x-12　(2) $9a^2+a+\dfrac{1}{36}$

(3) $x^2+4xy+4y^2-1$　(4) $5x^2-16x$

解説

(1) $(3+x)(-4+x)=(x+3)(x-4)$

　　　　　　　$=\underset{3+(-4)}{x^2-x}\underset{3\times(-4)}{-12}$

(2) $\left(3a+\dfrac{1}{6}\right)^2=(3a)^2+2\times\dfrac{1}{6}\times3a+\left(\dfrac{1}{6}\right)^2$

　　　　　　　$=9a^2+a+\dfrac{1}{36}$

(3) $x+2y=A$ とおくと

　　$(x+2y+1)(x+2y-1)=(A+1)(A-1)$

　　　　　　　　　　　　　　$=A^2-1$

ここで A を $x+2y$ に戻して

　　$A^2-1=(x+2y)^2-1=x^2+4xy+4y^2-1$

(4) $(x+4)(x-4)+4(x-2)^2$

　　$=x^2-16+4(x^2-4x+4)$

　　$=x^2-16+4x^2-16x+16$

　　$=5x^2-16x$

Check 3

(1) $z(2x+3y)$　(2) $-3a(b-3c+2d)$

解説

(1) $2xz+3yz=\underset{z\text{が共通}}{z}(2x+3y)$　共通な因数

(2) $-3ab+9ac-6ad=-3a(b-3c+2d)$

　　　　　$(-3a)\times2$　共通な因数

　　$(-3a)\times(-3)$　　　$3a(-b+3c-2d)$も正解

Check 4

(1) $(x-3)(x-4)$　(2) $(x+5)^2$

(3) $(x-1)^2$　(4) $(x-4)(x-9)$

(5) $(x+1)(x-1)$

解説

(1) $x^2-7x+12$

まずは $+12$ に着目すると，$+12$ はある数の2乗ではない。よって，$x^2+(a+b)x+ab$ の形の因数分解とわかる。掛けて $+12$，足して -7 になる2数は，-3，-4 なので

　　$x^2-7x+12=(x-3)(x-4)$

(2) $x^2+10x+25$

まずは $+25$ に着目すると，$+25$ は $\underset{a^2}{5^2}$ か $\underset{a^2}{(-5)^2}$ と考えられる。

次に $+10x$ を見ると，これは $+\underset{+2ax}{(2\times5x)}$ と考えられるので

　　$x^2+10x+25=(x+5)^2$

(3) x^2-2x+1

まずは $+1$ に着目すると，$+1$ は 1^2 か $(-1)^2$ と考えられる。

次に $-2x$ を見ると，これは $-\underset{-2ax}{(2\times1\times x)}$ と考えられるので

　　$x^2-2x+1=(x-1)^2$

(4) $x^2-13x+36$

まずは $+36$ に着目すると，$+36$ は 6^2 か $(-6)^2$ と考えられる。

次に $-13x$ を見ると，これは $+(2\times6\times x)$ でも $-(2\times6\times x)$ でもないので，$(x+a)^2$ や $(x-a)^2$ の形ではなく

　　$x^2+(a+b)x+ab=(x+a)(x+b)$

の形の因数分解と考えられる。

掛けて＋36，足して－13になるa，bは－4，

－9とわかるので

$x^2-13x+36=(x-4)(x-9)$

(5) x^2-1

xの1次の項がないので

$x^2-a^2=(x+a)(x-a)$の形の因数分解と予測

する。

$-1=-1^2$なので

$x^2-1=x^2-1^2=(x+1)(x-1)$

▼ Check 5

(1) $2(x+3)(x-4)$

(2) $-3(x+3)^2$

(3) $-5(x+2)(x-2)$

解説

まずは共通因数を探す。

(1) $2x^2-2x-24$

　　　　$2×(-1)$　　$2×(-12)$

$=2(x^2-x-12)=2(x+3)(x-4)$

　　共通な因数　　掛けて－12，足して－1

(2) $-3x^2-18x-27$

　　　　　　$-3×6$　$-3×9$

$=-3(x^2+6x+9)=-3(x+3)^2$

　　　　共通な因数

(3) $20-5x^2=-5(x^2-4)$

　　$-5×4$　　　共通な因数

　　　　　　$=-5(x+2)(x-2)$

▼ Check 6

(1) $2×3×5$　(2) $3×5×7$

(3) $2^5×3×5$

解説

(1)
```
2) 30
3) 15
   5
```
よって　$30=2×3×5$

(2)
```
3) 105
5)  35
    7
```
よって　$105=3×5×7$

(3)
```
2) 480
2) 240
2) 120
2)  60
2)  30
3)  15
    5
```
よって　$480=2^5×3×5$

▼ $_{Lesson}$ 2-1 の力だめし

1 (1) $3a(x+2y)$　(2) $12x^2y(xy-2)$

(3) $-2xyz(x+2y+3z)$

解説

(1) 共通因数は$3a$

(2) 共通因数は$12x^2y$

(3) すべての項が負なので

$2xyz(-x-2y-3z)$とはしない。

共通因数は$-2xyz$

2 (1) ア 15　イ 5
(2) ウ 64　エ 8

解説

(1) ア $=(+3)×(+$イ$)$

　　$+8=(+3)+(+$イ$)$

よって　ア$=15$，イ$=5$

(2) ウ$=$エ^2

　　$+16=+2×$エ

よって　ウ$=64$，エ$=8$

3 (1) $(x+1)(x+6)$　(2) $(x+3)(x+6)$

(3) $3(x-2)^2$　(4) $-3(x+4)(x-4)$

解説

(1) $x^2+7x+6=(x+1)(x+6)$

　　　　　　掛けて＋6，足して＋7

(2) $x^2+9x+18=(x+3)(x+6)$

　　　　　　掛けて＋18，足して＋9

(3) $3x^2-12x+12=3(x^2-4x+4)=3(x-2)^2$

　　$3×(-4)$　$3×4$　共通な因数

(4) $48-3x^2=-3(x^2-16)=-3(x+4)(x-4)$

　　$-3×(-16)$　　共通な因数

4 3000

解説

$x^2-a^2=(x+a)(x-a)$ に $x=65$, $a=35$ を代入して

$$65^2-35^2=(65+35)(65-35)$$
$$=100\times30$$
$$=3000$$

5 $X=500$, $a=2$, $b=5$, $c=125$, $d=25$

解説

250を素因数分解すると

```
2) 250
5) 125
5)  25
     5
```

よって，$a=2$，$b=5$ となる。

（$c=125$，$d=25$）

したがって

$$X=a\times250=2\times250=500$$

Lesson 2·2 平方根

おさらいテスト

(1) ①49　②80　③8

(2) （140に）35を掛けて，70の2乗にする。

(3) （162を）2で割って，9の2乗にする。

解説

(1) ②　$x^2-a^2=(x+a)(x-a)$ に $x=12$, $a=8$ を代入して

$$12^2-8^2=(12+8)(12-8)$$
$$=20\times4=80$$

③　$2^3\times4^2\div16=8\times16\div16=8$

(2) 140を素因数分解すると

```
2) 140
2)  70
5)  35
     7
```

よって，$140=2^2\times5\times7$なので，$5\times7=35$を掛けると

$$(2^2\times5\times7)\times(5\times7)$$
$$=2^2\times5^2\times7^2 \leftarrow (2\times5\times7)\times(2\times5\times7)$$
$$=(2\times5\times7)^2$$
$$=70^2$$

(3) 162を素因数分解すると

```
2) 162
3)  81
3)  27
3)   9
      3
```

よって，$162=2\times3^4$なので，2で割ると

$$(2\times3^4)\div2=3^4 \leftarrow 3^2\times3^2$$
$$=(3^2)^2$$
$$=9^2$$

Check 1

(1) ±8　(2) ±13　(3) ±21　(4) $\pm\dfrac{5}{4}$

(5) ±0.2　(6) ±9

解説

(5) $0.04=\dfrac{4}{100}$ であり，4の平方根は±2，100の平方根は±10

よって，0.04の平方根は　$\pm\dfrac{2}{10}=\pm0.2$

(6) $3^4=3\times3\times3\times3=9\times9$

よって，3^4の平方根は　±9

Check 2

(1) 12　(2) -5　(3) 0.2

解説

(1) $\sqrt{144}$ は±12ではなく12（$-\sqrt{144}$ は-12，144の平方根は±12）

(2) $-\sqrt{(-5)^2}=-(-5)=5$ としてはいけない。

$-\sqrt{(-5)^2}=-\sqrt{25}=-5$

▼ Check 3

(1) $\sqrt{13}<4$　(2) $-\sqrt{15}>-4$

(3) $\sqrt{1.4}<1.2$

解説

(1) $\sqrt{13}$ と 4

$\underset{小}{\sqrt{13}}$ と $\underset{大}{\sqrt{16}}$

(2) $-\sqrt{15}$ と -4

$\underset{大}{-\sqrt{15}}$ と $\underset{小}{-\sqrt{16}}$

(3) $\sqrt{1.4}$ と 1.2

$\sqrt{1.4}$ と $\sqrt{1.2^2}$

$\underset{小}{\sqrt{1.4}}$ と $\underset{大}{\sqrt{1.44}}$

▼ Check 4

(1) 20　(2) $2\sqrt{2}$

解説

(1) $\sqrt{2}\times\sqrt{5}\times\sqrt{40}=\sqrt{2}\times\sqrt{5}\times\sqrt{2^2\times10}$

$\qquad=\sqrt{2}\times\sqrt{5}\times2\sqrt{10}$

$\qquad=2\times\sqrt{100}$

$\qquad=2\times10$

$\qquad=20$

(2) $\sqrt{48}\div\sqrt{2}\div\sqrt{3}=\sqrt{\dfrac{48}{2\times3}}$

$\qquad=\sqrt{8}$

$\qquad=\sqrt{2^2\times2}$

$\qquad=2\sqrt{2}$

▼ Check 5

$6\sqrt{2}<9<3\sqrt{10}$

解説

$9,\ 3\sqrt{10},\ 6\sqrt{2}$

$\downarrow$

$\sqrt{9^2},\ \sqrt{3^2}\times\sqrt{10},\ \sqrt{6^2}\times\sqrt{2}$

$\downarrow$

$\underset{中}{\sqrt{81}},\ \underset{大}{\sqrt{90}},\ \underset{小}{\sqrt{72}}$

▼ Check 6

(1) $\dfrac{\sqrt{15}}{5}$　(2) $\sqrt{3}$　(3) $\dfrac{\sqrt{2}}{3}$

解説

分母から $\sqrt{}$ がなくなるように，分子と分母に同じ数を掛ける。

(1) $\dfrac{\sqrt{3}\times\boxed{\sqrt{5}}}{\sqrt{5}\times\boxed{\sqrt{5}}}=\dfrac{\sqrt{15}}{5}$

(2) $\dfrac{3\times\boxed{\sqrt{3}}}{\sqrt{3}\times\boxed{\sqrt{3}}}=\dfrac{3\sqrt{3}}{3}=\sqrt{3}$

(3) $\dfrac{4}{\sqrt{72}}=\dfrac{4}{\sqrt{6^2\times2}}$ ← 計算ミスを防ぐために $\sqrt{72}$ はいきなり掛けずに $\sqrt{}$ の中をできるだけ小さくする

$\qquad=\dfrac{{}^2 4\times\boxed{\sqrt{2}}}{{}_3 6\sqrt{2}\times\boxed{\sqrt{2}}}$

$\qquad=\dfrac{2\sqrt{2}}{3\times2}=\dfrac{\sqrt{2}}{3}$

▼ Check 7

(1) $-1-2\sqrt{2}$　(2) $9-4\sqrt{5}$

(3) 4　(4) $-11+\sqrt{21}$

解説

(1) $(\sqrt{2}+1)(\sqrt{2}-3)$ ← $(x+a)(x+b)$ $=x^2+(a+b)x+ab$ の形

$\quad=(\sqrt{2})^2+(1-3)\times\sqrt{2}+1\times(-3)$

$\quad=2-2\sqrt{2}-3$

$\quad=-1-2\sqrt{2}$

(2) $(\sqrt{5}-2)^2$ ← $(x-a)^2=x^2-2ax+a^2$ の形

$\quad=(\sqrt{5})^2-2\times\sqrt{5}\times2+2^2$

$\quad=5-4\sqrt{5}+4=9-4\sqrt{5}$

(3) $(\sqrt{6}+\sqrt{2})(\sqrt{6}-\sqrt{2})$ ← $(x+a)(x-a)$ $=x^2-a^2$ の形

$\quad=(\sqrt{6})^2-(\sqrt{2})^2$

$\quad=6-2=4$

(4) $(\sqrt{3}+2\sqrt{7})(\sqrt{3}-\sqrt{7})$ ← $(x+a)(x+b)$ $=x^2+(a+b)x+ab$ の形

$\quad=(\sqrt{3})^2+(2\sqrt{7}-\sqrt{7})\times\sqrt{3}+2\sqrt{7}\times(-\sqrt{7})$

$\quad=3+\sqrt{21}-14=-11+\sqrt{21}$

▼ Lesson 2.2 の力だめし

1　(1) 11　(2) -2　(3) 0.4　(4) $\dfrac{7}{4}$

解説

$\sqrt{a^2}$ の形を作る（ただし a は正の数）。

(1) $\sqrt{121}=\sqrt{11^2}=11$

(2) $-\sqrt{(-2)^2}=-\sqrt{2^2}=-2$

(3) $\sqrt{0.16}=\sqrt{0.4^2}=0.4$

(4) $\sqrt{\dfrac{49}{16}}=\sqrt{\left(\dfrac{7}{4}\right)^2}=\dfrac{7}{4}$

---

2 (1) $4\sqrt{3}$　(2) $10\sqrt{3}$　(3) $\dfrac{2\sqrt{5}}{5}$

(4) $\dfrac{3\sqrt{2}}{5}$

解説

(1) $\sqrt{48}=\sqrt{4^2\times3}=4\sqrt{3}$

(2) $\sqrt{300}=\sqrt{10^2\times3}=10\sqrt{3}$

(3) $\sqrt{0.8}=\sqrt{\dfrac{4}{5}}=\dfrac{2}{\sqrt{5}}=\dfrac{2\times\sqrt{5}}{\sqrt{5}\times\sqrt{5}}=\dfrac{2\sqrt{5}}{5}$

(4) $\sqrt{\dfrac{18}{25}}=\dfrac{\sqrt{18}}{\sqrt{25}}=\dfrac{\sqrt{3^2\times2}}{\sqrt{5^2}}=\dfrac{3\sqrt{2}}{5}$

---

3 (1) $\sqrt{22}<2\sqrt{6}<5$

(2) $-3\sqrt{3}<-\sqrt{23}<-\sqrt{19}$

(3) $4\sqrt{2}<2\sqrt{10}<3\sqrt{5}<4\sqrt{3}<5\sqrt{2}$

解説

(1) $a=\sqrt{a^2}$ の変形をし，すべて $\sqrt{}$ の形にして比べる。

$$2\sqrt{6}\quad,\quad 5\quad,\quad \sqrt{22}$$
$$\sqrt{2^2\times6},\quad \sqrt{5^2},\quad \sqrt{22}$$
$$\underset{中}{\sqrt{24}}\quad,\quad \underset{大}{\sqrt{25}},\quad \underset{小}{\sqrt{22}}$$

よって　$\sqrt{22}<2\sqrt{6}<5$

(2) $-\sqrt{23},\ -3\sqrt{3},\ -\sqrt{19}$

$\quad -\sqrt{23},\ -\sqrt{3^2\times3},\ -\sqrt{19}$

$\quad \underset{中}{-\sqrt{23}},\ \underset{小}{-\sqrt{27}},\ \underset{大}{-\sqrt{19}}$

よって　$-3\sqrt{3}<-\sqrt{23}<-\sqrt{19}$

(3)

$$4\sqrt{2}\ ,\ 2\sqrt{10}\ ,\ 5\sqrt{2}\ ,\ 3\sqrt{5}\ ,\ 4\sqrt{3}$$
$$\sqrt{4^2\times2},\ \sqrt{2^2\times10},\ \sqrt{5^2\times2},\ \sqrt{3^2\times5},\ \sqrt{4^2\times3}$$
$$\underset{1}{\sqrt{32}}\ ,\ \underset{2}{\sqrt{40}}\ ,\ \underset{5}{\sqrt{50}}\ ,\ \underset{3}{\sqrt{45}}\ ,\ \underset{4}{\sqrt{48}}$$

よって　$4\sqrt{2}<2\sqrt{10}<3\sqrt{5}<4\sqrt{3}<5\sqrt{2}$

---

4 (1) 0　(2) 10

解説

(1) $\sqrt{}$ の中が同じ数どうしは足し算・引き算ができる。

$$\sqrt{28}+\sqrt{7}-\sqrt{63}$$
$$=\sqrt{2^2\times7}+\sqrt{7}-\sqrt{3^2\times7}$$
$$=2\sqrt{7}+\sqrt{7}-3\sqrt{7}$$
$$=(2+1-3)\sqrt{7}$$
$$=0\times\sqrt{7}=0$$

(2) 掛け算・割り算は $\sqrt{}$ の中が同じ数ではなくても，$\sqrt{}$ の中の数どうし，$\sqrt{}$ の外の数どうしの計算ができる。

$$\sqrt{15}\div\sqrt{3}\times2\sqrt{5}$$
$$=\dfrac{\sqrt{15}^5\times2\sqrt{5}}{\sqrt{3}_1}$$
$$=\sqrt{5}\times2\sqrt{5}\quad\leftarrow\ {\sqrt{5}\times\sqrt{5}=5}$$
$$=2\times5=10$$

---

5 $n=3$

解説

$\sqrt{48n}=\sqrt{4^2\times3n}=4\underset{2乗}{\sqrt{3n}}$ より　$n=3$

---

6 $\sqrt{300}=17.32$　$\sqrt{0.03}=0.1732$

解説

$\sqrt{300}=\sqrt{10^2\times3}=10\sqrt{3}=10\times1.732=17.32$

$\sqrt{0.03}=\sqrt{\dfrac{3}{100}}=\dfrac{\sqrt{3}}{\sqrt{100}}=\dfrac{\sqrt{3}}{\sqrt{10^2}}=\dfrac{1.732}{10}$

$\qquad =0.1732$

---

7 $10\sqrt{2}$ cm

解説

1辺の長さ10 cmの正方形の面積の2倍は

$\qquad 10^2\times2=200\ (\text{cm}^2)$

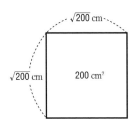

√200 cm
√200 cm
200 cm²

よって，面積が200 cm²となる正方形の1辺の長さは $\sqrt{200}=\sqrt{10^2 \times 2}=10\sqrt{2}$ (cm)

8 $5\sqrt{2}$ cm

【解説】

底面の円の半径をrとすると，底面積はπr^2と表されるので

$$\underset{\text{底面積}}{\pi r^2} \times \underset{\text{高さ}}{6}=\underset{\text{円柱の体積}}{300\pi}$$

$$6\pi r^2=300\pi$$

$$r^2=\frac{\overset{50}{\cancel{300}}\cancel{\pi}}{\underset{1}{\cancel{6}}\cancel{\pi}}$$

$$r^2=50$$

$$r=\pm\sqrt{50}$$

$$r=\pm\sqrt{5^2 \times 2}$$

$$r=\pm 5\sqrt{2}$$

ここで$r>0$より

$$r=5\sqrt{2} \text{ (cm)}$$

Lesson 23 2次方程式

▼おさらいテスト

(1) $x=7$　(2) $x=7$　(3) $x=-7$

(4) $x=-85$　(5) $x=18$　(6) $x=-5$

(7) $x=2,\ y=2$　(8) $x=-3,\ y=-4$

(9) $x=-5,\ y=-1$　(10) $x=4,\ y=3$

【解説】

(1)　　$2x=35-3x$

$2x+3x=35$

$5x=35$

$x=7$

(2)　$2x-(3x-1)=-6$

$2x-3x+1=-6$

$-x=-7$

$x=7$

(3)　$\left(\dfrac{2-x}{3}-\dfrac{x-1}{4}\right)\times 12=5\times 12$ ← 分数をなくすため両辺に×12

$4(2-x)-3(x-1)=60$

$8-4x-3x+3=60$

$-7x=49$

$x=-7$

(4)　$0.2(0.3x-2)-0.1x=3$ ← すべて整数にするため両辺に×100

$20(0.3x-2)-10x=300$

$6x-40-10x=300$

$-4x=340$

$x=-85$

(5)　$5:(x-3)=2:6$

$\underset{\text{内側の掛け算}}{2(x-3)}=\underset{\text{外側の掛け算}}{30}$

$x-3=15$

$x=18$

(6)　$8x-1=10x+9$

$8x-10x=9+1$

$-2x=10$

$x=\dfrac{10}{-2}$

$x=-5$

(7)　$3x-y=4$　……①

$+)\ 2x+y=6$　……②

$5x=10$

$x=2$

これを②式に代入して

$2\times 2+y=6$

$4+y=6$

$y=2$

(8)　$\begin{cases} y=3x+5 & ……① \\ 2x-3y=6 & ……② \end{cases}$

①式を②式に代入して

$2x-3(3x+5)=6$

$2x-9x-15=6$

$-7x=21$

$x=-3$

これを①式に代入して
$$y=3\times(-3)+5$$
$$y=-9+5$$
$$y=-4$$

(9) $\begin{cases} 0.3x+0.5y=-2 & \cdots\cdots① \\ 2x-5y=-5 & \cdots\cdots② \end{cases}$

①式の両辺を10倍して ←— まずは小数をなくす
$$3x+5y=-20 \quad \cdots\cdots①'$$
①'式と②式で加減法を用いて

$\begin{array}{r} 3x+5y=-20 \quad \cdots\cdots①' \\ +)\ 2x-5y=-5 \quad \cdots\cdots② \\ \hline 5x\qquad\ =-25 \end{array}$
$$x=-5$$

これを②式に代入して
$$2\times(-5)-5y=-5$$
$$-10-5y=-5$$
$$-5y=5$$
$$y=-1$$

(10) $2x+y=5x-3y=11$ より
$\begin{cases} 2x+y=11 & \cdots\cdots① \\ 5x-3y=11 & \cdots\cdots② \end{cases}$

①式の両辺を3倍して
$$6x+3y=33 \quad \cdots\cdots①'$$
①'式と②式で加減法を用いて

$\begin{array}{r} 6x+3y=33 \quad \cdots\cdots①' \\ +)\ 5x-3y=11 \quad \cdots\cdots② \\ \hline 11x\qquad\ =44 \end{array}$
$$x=4$$

これを①式に代入して
$$2\times4+y=11$$
$$8+y=11$$
$$y=3$$

▼ Check 1
(1) $x=-3,\ x=2$　(2) ②, ③

[解説]
(1) $x^2+x=6$ の左辺 x^2+x に $x=-3,\ -2,$ $-1,\ 0,\ 1,\ 2,\ 3$ を順に代入して
$x=-3$ のとき　$x^2+x=(-3)^2+(-3)$
$$=9-3=6 \quad ○$$

$x=-2$ のとき　$x^2+x=(-2)^2+(-2)$
$$=4-2=2 \quad \times$$
$x=-1$ のとき　$x^2+x=(-1)^2+(-1)$
$$=1-1=0 \quad \times$$
$x=0$ のとき　$x^2+x=0^2+0$
$$=0+0=0 \quad \times$$
$x=1$ のとき　$x^2+x=1^2+1$
$$=1+1=2 \quad \times$$
$x=2$ のとき　$x^2+x=2^2+2$
$$=4+2=6 \quad ○$$
$x=3$ のとき　$x^2+x=3^2+3$
$$=9+3=12 \quad \times$$

(2)　$x=-2$ を①〜④の左辺と右辺それぞれに代入する。
① （左辺）$=2x^2=2\times(-2)^2$
$$=2\times4=8$$
（右辺）$=35-3x=35-3\times(-2)$
$$=35+6=41$$
よって×
② （左辺）$=-3(x+2)(3x-1)$
$$=-3(-2+2)\{3\times(-2)-1\}$$
$$=-3\times0\times(-7)=0$$
（右辺）$=0$ なので○
③ （左辺）$=-2(x^2-5x)$
$$=-2\{(-2)^2-5\times(-2)\}$$
$$=-2(4+10)=-2\times14=-28$$
（右辺）$=4x-20=4\times(-2)-20$
$$=-8-20=-28$$
よって○
④ （左辺）$=2x^2-2x=2\times(-2)^2-2\times(-2)$
$$=2\times4+4=8+4=12$$
（右辺）$=2(x+2)=2(-2+2)$
$$=2\times0=0$$
よって×

▼ Check 2
(1) $x=\pm5$　(2) $t=\pm\dfrac{5\sqrt{2}}{3}$　(3) $x=\pm\dfrac{\sqrt{6}}{3}$

(4) $x=1,\ 5$　(5) $y=-1\pm\sqrt{7}$

(6) $x=1,\ 4$

左辺に2乗，右辺に数字がくるようにする。

(1) $x^2 = 25$ ← $ax^2 = d$ の形（パターン❶）

$x = \pm 5$

(2) $9t^2 = 50$

$t^2 = \dfrac{50}{9}$ ← $ax^2 = d$ の形（パターン❶）

$t = \pm \dfrac{\sqrt{50}}{3}$ ← $\sqrt{50} = \sqrt{5 \times 5 \times 2}$

$t = \pm \dfrac{5\sqrt{2}}{3}$

(3) $36x^2 - 13 = 11$

$36x^2 = 24$

$x^2 = \dfrac{2}{3}$ ← $ax^2 = d$ の形（パターン❶）

$x = \pm \sqrt{\dfrac{2}{3}}$

$x = \pm \dfrac{\sqrt{2}}{\sqrt{3}}$

分母を有理化する

$x = \pm \dfrac{\sqrt{6}}{3}$

(4) $(x-3)^2 = 4$ ← $(x+m)^2 = k$ の形（パターン❷）

$x - 3 = \pm 2$

$x = 3 \pm 2$

$x = 3 + 2, \ x = 3 - 2$

$x = 5, \ x = 1$

(5) $(y+1)^2 = 7$ ← $(x+m)^2 = k$ の形（パターン❷）

$y + 1 = \pm\sqrt{7}$

$y = -1 \pm \sqrt{7}$

(6) $(2x-5)^2 = 9$ ← $(x+m)^2 = k$ の形（パターン❷）

$2x - 5 = \pm 3$

$2x = 5 \pm 3$

$2x = 5 + 3, \ 2x = 5 - 3$

$2x = 8, \ 2x = 2$

$x = 4, \ x = 1$

▼ **Check 3**

(1) $x - 4, \ -3$　(2) $t = 5, \ -3$

(3) $x = -8, \ 3$　(4) $x = 1$　(5) $x = 4$

(6) $t = 1$　(7) $x = -\dfrac{5}{2}$　(8) $x = -4$

---

(2) $t^2 - 2t - 15 = 0$

掛けて-15，足して-2

$(t-5)(t+3) = 0$

$t = 5, \ -3$

(3) $x^2 + 5x - 24 = 0$

掛けて-24，足して$+5$

$(x+8)(x-3) = 0$

$x = -8, \ 3$

(4) $2x^2 - 4x + 2 = 0$

$2(x^2 - 2x + 1) = 0$

2倍　2乗

$2(x-1)^2 = 0$

$x = 1$

(6) $t^2 - 2t + 1 = 0$

2倍　2乗

$(t-1)^2 = 0$

$t = 1$

(7) $x^2 + 5x + \dfrac{25}{4} = 0$

2倍　2乗

$\left(x + \dfrac{5}{2}\right)^2 = 0$

$x = -\dfrac{5}{2}$

(8) $3x^2 + 24x + 48 = 0$

$3(x^2 + 8x + 16) = 0$

2倍　2乗

$3(x+4)^2 = 0$

$x = -4$

▼ **Check 4**

(1) $x = \dfrac{5 \pm \sqrt{13}}{6}$　(2) $y = -3 \pm 2\sqrt{3}$

(3) $x = -2$

まずは因数分解できないか確認すること。

(1) $3x^2 - 5x + 1 = 0$

a　b　c　　$\dfrac{-b \pm \sqrt{b^2 - 4ac}}{2a}$

$x = \dfrac{-(-5) \pm \sqrt{(-5)^2 - 4 \times 3 \times 1}}{2 \times 3}$

$= \dfrac{5 \pm \sqrt{25 - 12}}{6}$

$= \dfrac{5 \pm \sqrt{13}}{6}$

(2) $1y^2+6y-3=0$

$\underset{a}{} \quad \underset{b}{} \quad \underset{c}{}$

$y=\dfrac{-6\pm\sqrt{6^2-4\times1\times(-3)}}{2\times1}$ ← $\dfrac{-b\pm\sqrt{b^2-4ac}}{2a}$

$=\dfrac{-6\pm\sqrt{36+12}}{2}$

$=\dfrac{-6\pm\sqrt{48}}{2}$ ← $\sqrt{48}=\sqrt{16\times3}=\sqrt{4^2\times3}=4\sqrt{3}$

$=\dfrac{-6\pm4\sqrt{3}}{2}$ ← 分子の2つの項がどちらも2で割れるので約分

$=-3\pm2\sqrt{3}$

(3) $3x^2+12x+12=0$ ← いきなり解の公式を使うと計算が大変

$3(x^2+4x+4)=0$ ← 解の公式を使わなくても解ける

$\underset{2倍}{} \quad \underset{2乗}{}$

$3(x+2)^2=0$

$x=-2$

♥ Lesson 23 の力だめし

1 （4）

解説

$x=-4$を(1)〜(4)の左辺，右辺それぞれに代入。

(1) （左辺）$=x^2=(-4)^2=16 \neq -16$ より ×

(2) （左辺）$=x^2-4x=(-4)^2-4\times(-4)$
$=16+16=32 \neq 0$ より ×

(3) （左辺）$=(x-4)(x+4)$
$=(-4-4)\times(-4+4)$
$=-8\times0=0 \neq 5$ より ×

(4) （左辺）$=(x+1)^2+x^2=(-4+1)^2+(-4)^2$
$=9+16=25$

（右辺）$=(x-1)^2=(-4-1)^2=(-5)^2=25$

よって○

2 (1) $x^2+2x-8=0$

$(x+4)(x-2)=0$

$x=-4,\ 2$

(2) $x=\dfrac{-2\pm\sqrt{2^2-4\times1\times(-8)}}{2\times1}$

$=\dfrac{-2\pm\sqrt{36}}{2}=\dfrac{-2\pm6}{2}$

$x=\dfrac{-2+6}{2},\ x=\dfrac{-2-6}{2}$

$x=\dfrac{4}{2},\ x=\dfrac{-8}{2}$ より $x=2,\ x=-4$

3 (1) $x=\pm10$　(2) $y=\pm\dfrac{8}{9}$

(3) $x=1,\ -7$　(4) $x=1,\ -\dfrac{1}{4}$

(5) $x=1,\ -\dfrac{1}{2}$

解説

(1) $\dfrac{2}{5}x^2=40$ 　両辺に×$\dfrac{5}{2}$

$x^2=40\times\dfrac{5}{2}$

$x^2=100$

$x=\pm10$

(2) $\dfrac{9}{4}y^2-\dfrac{16}{9}=0$

$\dfrac{9}{4}y^2=\dfrac{16}{9}$ 　両辺に×$\dfrac{4}{9}$

$y^2=\dfrac{16}{9}\times\dfrac{4}{9}$

$y^2=\dfrac{64}{81}$

$y^2=\left(\dfrac{8}{9}\right)^2$

$y=\pm\dfrac{8}{9}$

(3) $5(x+3)^2-80=0$

$5(x+3)^2=80$

$(x+3)^2=16$

$x+3=\pm4$

$x=-3\pm4$

$x=-3+4,\ x=-3-4$

$x=1,\ x=-7$

(4) $4x^2-3x-1=0$

$\underset{a}{} \quad \underset{b}{} \quad \underset{c}{}$ 　$\dfrac{-b\pm\sqrt{b^2-4ac}}{2a}$

$x=\dfrac{-(-3)\pm\sqrt{(-3)^2-4\times4\times(-1)}}{2\times4}$

$=\dfrac{3\pm\sqrt{9+16}}{8}=\dfrac{3\pm\sqrt{25}}{8}=\dfrac{3\pm5}{8}$

$=\dfrac{3+5}{8},\ \dfrac{3-5}{8}$

$=\dfrac{8}{8},\ \dfrac{-2}{8}$

$=1,\ -\dfrac{1}{4}$

(5) $(x-1)^2+(x-1)(x+2)=0$

$x-1=A$とおくと

$$A^2+A(x+2)=0$$

$$A\{A+(x+2)\}=0 \quad \text{←} \ A\text{が共通な因数}$$

$$A(A+x+2)=0$$

ここでAを$x-1$に戻して

$$(x-1)(x-1+x+2)=0$$

$$(x-1)(2x+1)=0 \quad \text{←} \ 2x+1=0\text{より}$$
$$\qquad\qquad\qquad\qquad x=-\tfrac{1}{2}$$

$$x=1, \quad -\frac{1}{2}$$

---

4 $m=-3$のとき，他の解 $x=-\dfrac{2}{3}$

$\quad$ $m=1$のとき，他の解 $x=2$

解説

$mx^2+2(m-1)x-(m+1)^2=0$に$x=-2$を代入して

$$m\times(-2)^2+2(m-1)\times(-2)-(m+1)^2=0$$

$$4m-4(m-1)-(m^2+2m+1)=0$$

$$4m-4m+4-m^2-2m-1=0$$

$$-m^2-2m+3=0$$

$$m^2+2m-3=0$$
$$\underset{\text{掛けて}-3,\ \text{足して}+2}{}$$

$$(m+3)(m-1)=0$$

$$m=-3, \quad 1$$

[$m=-3$のとき]

$mx^2+2(m-1)x-(m+1)^2=0$に$m=-3$を代入して

$$-3x^2+2(-3-1)x-(-3+1)^2=0$$

$$-3x^2-8x-4=0$$

$$\underset{a\quad b\quad c}{3x^2+8x+4=0}$$

$$x=\frac{-8\pm\sqrt{8^2-4\times3\times4}}{2\times3}$$

$$=\frac{-8\pm\sqrt{64-48}}{6}=\frac{-8\pm\sqrt{16}}{6}$$

$$=\frac{-8\pm4}{6}$$

$$=\frac{-8+4}{6}, \quad \frac{-8-4}{6}$$

$$=\frac{-4}{6}, \quad \frac{-12}{6}$$

$$=-\frac{2}{3}, \quad -2$$

よって，$m=-3$のとき，2つの解が$x=-\dfrac{2}{3}$，-2

より，他の解は $x=-\dfrac{2}{3}$

[$m=1$のとき]

$mx^2+2(m-1)x-(m+1)^2=0$に$m=1$を代入して

$$1x^2+2(1-1)x-(1+1)^2=0$$

$$x^2-4=0$$

$$x^2=4$$

$$x=\pm2$$

よって，$m=1$のとき，2つの解が$x=\pm2$より，

他の解は $x=2$

---

5 $p=6$, $q=-16$

解説

$x^2+px+q=0$に$x=-8$を代入して

$$(-8)^2+p\times(-8)+q=0$$

$$64-8p+q=0$$

$$-8p+q=-64$$

$$8p-q=64 \quad \cdots\cdots①$$

$x^2+px+q=0$に$x=2$を代入して

$$2^2+p\times2+q=0$$

$$4+2p+q=0$$

$$2p+q=-4 \quad \cdots\cdots②$$

①式と②式を連立方程式として解くと

$$\begin{array}{r} 8p-q=64 \quad \cdots\cdots① \\ +)\ \underline{2p+q=-4} \quad \cdots\cdots② \\ 10p\quad=60 \end{array}$$

$$p=6$$

これを②式に代入して

$$2\times6+q=-4$$

$$12+q=-4$$

$$q=-16$$

（別解） 逆の発想で，与えられた解から2次方程

式を作る。

$x=-8$, 2を解にもつ2次方程式は

$$(x+8)(x-2)=0$$

と考えられるので，これを展開する。

$$(x+8)(x-2)=0$$
$$x^2+6x-16=0$$

この式を$x^2+px+q=0$と比べて

$p=6, \quad q=-16$

 ## 2次方程式の利用

解説

(1) ① $\quad x(21-x)=90$
$$21x-x^2=90$$
$$-x^2+21x-90=0$$
$$x^2-21x+90=0$$

この式を$x^2+px+q=0$と比べると

$p=-21, \quad q=90$

② $\quad x^2-21x+90=0$より

$a=1, \quad b=-21, \quad c=90$

③ $\quad x^2-21x+90=0$

　　　　掛けて90、足して-21

$$(x-6)(x-15)=0$$

この式を$(x-m)(x-n)$と比べると

$m=6, \quad n=15$

④ $\quad x(21-x)=90$

〈解答1〉 ②より

$$x=\frac{-(-21)\pm\sqrt{(-21)^2-4\times1\times90}}{2\times1}$$
$$=\frac{21\pm\sqrt{441-360}}{2}$$
$$=\frac{21\pm\sqrt{81}}{2}$$
$$=\frac{21\pm9}{2}$$
$$=\frac{21+9}{2}, \quad \frac{21-9}{2}$$
$$=\frac{30}{2}, \quad \frac{12}{2}$$

$$=15, \quad 6$$

〈解答2〉 ③より

$$(x-6)(x-15)=0$$
$$x=6, \quad 15$$

〈解答2〉のほうが短く、ミスもしにくいが、因数分解の組を見つけるのが大変である。そういう場合は、90を素因数分解して

$$90=2\times3^2\times5$$

より、2、3、3、5の組み合わせを考えるとヒントになる。

$$\begin{array}{r|r}2&90\\\hline3&45\\\hline3&15\\\hline&5\end{array}$$

(2) ② $\quad 3x^2-4=8$
$$3x^2=12$$
$$x^2=4$$
$$x=\pm2$$

③ $\quad (x-2)^2=5$
$$x-2=\pm\sqrt5$$
$$x=2\pm\sqrt5$$

④ $\quad x^2-4x-1=0$
$$x=\frac{-(-4)\pm\sqrt{(-4)^2-4\times1\times(-1)}}{2\times1}$$
$$=\frac{4\pm\sqrt{16+4}}{2}$$
$$=\frac{4\pm\sqrt{20}}{2}$$
$$=\frac{4\pm2\sqrt5}{2}$$
$$=2\pm\sqrt5$$

補足 $x^2-4x-1=0$の両辺に5を加えると
$$x^2-4x+4=5$$
$$(x-2)^2=5$$

となり、③と同じ問題になる。

⑥ $\quad 2x^2-22x+36=0$
$$2(x^2-11x+18)=0$$

　　　　掛けて$+18$、足して-11

$$2(x-2)(x-9)=0$$
$$x=2, \quad 9$$

▼ Check 2

(1) 1と−12　(2) 1

解説

(1) ある整数をxとすると，ある整数に4を足した数は$x+4$，同じ整数に7を足した数は$x+7$と表されるので ← 手順❶

$$(x+4)(x+7)=40$$ ← 手順❷

$$x^2+11x+28=40$$
$$x^2+11x-12=0$$
$$(x-1)(x+12)=0$$ ← 手順❸
$$x=1,\ x=-12$$

xは整数より，$x=1$，$x=-12$ともに問題に適している。 ← 手順❹

よって，ある整数は　1と−12

(2) 上の(1)の手順❹で，整数を自然数とすると，$x=1$は問題に適するが$x=-12$は問題に適さない。
よって，ある自然数は1

▼ Check 3

4秒後，6秒後

解説

点P，点Qが出発してからx秒後のとき，AP$=x$ cm，AQ$=(10-x)$cmと表される。 ← 手順❶

$$x(10-x)\times\frac{1}{2}=12$$ ← 手順❷

$$x(10-x)=24$$
$$-x^2+10x-24=0$$
$$x^2-10x+24=0$$ ← 手順❸
$$(x-4)(x-6)=0$$
$$x=4,\ x=6$$

$x=4$，$x=6$はともに問題に適する。
よって，点P，点Qが出発してから ← 手順❹

4秒後，6秒後

▼ Check 4

2秒後，3秒後

解説

点P，点Qが出発してからx秒後のとき

$$\triangle ABP=10\times 2x\times\frac{1}{2}=10x(\text{cm}^2)$$

$$\triangle AQD=10\times(10-2x)\times\frac{1}{2}$$
$$=50-10x(\text{cm}^2)$$

$$\triangle PCQ=(10-2x)\times 2x\times\frac{1}{2}$$
$$=10x-2x^2(\text{cm}^2)$$ ← 手順❶

と表されるので

$$\triangle APQ=100-\{10x+(50-10x)$$
$$+(10x-2x^2)\}$$
$$=100-(50+10x-2x^2)$$
$$=2x^2-10x+50$$

これが38 cm²になるので

$$2x^2-10x+50=38$$ ← 手順❷

$$2x^2-10x+12=0$$
$$2(x^2-5x+6)=0$$
$$2(x-2)(x-3)=0$$ ← 手順❸
$$x=2,\ x=3$$

$x=2$，$x=3$はともに問題に適する。
よって，点P，点Qが出発してから ← 手順❹

2秒後，3秒後

▼ Lesson 24 の力だめし

1　(1) 1　(2) 11 m

解説

(1) この自然数をxとすると，ある自然数に5を足した数は$x+5$と表されるので ← 手順❶

$$(x+5)x=6$$ ← 手順❷

これを解くと

$$x^2+5x=6$$
$$x^2+5x-6=0$$ ← 手順❸

掛けて−6，足して+5

$$(x-1)(x+6)=0$$
$$x=1,\ x=-6$$

xは自然数より，$x=1$は問題に適するが，$x=-6$は問題に適さない。 ← 手順❹
よって，この自然数は1

(2)

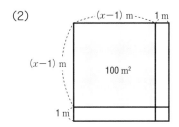

正方形の土地の1辺の長さを x m とする
と，残りの土地は1辺が $(x-1)$ mの正　← 手順❶
方形と考えられるから

$(x-1)^2=100$ ← 手順❷

これを解くと

$x-1=\pm10$

$x=1\pm10$ ← 手順❸

$x=1+10,\ x=1-10$

$x=11,\ x=-9$

残りの土地の1辺が $(x-1)$ mなので

$x-1>0$ より　$x>1$

したがって，$x=11$ は問題に適するが　← 手順❹
$x=-9$ は問題に適さない。

よって，正方形の土地の1辺の長さは

11 m

2　ア $x+6$　イ $x-10$
ウ $x-4$　エ 5　オ 14
カ 51　キ 17　ク 3
ケ 10　コ 23

解説

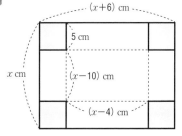

上の図のように，もとの長方形の横の長さは
$(x+6)$ cmとおけるので，底面の長方形はそれぞ
れ10 cm短くなる。

よって，底面の長方形の辺の長さは
たてが $(x-10)$ cm, 横が $x+6-10=x-4$ (cm)

容器の容積は　$(x-10)\times(x-4)\times5$

$\underbrace{\qquad}_{たて}\ \underbrace{\qquad}_{横}\ \underbrace{\quad}_{高さ}$

となり，これが455 cm³なので

$(x-10)(x-4)\times5=455$

$\qquad\qquad\qquad\quad$ ↷ ÷5

$(x-10)(x-4)=91$

$x^2-14x+40=91$

$x^2-14x-51=0$ ← $\begin{array}{r}3)\ 51\ なので\\17\end{array}$

掛けて-51, 足して-14 $\qquad$ $51=3\times17$

$(x-17)(x+3)=0$

$x=17,\ -3$

ここで左下の図より，底面の長方形の短い辺は
$(x-10)$ cmであり，これが0より大きくないと
いけないので

$x-10>0$　よって　$x>10$

ゆえに，$x=17$ は問題に適するが，$x=-3$ は問
題に適さない。

したがって，たての長さは　$x=17$ (cm)

横の長さは　$x+6=17+6=23$ (cm)

3　(1) 2秒後，6秒後
(2) 1秒後，3秒後　　(3) 4秒後，12秒後

解説

(1)　点P，点Qが秒速1 cmで出発してから x 秒
後とすると，AP$=x$ (cm)，AQ$=8-x$ (cm) と
表される。

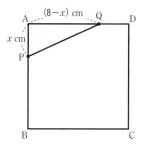

よって，△APQの面積は

$x(8-x)\times\dfrac{1}{2}=6$

これを解くと

$x(8-x)=12$

$8x-x^2=12$

$-x^2+8x-12=0$

$x^2-8x+12=0$

掛けて+12, 足して-8

$(x-2)(x-6)=0$

$x=2,\ x=6$

$0\leqq x\leqq8$ より　← 点P，点Qとも秒速1 cmで8 cmの
距離を進むので　$8\div1=8$ (秒)

$x=2,\ x=6$ はともに問題に適する。

よって，点P，点Qが秒速1 cmのとき，△APQ
の面積が6 cm²になるのは，出発してから

2秒後，6秒後

(2) 点P，点Qが秒速2 cmで出発してからx秒
後とすると，AP＝$2x$(cm)，AQ＝$8-2x$(cm)
と表される。

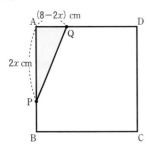

よって，△APQの面積は

$$2x(8-2x)\times\frac{1}{2}=6$$

これを解くと

$$x(8-2x)=6$$
$$8x-2x^2=6$$
$$-2x^2+8x-6=0$$
$$2x^2-8x+6=0$$
$$2(x^2-4x+3)=0$$

掛けて＋3，足して－4

$$2(x-1)(x-3)=0$$
$$x=1,\ x=3$$

$0\leqq x\leqq 4$より ← 点P，点Qとも秒速2 cmで8 cmの
距離を進むので 8÷2＝4(秒)

$x=1$，$x=3$はともに問題に適する。

よって，点P，点Qが秒速2 cmのとき，△APQ
の面積が6 cm²になるのは，出発してから

1秒後，3秒後

(3) 点P，点Qが秒速0.5 cmで出発してからx
秒後とすると，AP＝0.5x(cm)，
AQ＝$8-0.5x$(cm)と表される。

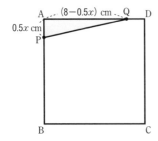

よって，△APQの面積は

$$0.5x(8-0.5x)\times\frac{1}{2}=6$$

これを解くと

$$\frac{1}{2}x\left(8-\frac{1}{2}x\right)=12$$
$$x\left(8-\frac{1}{2}x\right)=24$$
$$8x-\frac{1}{2}x^2=24$$
$$-\frac{1}{2}x^2+8x-24=0$$
$$\frac{1}{2}x^2-8x+24=0$$
$$x^2-16x+48=0$$

掛けて＋48，足して－16

$$(x-4)(x-12)=0$$
$$x=4,\ x=12$$

$0\leqq x\leqq 16$より ← 点P，点Qとも秒速0.5 cmで8 cmの
距離を進むので 8÷0.5＝16(秒)

$x=4$，$x=12$はともに問題に適する。

よって，点P，点Qが秒速0.5 cmのとき，△APQ
の面積が6 cm²になるのは，出発してから

4秒後，12秒後

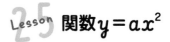

Lesson 25 関数$y=ax^2$

▼ おさらいテスト
(1) ①6　②2　③①のときも②のときも2
(2) ①傾き$\frac{5}{2}$，切片－5　②$y=-x+5$
③$\left(\frac{20}{7},\ \frac{15}{7}\right)$

解説

(1) ①　$y=2x-1$に$x=1$を代入して
　　$y=2\times 1-1=2-1=1$
$y=2x-1$に$x=4$を代入して
　　$y=2\times 4-1=8-1=7$
よって，xが1から4まで増加すると，yは1から
7まで増加する。したがって，yの増加量は
　　$7-1=6$
②　$y=2x-1$に$y=-2$を代入して
　　$-2=2x-1$
　　$-2x=1$
　　$x=-\frac{1}{2}$

$y=2x-1$に$y=2$を代入して

$$2=2x-1$$
$$-2x=-3$$
$$x=\frac{3}{2}$$

よって，yが-2から2まで増加すると，

xは$-\frac{1}{2}$から$\frac{3}{2}$まで増加する。

したがって，xの増加量は

$$\frac{3}{2}-\left(-\frac{1}{2}\right)=\frac{3}{2}+\frac{1}{2}=2$$

③　$(変化の割合)=\dfrac{(yの増加量)}{(xの増加量)}$

①のとき　$\dfrac{7-1}{4-1}=\dfrac{6}{3}=2$

②のとき　$\dfrac{2-(-2)}{\frac{3}{2}-\left(-\frac{1}{2}\right)}=\dfrac{4}{2}=2$

（1次関数の変化の割合は，つねに一定）

（別解）

1次関数$y=ax+b$の変化の割合aは一定より，

$y=2x-1$の変化の割合は2となる。

③　変化の割合は2　　$_{(変化の割合)=\frac{(yの増加量)}{(xの増加量)}より}$

①　xの増加量は，$4-1=3$より

yの増加量は　$2×3=6$　←　$_{(変化の割合)×(xの増加量)}^{=(yの増加量)}$

②　yの増加量は，$2-(-2)=4$より

xの増加量は　$4÷2=2$　←　$_{(xの増加量)÷(変化の割合)}^{=(yの増加量)}$

(2)③　ⓐ，ⓑの直線の式を連立して解く。

$$\begin{cases} y=\dfrac{5}{2}x-5 & \cdots\cdots ⓐ \\ y=-x+5 & \cdots\cdots ⓑ \end{cases}$$

ⓐ式をⓑ式に代入して

$$\frac{5}{2}x-5=-x+5$$
$$\frac{5}{2}x+x=5+5$$
$$\frac{7}{2}x=10$$
$$x=10×\frac{2}{7}$$
$$x=\frac{20}{7}$$

これをⓑ式に代入して

$$y=-\frac{20}{7}+5$$
$$y=-\frac{20}{7}+\frac{35}{7}$$
$$y=\frac{15}{7}$$

よって，交点は　$\left(\dfrac{20}{7},\ \dfrac{15}{7}\right)$

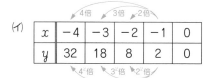

▽ **Check 1**

㋐ $y=-4x$　　y が x の2乗に比例しない

㋑ $y=2x^2$　　y が x の2乗に比例する

解説

㋐　xが1増えるごとに，yは4ずつ減っているので，変化の割合は一定で　$a=\dfrac{-4}{1}=-4$

また，$x=0$のとき$y=0$より　$b=0$

したがって，$y=-4x$で，yはxに比例する。

㋑

x	-4	-3	-2	-1	0
y	32	18	8	2	0

上の表のように

xの値が2倍，3倍，……になると

yの値は2^2倍，3^2倍，……になるので，

yはxの2乗に比例する。

$y=ax^2$に$x=-1$，$y=2$を代入して

$$2=a×(-1)^2$$
$$2=a×1$$
$$a=2$$

よって　$y=2x^2$

▽ **Check 2**

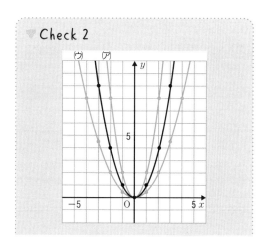

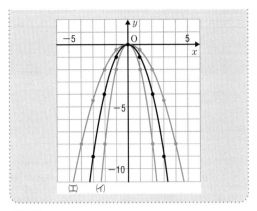

⑦～㋑の対応するxとyの値の表は以下のようになるので、グラフ上に点をとって放物線をかく。

x	-4	-3	-2	-1	0	1	2	3	4
$y=x^2$	16	9	4	1	0	1	4	9	16
⑦$y=2x^2$	32	18	8	2	0	2	8	18	32
㋒$y=\frac{1}{2}x^2$	8	$\frac{9}{2}$	2	$\frac{1}{2}$	0	$\frac{1}{2}$	2	$\frac{9}{2}$	8

x	-4	-3	-2	-1	0	1	2	3	4
$y=-x^2$	-16	-9	-4	-1	0	-1	-4	-9	-16
㋑$y=-2x^2$	-32	-18	-8	-2	0	-2	-8	-18	-32
㋓$y=-\frac{1}{2}x^2$	-8	$-\frac{9}{2}$	-2	$-\frac{1}{2}$	0	$-\frac{1}{2}$	-2	$-\frac{9}{2}$	-8

▼ Check 3

① ㋓ ② ㋒ ③ ⑦ ④ ㋑

⑦～㋓の中で、上に開いた形は、㋒と㋓、下に開いた形は、⑦と㋑となる。また、㋒のほうが㋓よりグラフの開き具合が小さくなり、㋑のほうが⑦よりグラフの開き具合が小さくなる。

▼ Check 4

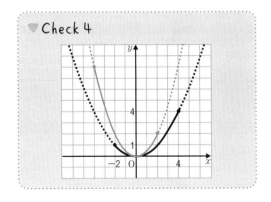

$y=\frac{1}{2}x^2$に$x=-4$を代入すると $y=8$

$x=2$を代入すると $y=2$

よって、グラフは上の図のようになる。

▼ Lesson25 の力だめし

1 ⑦ -2 ㋑ -8 ㋒ $-\frac{25}{2}$

㋓ 9 ㋔ 16

$y=-\frac{1}{2}x^2$にxの値を代入して ⑦ ～ ㋒ を求める。yはx^2に比例するので、xが2倍、3倍……となるとyは2^2倍、3^2倍……になる。

2 (1) 比例：イ、カ 反比例：エ
(2) イ、オ、カ (3) ア、ウ

(1) 比例の式は$y=ax$の形。

カは$y=\frac{x}{3}=\frac{1}{3}x$より、$a=\frac{1}{3}$となるので比例。

反比例は$y=\frac{a}{x}$の形なのでエ。

(2) 1次関数は$y=ax+b$の形。比例は1次関数で$b=0$の特別な場合である。

(3) yがxの2乗に比例する式は$y=ax^2$の形。

ウは$y=\frac{x^2}{3}=\frac{1}{3}x^2$より$a=\frac{1}{3}$なので、$y$が$x$の2乗に比例する。

3 (1) ① $a=\frac{3}{2}$ ② $a=\frac{3}{25}$

(2) ① $y=150$ ② $y=12$

(3) ① $x=\pm6$ ② $x=\pm15\sqrt{2}$

(1)① 点(2, 6)を通るので、$y=ax^2$に$x=2$、$y=6$を代入して

$$6=a\times2^2 \quad より \quad a=\frac{3}{2}$$

② 点(5, 3)を通るので、$y=ax^2$に$x=5$、

$y=3$を代入して

$$3=a\times5^2 \quad より \quad a=\frac{3}{25}$$

(2) ① $y=\frac{3}{2}x^2$に$x=10$を代入して

$$y=\frac{3}{2}\times10^2=150$$

② $y=\frac{3}{25}x^2$に$x=10$を代入して

$$y=\frac{3}{25}\times10^2=12$$

(3) ① $y=\frac{3}{2}x^2$に$y=54$を代入して

$$54=\frac{3}{2}x^2$$

$$\frac{3}{2}x^2=54$$

$$x^2=54\times\frac{2}{3}$$

$$x^2=36$$

$$x=\pm6$$

② $y=\frac{3}{25}x^2$に$y=54$を代入して

$$54=\frac{3}{25}x^2$$

$$\frac{3}{25}x^2=54$$

$$x^2=54\times\frac{25}{3}$$

$$x^2=18\times25$$

$$x=\pm5\sqrt{18} \quad \leftarrow \sqrt{18}=\sqrt{9\times2}=\sqrt{3^2\times2}=3\sqrt{2}$$

$$x=\pm15\sqrt{2}$$

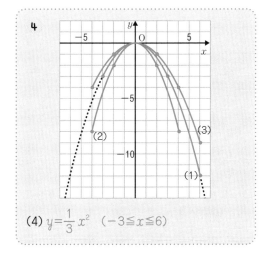

4

(4) $y=\frac{1}{3}x^2 \quad (-3\leqq x\leqq6)$

解説

(1) $y=-\frac{1}{3}x^2$に$x=-3$，$x=6$を代入して

$$y=-\frac{1}{3}\times(-3)^2=-\frac{1}{3}\times9=-3$$

$$y=-\frac{1}{3}\times6^2=-\frac{1}{3}\times36=-12$$

よって，点$(-3, -3)$，点$(6, -12)$の間を実線で結ぶ。

(2) $y=-\frac{1}{2}x^2$を満たすx，yの値を表にすると次のようになる。

x	-4	-3	-2	-1	0	1	2	3	4
y	-8	$\frac{9}{2}$	-2	$\frac{1}{2}$	0	$-\frac{1}{2}$	-2	$-\frac{9}{2}$	-8

(3) $y=-\frac{1}{4}x^2$を満たすx，yの値を表にすると，次のようになる。

x	-4	-3	-2	-1	0	1	2	3	4	5	6
y	-4	$\frac{9}{4}$	-1	$\frac{1}{4}$	0	$-\frac{1}{4}$	-1	$-\frac{9}{4}$	-4	$-\frac{25}{4}$	-9

(4) $y=-\frac{1}{3}x^2$のグラフとx軸について対称なグラフを表す関数は$y=\frac{1}{3}x^2$より

$$y=-\frac{1}{3}x^2 \quad (-3\leqq x\leqq6)$$

のグラフとx軸について対称なグラフを表す関数は $y=\frac{1}{3}x^2 \quad (-3\leqq x\leqq6)$

Lesson 26 関数$y=ax^2$の変化の割合と利用

▼おさらいテスト

(1) ア 9 イ 6 ウ 9 エ 15

(2) $0\leqq x\leqq6$, $y=\frac{3}{2}x$

(3) $6\leqq x\leqq9$, $y=9$

(4) $9\leqq x\leqq15$, $y=-\frac{3}{2}x+\frac{45}{2}$

解説

(1) △ABPの底辺をAB＝3cmとすると，高さBPは6cmが最も大きな値になるので，そのときの△ABPの面積は

$$3 \times 6 \times \frac{1}{2} = 9(\text{cm}^2)$$

より，$\boxed{\text{ア}}$ は9となる。

点Pが点Cまで到達したときに△ABP＝9cm²となり，点Dに到達するまでは△ABP＝9cm²のままなので $\boxed{\text{イ}}$ は6，$\boxed{\text{ウ}}$ は9となる。

点PがDA上を進むとき，△ABPの面積は小さくなっていく。そして，点Pが点Aに到達したとき，△ABPの面積は0cm²となるので，$\boxed{\text{エ}}$ は6＋3＋6＝15となる。

(2) (1)で穴うめしたグラフより，$y = ax$ に $x = 6$，$y = 9$ を代入して

$$9 = a \times 6 \quad \text{より} \quad a = \frac{3}{2} \quad \text{よって} \quad y = \frac{3}{2}x$$

(3) (1)で穴うめしたグラフより，2点(6, 9)，(9, 9)の2点を通るので $y = 9$

補足 y は x にかかわらず9なので，x は式に出てこない。

(4) (1)で穴うめしたグラフより，2点(9, 9)，(15, 0)の2点を通るので，傾きは

$$a = \frac{0-9}{15-9} = \frac{-9}{6} = -\frac{3}{2}$$

よって，$y = -\frac{3}{2}x + b$ とおける。

これに $x = 15$，$y = 0$ を代入して

$$0 = -\frac{3}{2} \times 15 + b \quad \text{より} \quad b = \frac{45}{2}$$

よって $y = -\frac{3}{2}x + \frac{45}{2}$

Check 1
(1) 変化の割合：9，$y = 9x - 6$
(2) 変化の割合：-6，$y = -6x$

解説

(1) $x = 1$ のとき $y = 3 \times 1^2 = 3 \times 1 = 3$
$x = 2$ のとき $y = 3 \times 2^2 = 3 \times 4 = 12$
よって，変化の割合は

$$\frac{12-3}{2-1} = 9$$

これは2点(1, 3)，(2, 12)を通る直線の傾きを表している。

求める直線の式を $y = 9x + b$ とおき，$x = 1$，$y = 3$ を代入すると

$$3 = 9 \times 1 + b \quad \text{より} \quad b = -6$$

よって $y = 9x - 6$

(2) $x = -2$ のとき $y = 3 \times (-2)^2 = 3 \times 4 = 12$
$x = 0$ のとき $y = 3 \times 0^2 = 0$
よって，変化の割合は

$$\frac{0-12}{0-(-2)} = -6$$

これは2点(-2, 12)，(0, 0)を通る直線の傾きを表している。

求める直線の式を $y = -6x + b$ とおき，$x = 0$，$y = 0$ を代入すると

$$0 = -6 \times 0 + b \quad \text{より} \quad b = 0$$

よって $y = -6x$

Check 2
(1) $-32 \leqq y \leqq -8$ (2) $-32 \leqq y \leqq 0$
(3) $-8 \leqq y \leqq 0$

解説

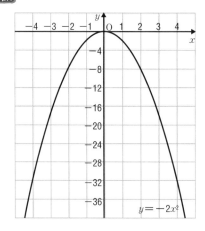

(1) $y = -2x^2$ に $x = 2$，$x = 4$ を代入すると
$x = 2$ のとき $y = -8$
$x = 4$ のとき $y = -32$
上の図より $2 \leqq x \leqq 4$ のとき $-32 \leqq y \leqq -8$

(2) $y = -2x^2$ に $x = -2$，$x = 4$ を代入すると
$x = -2$ のとき $y = -8$
$x = 4$ のとき $y = -32$

前ページの図より $-2\leqq x\leqq 4$ のとき，グラフは
原点(0, 0)を通るので　$-32\leqq y\leqq 0$

(3) $y=-2x^2$ に $x=-2$，$x=1$ を代入すると
　　$x=-2$ のとき　$y=-8$
　　$x=1$ のとき　$y=-2$

前ページの図より $-2\leqq x\leqq 1$ のとき，グラフは
原点(0, 0)を通るので　$-8\leqq y\leqq 0$

▼ Check 3

(1) 19.6 m，3秒間

(2) ① $y=2x^2$　②98 m　③10秒後

　　④ (1から4まで) 10　(4から7まで) 22

解説

(1) $y=4.9x^2$ に $x=2$ を代入して
　　$y=4.9\times 2^2$　より　$y=19.6$（m）

$y=4.9x^2$ に $y=44.1$ を代入して
　　$44.1=4.9x^2$　より　$x^2=9$

$x>0$ より　$x=3$（秒）

(2)① x の値が2倍，3倍……になると，y の値
は 2^2 倍，3^2 倍……となるので，y は x の2乗に比
例する。よって，$y=ax^2$ の形になる。

$x=1$，$y=2$ を代入して
　　$2=a\times 1^2$　より　$a=2$

よって　$y=2x^2$

② $y=2x^2$ に $x=7$ を代入して
　　$y=2\times 7^2$　より　$y=98$（m）

③ $y=2x^2$ に $y=200$ を代入して
　　$200=2x^2$　より　$x^2=100$

$x>0$ より　$x=10$（秒）

④ x の値が1から4まで増加するときの変化の
割合は　$\dfrac{32-2}{4-1}=\dfrac{30}{3}=10$

x の値が4から7まで増加するときの変化の割合
は　$\dfrac{98-32}{7-4}=\dfrac{66}{3}=22$

補足 $x=1\sim4$ のときと $x=4\sim7$ のときのボール
の平均の速さを表している。

時間がたつにつれて，ボールは速くなる。

▼ Check 4

(1) A$(-1, 1)$，B$(2, 4)$

(2) $y=x+2$　(3) 3

解説

(1) $y=x^2$ に
　　$x=-1$ を代入すると　$y=(-1)^2=1$
　　$x=2$ を代入すると　$y=2^2=4$

よって　A$(-1, 1)$，B$(2, 4)$

(2) 直線 ℓ の傾き(変化の割合)は
　　　$\dfrac{4-1}{2-(-1)}=\dfrac{3}{3}=1$

求める直線の式は，$y=x+b$ とおけるので，
$x=-1$，$y=1$ を代入すると
　　　$1=-1+b$　より　$b=2$

よって　$y=x+2$

(3) 直線 ℓ と y 軸の交点をCとすると，(2)で求
めた式より，直線 ℓ の切片は2なので　OC$=2$

△OAB$=$△OCA$+$△OCBである。

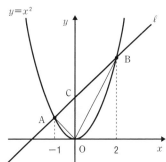

線分OCを底辺と考えると，△OCAと△OCBの
高さは点A，Bの x 座標の絶対値になる。

よって　△OCA$=2\times 1\times\dfrac{1}{2}=1$

　　　　△OCB$=2\times 2\times\dfrac{1}{2}=2$

ゆえに　△OAB$=1+2=3$

もっとくわしく

$$\begin{cases} y=x^2 & \cdots\cdots ① \\ y=x+2 & \cdots\cdots ② \end{cases}$$

を解いてみる。

①式を②式に代入して
　　　　　　　$x^2=x+2$

　　　　$x^2-x-2=0$

　　$(x+1)(x-2)=0$

$x=-1,\ x=2$

これらを②式にそれぞれ代入すると

$y=1,\ y=4$

よって $(-1,\ 1),\ (2,\ 4)$

これは，関数$y=x^2$のグラフと直線ℓの交点の座標を表している。

▼ Lesson 26 の力だめし

> 1 (1) ① $3\leqq x\leqq 6$　② $-6\leqq x\leqq -3$
> ③ $-3\leqq x\leqq 6$
> (2) ① $-12\leqq y\leqq -3$　② $-12\leqq y\leqq -3$
> ③ $-12\leqq y\leqq 0$
> (3) ① -3　② 3　③ -1
> (4) ① $y=-3x+6$　② $y=3x+6$
> ③ $y=-x-6$

解説

(2) ①

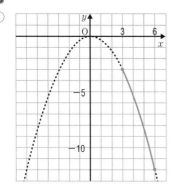

上の図より，$3\leqq x\leqq 6$のとき

$-12\leqq y\leqq -3$

②

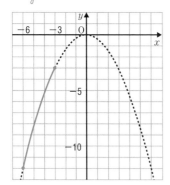

上の図より，$-6\leqq x\leqq -3$のとき

$-12\leqq y\leqq -3$

③

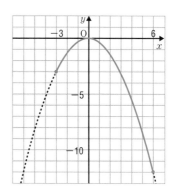

上の図より，$-3\leqq x\leqq 6$のとき

$-12\leqq y\leqq 0$

(3) （変化の割合）$=\dfrac{（yの増加量）}{（xの増加量）}$ より

① $\dfrac{-12-(-3)}{6-3}=\dfrac{-9}{3}=-3$

② $\dfrac{-3-(-12)}{-3-(-6)}=\dfrac{9}{3}=3$

③ $\dfrac{-12-(-3)}{6-(-3)}=\dfrac{-9}{9}=-1$

(4) ① $y=-3x+b$に$x=3,\ y=-3$を代入して
$-3=-3\times 3+b$ より $b=6$

よって $y=-3x+6$

② $y=3x+b$に$x=-3,\ y=-3$を代入して
$-3=3\times(-3)+b$ より $b=6$

よって $y=3x+6$

③ $y=-x+b$に$x=-3,\ y=-3$を代入して
$-3=-(-3)+b$より $b=-6$

よって $y=-x-6$

> 2 (1) $0\leqq y\leqq 490$　(2) $0\leqq x\leqq 10$
> (3) 14.7　(4) 19.6　(5) 24.5

解説

(2) $y=4.9x^2$に$y=490$を代入すると
$490=4.9x^2$
$x^2=100$

$x>0$より $x=10$

よって，10秒後に物体は地面に到達するので
$0\leqq x\leqq 10$

(3) （変化の割合）$=\dfrac{（yの増加量）}{（xの増加量）}$ より

$\dfrac{4.9\times 3^2-4.9\times 0^2}{3-0}=\dfrac{4.9\times 9}{3}$

$$=4.9\times3=14.7$$

(4) $\dfrac{4.9\times3^2-4.9\times1^2}{3-1}=\dfrac{4.9\times9-4.9\times1}{2}$

$$=\dfrac{4.9\times8}{2}$$ 分配法則を利用

$$=4.9\times4=19.6$$

(5) $\dfrac{4.9\times3^2-4.9\times2^2}{3-2}=\dfrac{4.9\times9-4.9\times4}{1}$

$$=4.9\times5=24.5$$

---

3 (1) $y=x+12$ (2) 60 (3) $y=13x$

解説

(1) $y=\dfrac{1}{2}x^2$ に $x=-4$ を代入すると

$$y=\dfrac{1}{2}\times(-4)^2=\dfrac{1}{2}\times16=8$$

$x=6$ を代入すると

$$y=\dfrac{1}{2}\times6^2=\dfrac{1}{2}\times36=18$$

よって A$(-4,\ 8)$, B$(6,\ 18)$

直線ABの傾きは

$$\dfrac{18-8}{6-(-4)}=\dfrac{10}{10}=1$$

$y=x+b$ に $x=-4$, $y=8$ を代入して

$$8=-4+b\ \ より\ \ b=12$$

したがって $y=x+12$

(2) 直線ABと y 軸の交点をCとすると,
直線ABの切片が12よりC$(0,\ 12)$となる。

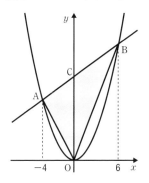

線分OCを底辺と考えると, △OAC, △OBCの
高さはそれぞれ点A, 点Bの x 座標の絶対値になる。

よって △OAC$=12\times4\times\dfrac{1}{2}=24$

$$△OBC=12\times6\times\dfrac{1}{2}=36$$

ゆえに △OAB$=$△OAC$+$△OBC

$$=24+36=60$$

(3) △OABにおいて辺ABを底辺と考えると,
原点Oを通る直線が辺ABの中点を通るとき,
△OABの面積は2等分される。線分ABの中点を
Mとすると, M$\left(\dfrac{-4+6}{2},\ \dfrac{8+18}{2}\right)$ ← 中点は平均

より, M$(1,\ 13)$ となる。

求める直線は原点を通るので $y=ax$ とおける。
この式が点Mを通るので, $x=1$, $y=13$ を代入
すると

$$13=a\times1\ \ より\ \ a=13$$

よって $y=13x$

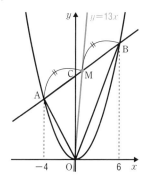

Lesson 27 相似な図形，三角形と比

解説

(1)(ア) △ABCと△EDCにおいて

仮定より　AC＝EC　……①

　　　　　BC＝DC　……②

対頂角は等しいので　∠ACB＝∠ECD　……③

①，②，③より，2組の辺とその間の角がそれぞれ等しいので　△ABC≡△EDC

(イ) △OACと△OBDにおいて

仮定より　OA＝OB　……①

対頂角は等しいので　∠AOC＝∠BOD　……②

平行線の錯角は等しいので

　　　　∠OAC＝∠OBD　……③

①，②，③より，1組の辺とその両端の角がそれぞれ等しいので　△OAC≡△OBD

(ウ) △ABCと△DCBにおいて

仮定より　∠BAC＝∠CDB＝90°　……①

　　　　AB＝DC　……②

共通な辺なので　BC＝CB　……③

①，②，③より，直角三角形で斜辺と他の1辺がそれぞれ等しいので　△ABC≡△DCB

(2) 平行であることの証明では，「錯角が等しい」か「同位角が等しい」ことをいう。

Check 1

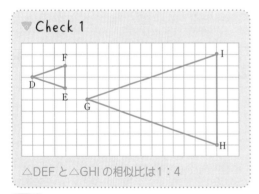

△DEF と△GHI の相似比は1：4

解説

辺ABは点Aから右へ6マス，下へ2マスの位置に点Bがあり，△ABCと△DEFの相似比は2：1なので，辺DEは点Dから右へ$6 \times \frac{1}{2} = 3$マス，下へ$2 \times \frac{1}{2} = 1$マスに点Eをとる。

また，△ABCと△GHIの相似比は1：2なので，辺GHは点Gから右へ$6 \times 2 = 12$マス，下へ$2 \times 2 = 4$マスに点Hをとる。

同様に，辺BCは点Bから上へ4マスの位置に点Cがあるので，

辺EFは点Eから上へ$4 \times \frac{1}{2} = 2$マスに点Fを，

辺HIは点Hから上へ$4 \times 2 = 8$マスに点Iをとる。

Check 2

(1) 3：2　(2) 6 cm

解説

(1) 相似な図形において，対応する辺の比はすべて等しい。

AD：EH＝15：10＝3：2より，相似比は3：2

(2) 相似比は3：2より

外側×外側
$$9 ： FG＝3 ： 2$$
内側×内側

FG×3＝9×2

よって　FG＝6(cm)

Check 3

(1) △ABC ∽ △AED

(2) 2組の辺の比とその間の角がそれぞれ等しい

(3) 2：1　(4) 7.5 cm

解説

(2) △ABCと△AEDにおいて

仮定より　AB：AE＝12：6＝2：1　……①

　　　　AC：AD＝16：8＝2：1　……②

共通な角より　∠BAC＝∠EAD　……③

①，②，③より，2組の辺の比とその間の角がそれぞれ等しいので　△ABC∽△AED

Check 4

15 cm

解説

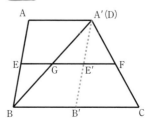

前ページの図のように，線分ABを平行移動して，

AをDに重なるようにし，線分A′B′とする。

A′E′：E′B′＝DF：FC（＝1：1）より ← E′，Fは中点なので

　　E′F∥B′C

よって　EF∥BC ← EE′∥BCだから，E，E′，Fは一直線上にある

EF∥BCということは，GF∥BCなので

　　DG：GB＝DF：FC＝1：1

したがって，点Gは線分BDの中点である。

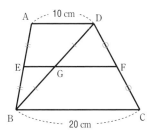

△BADにおいて，中点連結定理より

$$EG = \frac{1}{2}AD = \frac{1}{2} \times 10 = 5(cm)$$

△DBCにおいて，中点連結定理より

$$GF = \frac{1}{2}BC = \frac{1}{2} \times 20 = 10(cm)$$

よって　EF＝EG＋GF＝5＋10＝15(cm)

▼ Check 5

(1) $x = 8$　(2) $x = 14$

解説

(1)　平行線と線分の比より

外側×外側

$$4 : x = 5 : 10$$

内側×内側

$$5x = 40$$

$$x = 8(cm)$$

(2)

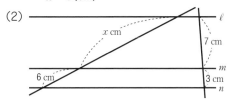

上の図のように，交差している2直線を平行移動

させると，わかりやすい。平行線と線分の比より

外側×外側

$$x : 6 = 7 : 3$$

内側×内側

$$3x = 42$$

$$x = 14(cm)$$

▼ Lesson 27 の力だめし

1　(1) $4 : 3$　(2) 8 cm　(3) $\frac{21}{2}$ cm

解説

相似な図形において，対応する辺の比は等しい。

(1)　BC：FG＝16：12＝4：3より

　　相似比 4：3

外側×外側

(2)　AD：6＝4：3

内側×内側

$$3 \times AD = 24$$

$$AD = 8(cm)$$

外側×外側

(3)　14：HG＝4：3

内側×内側

$$4 \times HG = 42$$

$$HG = \frac{42}{4} = \frac{21}{2}(cm)$$

2　(1) △ABC∽△HBA

△ABC∽△HAC

(2) 2組の角がそれぞれ等しい

△ABCと△HBAの相似比 5：4

△ABCと△HACの相似比 5：3

(3) AH＝$\frac{24}{5}$(cm)　　BH＝$\frac{32}{5}$(cm)

CH＝$\frac{18}{5}$(cm)

解説

(1)，(2)　△ABCと△HBAにおいて

仮定より　∠BAC＝∠BHA＝90°　……①

共通な角より　∠ABC＝∠HBA　　……②

①，②より，2組の角がそれぞれ等しいので

　　△ABC∽△HBA

△ABCと△HACにおいて

仮定より　∠BAC＝∠AHC＝90°　……③

共通な角より　∠ACB＝∠HCA　　……④

③，④より，2組の角がそれぞれ等しいので

　　△ABC∽△HAC

△ABCと△HBAの相似比は

　　BC：BA＝10：8＝5：4

△ABCと△HACの相似比は

　　BC：AC＝10：6＝5：3

(3)　△ABC∽△HBAより

　　6：AH＝5：4

　　5×AH＝24

　　$AH＝\dfrac{24}{5}$(cm)

　　8：BH＝5：4

　　5×BH＝32

　　$BH＝\dfrac{32}{5}$(cm)

△ABC∽△HACより

　　6：CH＝5：3

　　5×CH＝18

　　$CH＝\dfrac{18}{5}$(cm)

$\left(\text{または}CH＝BC－BH＝10－\dfrac{32}{5}＝\dfrac{18}{5}(\text{cm})\right)$

3　(1) 5 cm　(2) 13.5 cm

解説

(1)　中点連結定理より

　　$DF＝\dfrac{1}{2}BC＝\dfrac{1}{2}×10＝5$(cm)

(2)　中点連結定理より

　　$DE＝\dfrac{1}{2}AC＝\dfrac{1}{2}×8＝4$(cm)

　　$EF＝\dfrac{1}{2}AB＝\dfrac{1}{2}×9＝4.5$(cm)

よって

　　DF＋DE＋EF＝5＋4＋4.5＝13.5（cm）

4　(1) $x＝6$, $y＝10.5$
(2) $x＝6$, $y＝8$

解説

(1)　平行線と線分の比より

　　4：6＝x：9

　　6x＝36

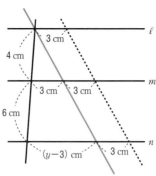

上の図のように，3直線ℓ，m，nに交差している
2本の直線のうち，右にあるほうを，3 cm左へ平
行移動させて三角形を作ると

　　3：$(y－3)$＝4：$(4＋6)$

　　4$(y－3)$＝30

　　4$y－12$＝30

　　4y＝42

　　y＝10.5(cm)

(2)　平行線と線分の比より

　　8：4＝x：3

　　4x＝24

　　x＝6(cm)

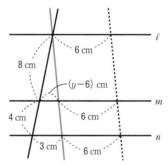

上の図のように3直線ℓ，m，nに交差している2
本の直線のうち，右にあるほうを6 cm左へ平行
移動させて三角形を作ると

　　$(y－6)$：3＝8：$(8＋4)$

　　12$(y－6)$＝24

　　$y－6$＝2

　　y＝8(cm)

5　(1) $x＝4$　(2) $x＝4$

解説

(1) $2 : x = 5 : 10$

$\qquad 5x = 20$

$\qquad x = 4 \text{(cm)}$

(2) $(10 - x) : x = 9 : 6$

$\qquad {}^{3}9x = {}^{2}6(10 - x)$

$\qquad 3x = 20 - 2x$

$\qquad 5x = 20$

$\qquad x = 4 \text{(cm)}$

Lesson 2-8 相似の応用，円

おさらいテスト

(1) ①90° ②140° (2) ①$20\pi + 80 \text{(cm)}$
②$800 - 200\pi \text{(cm}^2)$

解説

(1)② $360° - (90° + 90° + 40°)$

$= 360° - 220° = 140°$

 PA，PBは接線より ∠OAP＝∠OBP＝90°

(2)① （色のついた部分の周の長さ）

$=$（正方形の周の長さ）$+$

$\qquad \left(\text{円の} \dfrac{1}{4} \text{のおうぎ形の弧の長さ}\right) \times 2$

$= 20 \times 4 + \left(\text{円の} \dfrac{1}{2} \text{のおうぎ形の弧の長さ}\right)$

$= 80 + 2\pi \times 20 \times \dfrac{1}{2}$ ← 弧の長さは，円周$2\pi r \times$割合

$= 80 + 20\pi = 20\pi + 80 \text{ (cm)}$

②
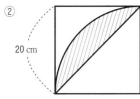

20 cm

（上の図の斜線部分の面積）

$= \left(\text{円の} \dfrac{1}{4} \text{のおうぎ形の面積}\right) -$

$\qquad\qquad$（直角二等辺三角形の面積）

$= \pi \times 20^2 \times \dfrac{1}{4} - 20 \times 20 \times \dfrac{1}{2}$

$\underbrace{\phantom{= \pi \times 20^2 \times \frac{1}{4}}}_{\text{円の面積} \times \frac{1}{4}}$

$= 100\pi - 200 \text{(cm}^2)$

したがって

（問題の図の色のついた部分の面積）

$=$（正方形の面積）$-$（斜線部分の面積）$\times 2$

$= 20 \times 20 - (100\pi - 200) \times 2$

$= 400 - 200\pi + 400$

$= 800 - 200\pi \text{ (cm}^2)$

Check 1

表面積：117 cm^2　体積：81 cm^3

解説

辺の長さがわかっているので，表面積，体積を計算して求めてもよいが，相似比から求めたほうが計算が簡単で間違えにくい。

大小2つの直方体は，対応する辺の比が

$\qquad 2 : 3 = 4 : 6 = 3 : 4.5$

より等しいので相似となる。

相似比が2：3なので

$\qquad$表面積の比は　$2^2 : 3^2 = 4 : 9$

$\qquad$体積比は　$2^3 : 3^3 = 8 : 27$

となる。

大きい直方体の表面積をS，体積をVとすると

$\qquad 52 : S = 4 : 9$

$\qquad\quad 4S = 52 \times 9$

$\qquad\quad\ S = \dfrac{{}^{13}52 \times 9}{4_1} = 117 \text{(cm}^2)$

$\qquad 24 : V = 8 : 27$

$\qquad\quad 8V = 24 \times 27$

$\qquad\quad\ V = \dfrac{{}^{3}24 \times 27}{8_1} = 81 \text{(cm}^3)$

実際に計算してみると，大きい直方体の表面積は

$\qquad (3 \times 6 + 3 \times 4.5 + 6 \times 4.5) \times 2$

$= (18 + 13.5 + 27) \times 2 = 58.5 \times 2 = 117 \text{(cm}^2)$

体積は　$6 \times 4.5 \times 3 = 81 \text{(cm}^3)$

Check 2

(1) $\angle x = 55°$　(2) $\angle x = 60°$
(3) $\angle x = 90°$　(4) $\angle x = 45°$

解説

(1) 円周角は中心角の大きさの半分なので

$$\angle x = 110° \times \frac{1}{2} = 55°$$

(2) 1つの弧に対する円周角の大きさは一定なので

$$\angle ADB = \angle ACB$$

よって　$\angle x = 60°$

(3) 半円の弧に対する円周角は90°なので

$$\angle x = 90°$$

(4)

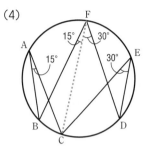

上の図のように，点CとFを結ぶ補助線を引いて考える。

1つの弧に対する円周角の大きさは一定なので

$$\angle BFC = \angle BAC = 15°$$
$$\angle CFD = \angle CED = 30°$$

よって　$\angle x = 15° + 30° = 45°$

(1) $\angle x = 26°$　　(2) 4π cm

解説

(1)

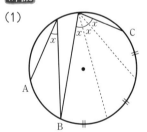

$\overset{\frown}{AB} : \overset{\frown}{BC} = 1 : 3$ より，上の図のように，$\overset{\frown}{BC}$ を3等分して考える。

弧の長さが等しい場合は円周角の大きさも等しくなるので

$$3 \times \angle x = 78°$$
$$\angle x = 78° \div 3 = 26°$$

(2) $\angle ADC = 30° + 60° = 90°$ より，$\overset{\frown}{AC}$ は半円の弧となる。

よって，$\overset{\frown}{AC}$ の長さは　$2\pi \times 6 \times \frac{1}{2} = 6\pi$（cm）

また，$\angle ADB : \angle BDC = 30° : 60° = 1 : 2$ より

$$\overset{\frown}{AB} : \overset{\frown}{BC} = 1 : 2$$

したがって，$\overset{\frown}{BC}$ の長さは　$6\pi \times \frac{2}{3} = 4\pi$（cm）

（別解）　円周の長さは　$2\pi \times 6 = 12\pi$（cm）

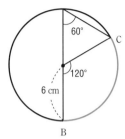

上の図のように，点Cと円の中心を結ぶと，中心角は円周角の大きさの2倍なので

$$60° \times 2 = 120°$$

$\overset{\frown}{BC}$ は中心角が120°のおうぎ形の弧なので，その長さは

$$12\pi \times \frac{120}{360} = 4\pi \text{（cm）}$$

(イ)，(エ)

解説

(イ)　$\angle BAC = \angle BDC = 90°$ より，4点A，B，C，Dは同じ円周上にある（また，BCは円の直径となる）。

(エ)

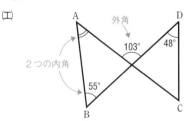

三角形の1つの外角はそれと隣り合わない2つの内角の和に等しいので

$$103° = \angle A + 55°$$
$$\angle A = 103° - 55° = 48°$$

$\angle A = \angle D = 48°$ より，4点A，B，C，Dは同じ円周上にある。

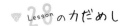

$\boxed{\quad 1 \quad (1)\ 96\pi\ \text{cm}^2 \quad (2)\ 84\pi\ \text{cm}^3 \quad}$

解説

(1) 立体Aの表面積は

$$9\pi + 15\pi = 24\pi\ (\text{cm}^2)$$

立体Aともとの円錐の相似比は1：2より，表面積の比は $1^2 : 2^2 = 1 : 4$

もとの円錐の表面積をSとおくと

$$24\pi : S = 1 : 4$$
$$S = 24\pi \times 4$$
$$S = 96\pi\ (\text{cm}^2)$$

(2) 立体Aともとの円錐の体積比は

$$1^3 : 2^3 = 1 : 8$$

もとの円錐の体積をVとおくと

$$12\pi : V = 1 : 8$$
$$V = 12\pi \times 8$$
$$V = 96\pi$$

立体Bの体積は，もとの円錐の体積から立体Aの体積を引いたものなので

$$(立体Bの体積) = 96\pi - 12\pi = 84\pi\ (\text{cm}^3)$$

$\boxed{\begin{array}{l} \quad 2 \quad (1)\ \angle x = 35°,\ \angle y = 65° \\ (2)\ \angle x = 50°,\ \angle y = 230° \\ (3)\ \angle x = 25°,\ \angle y = 30° \\ (4)\ \angle x = 36°,\ \angle y = 72° \end{array}}$

解説

(1) 半円ACの円周角より $\angle ADC = 90°$
$\overgroup{BC}$の円周角なので $\angle BDC = \angle BAC = 55°$
よって $\angle x = \angle ADC - \angle BDC = 90° - 55° = 35°$

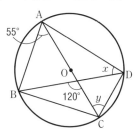

上の図の青い三角形に注目すると，1つの外角はそれと隣り合わない2つの内角の和に等しいので

$$120° = \angle BDC + \angle y$$
$$\underset{55°}{}$$

よって $\angle y = 120° - 55° = 65°$

(2) 中心角は円周角の大きさの2倍なので

$$\angle BOC = 65° \times 2 = 130°$$

よって $\angle y = 360° - \angle BOC = 360° - 130°$
$$= 230°$$

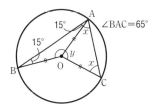

AOを結ぶと，△OAB，△OACができ，ともに二等辺三角形となる。上の図より

$$\angle x = 65° - 15° = 50°$$

(3) $\overgroup{AB}$の円周角より $\angle ADB = \angle ACB = 55°$
三角形の1つの外角はそれと隣り合わない2つの内角の和に等しいので

$$80° = \angle x + \angle ADB$$
$$80° = \angle x + 55°$$
$$\angle x = 25°$$

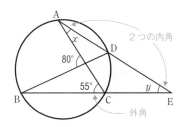

△ACEにおいても同じように

$$55° = \angle x + \angle y$$
$$55° = 25° + \angle y$$
$$\angle y = 30°$$

(4) 正五角形の内角は

$$180° \times (5 - 2) \div 5 = 180° \times 3 \div 5 = 108°$$
$$\underset{n角形の内角の和\quad 180° \times (n-2)}{}$$

△ABCは二等辺三角形より

$$\angle x = (180° - 108°) \div 2 = 36°$$

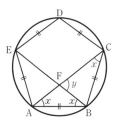

同じようにして $\angle FAB = \angle FBA = \angle x = 36°$
三角形の1つの外角はそれと隣り合わない2つの内角の和に等しいので

$\angle y = \angle FAB + \angle FBA = 36° + 36° = 72°$

（別解）　AB＝BC＝CD＝DE＝EAより

　　$\overset{\frown}{AB} = \overset{\frown}{BC} = \overset{\frown}{CD} = \overset{\frown}{DE} = \overset{\frown}{EA}$

よって，$\overset{\frown}{AB}$は円全体の$\dfrac{1}{5}$である。

円の中心Oと点A，点Bを結ぶと

　　中心角　$\angle AOB = 360° \times \dfrac{1}{5} = 72°$

円周角の大きさは中心角の大きさの半分なので

　　円周角　$\angle ACB = \angle x = 72° \times \dfrac{1}{2} = 36°$

3　△ABE∽△DCE

△ABEと△DCEにおいて，1つの弧に対する円周角の大きさは等しいので

　　$\angle BAE = \angle CDE$　……①

対頂角は等しいので

　　$\angle AEB = \angle DEC$　……②

①，②より，2組の角がそれぞれ等しいので

　　△ABE∽△DCE

4　半円の弧に対する円周角より

　　$\angle APB = \angle AQB = 90°$

よって　$\angle RPS = \angle RQS = 90°$

したがって，4点P，R，S，Qは同一円周上にある。

（RSを結ぶと円の直径になる。）

Lesson 29　三平方の定理

▼ おさらいテスト

(1) ① ± 7　② 8　③ $\sqrt{0.04}$　④ 5　⑤ $\sqrt{3}$
　　⑥ $2\sqrt{3}$　⑦ $\sqrt{2}$　⑧ $5\sqrt{2}$　⑨ $\sqrt{2}$

(2) ① 6　② 4　③ $2\sqrt{5}$　④ $12\sqrt{5}$　⑤ 28

解説

(1) ③　$0.2 = \sqrt{0.2^2} = \sqrt{0.04}$

④　$\sqrt{(-5)^2} = \sqrt{25} = 5$　（$-\sqrt{25} = -5$ である）

---

⑤　$\dfrac{3}{\sqrt{3}} = \dfrac{3}{\sqrt{3}} \times \dfrac{\sqrt{3}}{\sqrt{3}}$

　　$= \dfrac{3\sqrt{3}}{3} = \sqrt{3}$

⑥　$\sqrt{3} \times 2 = 2\sqrt{3}$　（$\sqrt{3} \times \sqrt{2} = \sqrt{6}$ である）

⑦　$\sqrt{8} = \sqrt{4 \times 2} = 2\sqrt{2}$ より

　　$\sqrt{8} \div 2 = 2\sqrt{2} \div 2 = \sqrt{2}$

⑧　$\sqrt{}$どうしの足し算・引き算は，$\sqrt{}$の中が同じ数のときだけできる。

　　$\sqrt{18} + \sqrt{8} = \sqrt{9 \times 2} + \sqrt{4 \times 2}$

　　　　$= 3\sqrt{2} + 2\sqrt{2}$　　← $\sqrt{2}$どうしになったので足し算できる

　　　　$= 5\sqrt{2}$

⑨　$\sqrt{18} - \sqrt{8} = 3\sqrt{2} - 2\sqrt{2} = \sqrt{2}$

(2) ①　$x + y = (3 + \sqrt{5}) + (3 - \sqrt{5}) = 6$

②　$xy = \underbrace{(3 + \sqrt{5})(3 - \sqrt{5})}_{(x+a)(x-a) = x^2 - a^2} = 3^2 - (\sqrt{5})^2$
　　$= 9 - 5 = 4$

③　$x - y = (3 + \sqrt{5}) - (3 - \sqrt{5})$
　　　　$= 3 + \sqrt{5} - 3 + \sqrt{5}$
　　　　$= 2\sqrt{5}$

④　$x^2 - y^2 = (x+y)(x-y) = 6 \times 2\sqrt{5} = 12\sqrt{5}$

⑤　$x^2 + y^2 = (x+y)^2 - 2xy$　←
　　　　$= 6^2 - 2 \times 4$
　　　　$= 36 - 8$
　　　　$= 28$

$(x+a)^2 = x^2 + 2ax + a^2$ より
$x^2 + 2ax + a^2 = (x+a)^2$
$x^2 + a^2 = (x+a)^2 - 2ax$

▼ Check 1

① $x = 10$　② $x = 5$　③ $x = 2$

解説

①　三平方の定理より
　　$x^2 = 6^2 + 8^2$　← $a^2 + b^2 = c^2$ は $c^2 = a^2 + b^2$
　　$x^2 = 36 + 64$
　　$x^2 = 100$
　　$x = \pm 10$

$x > 0$ より　$x = 10$

②　三平方の定理より
　　$x^2 + 12^2 = 13^2$
　　$x^2 + 144 = 169$
　　$x^2 = 25$
　　$x = \pm 5$

$x > 0$ より　$x = 5$

③ 三平方の定理より
$$x^2 + 1^2 = (\sqrt{5})^2$$
$$x^2 + 1 = 5$$
$$x^2 = 4$$
$$x = \pm 2$$
$x > 0$より　$x = 2$

▼ Check 2

(1) 直角二角形である

(2) 直角三角形ではない

(3) 直角三角形である

(4) 直角三角形である

【解説】

(1) 2 cm, $\sqrt{5}$ cm, 3 cmは，それぞれ$\sqrt{4}$ cm, $\sqrt{5}$ cm, $\sqrt{9}$ cmより，3 cmが最も長い。
$$2^2 + (\sqrt{5})^2 = 4 + 5 = 9$$
$$3^2 = 9$$
よって，斜辺が3 cmの直角三角形である。

(2) 2 cm, $\sqrt{6}$ cm, 3 cmは，それぞれ$\sqrt{4}$ cm, $\sqrt{6}$ cm, $\sqrt{9}$ cmより，3 cmが最も長い。
$$2^2 + (\sqrt{6})^2 = 4 + 6 = 10$$
$$3^2 = 9$$
よって，直角三角形ではない（鋭角三角形である）。

(3) 5 cm, $2\sqrt{6}$ cm, 7 cmは，それぞれ$\sqrt{25}$ cm, $\sqrt{24}$ cm, $\sqrt{49}$ cmより，7 cmが最も長い。
$$5^2 + (2\sqrt{6})^2 = 25 + 24 = 49$$
$$7^2 = 49$$
よって，斜辺が7 cmの直角三角形である。

(4) $2\sqrt{3}$ cm, $\sqrt{3}$ cm, 3 cmは，それぞれ$\sqrt{12}$ cm, $\sqrt{3}$ cm, $\sqrt{9}$ cmより，$2\sqrt{3}$ cmが最も長い。
$$(\sqrt{3})^2 + 3^2 = 3 + 9 = 12$$
$$(2\sqrt{3})^2 = 2^2 \times (\sqrt{3})^2 = 4 \times 3 = 12$$
よって，斜辺が$2\sqrt{3}$ cmの直角三角形である。

▼ Check 3

(1) $x = 3$, $y = 3\sqrt{3}$

(2) $x = 3$, $y = 3$

【解説】

(1) $x : 6 = 1 : 2$より　$2x = 6$　$x = 3$(cm)

$x : y = 1 : \sqrt{3}$より　$y = \sqrt{3}\,x = 3\sqrt{3}$(cm)

(2) $x : 3\sqrt{2} = 1 : \sqrt{2}$より
$$\sqrt{2}\,x = 3\sqrt{2} \qquad x = 3\text{(cm)}$$
$x : y = 1 : 1$より　$y = x = 3$(cm)

▼ Check 4

$54\sqrt{3}$ cm^2

【解説】

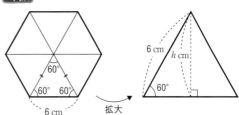

正六角形を6分割すると中心角は60°で，中心までの距離はすべて等しいため，6分割された三角形はすべて正三角形になる。この分割された1つの正三角形の高さをh cmとすると
$$6 : h = 2 : \sqrt{3}\text{より}\quad 2h = 6\sqrt{3}$$
$$h = 3\sqrt{3}\text{(cm)}$$
したがって，正六角形の面積は
$$\left(\overset{3}{6} \times 3\sqrt{3} \times \frac{1}{\underset{1}{2}} \right) \times 6 \quad \leftarrow 正三角形を6つ分$$
$$= 9\sqrt{3} \times 6$$
$$= 54\sqrt{3}\ (\text{cm}^2)$$

▼ Check 5

(1) $3\sqrt{5}$　(2) $4\sqrt{2}$

【解説】

(1) $AB = \sqrt{\underbrace{\{(-5)-(-2)\}^2}_{x座標の差} + \underbrace{(-3)-3\}^2}_{y座標の差}}$
$$= \sqrt{(-3)^2 + (-6)^2}$$
$$= \sqrt{9 + 36} = \sqrt{45} = 3\sqrt{5}$$

(2) $CD = \sqrt{\{1-(-3)\}^2 + \{(-6)-(-2)\}^2}$
$$= \sqrt{4^2 + (-4)^2}$$
$$= \sqrt{16 + 16} = \sqrt{16 \times 2} = 4\sqrt{2}$$

▼ Check 6

(1) AB＝8, BC＝8, AC＝8

(2) 正三角形 (3) $16\sqrt{3}$

解説

(1) $AB=\sqrt{\{(-2)-(-6)\}^2+(5\sqrt{3}-\sqrt{3})^2}$

$\quad=\sqrt{4^2+(4\sqrt{3})^2}$

$\quad=\sqrt{16+16\times3}=\sqrt{16\times4}=4\times2=8$

$BC=\sqrt{\{2-(-2)\}^2+(\sqrt{3}-5\sqrt{3})^2}$

$\quad=\sqrt{4^2+(-4\sqrt{3})^2}$

$\quad=\sqrt{16+16\times3}=\sqrt{16\times4}=4\times2=8$

$AC=\sqrt{\{2-(-6)\}^2+(\sqrt{3}-\sqrt{3})^2}$

$\quad=\sqrt{8^2+0^2}=\sqrt{64}=8$

(2) AB＝BC＝AC＝8より, △ABCは正三角形である。

(3) 正三角形の高さをhとすると

$\quad 8:h=2:\sqrt{3}$

$\quad 2h=8\sqrt{3}$

$\quad h=4\sqrt{3}$

よって, △ABCの面積は

$\quad 8\times4\sqrt{3}\times\dfrac{1}{2}=16\sqrt{3}$

♥ Lesson 29 の力だめし

1 (1) $x=3$, $y=\sqrt{13}$

(2) $x=\sqrt{6}$, $y=\sqrt{5}$

解説

三平方の定理 $a^2+b^2=c^2$ を利用

(1) △ABDにおいて, $x^2+4^2=5^2$より

$\quad x^2+16=25 \quad x^2=9$

$x>0$より $x=3$(cm)

△ACDにおいて, $y^2=x^2+2^2$より

$\quad y^2=9+4=13$

$y>0$より $y=\sqrt{13}$(cm)

(2) △BCDにおいて, $x^2=2^2+(\sqrt{2})^2$より

$\quad x^2=4+2=6$

$x>0$より $x=\sqrt{6}$(cm)

△ABDにおいて, $y^2+1^2=x^2$より

$\quad y^2+1=6$

$\quad\quad y^2=5$

$y>0$より $y=\sqrt{5}$(cm)

2 (1) 10 cm

(2) ［ ア ］64 ［ イ ］20 ［ ウ ］64

(3) BH＝6.4(cm), CH＝3.6(cm),
AH＝4.8(cm)

解説

(1) △ABCにおいて, $BC^2=8^2+6^2$より

$\quad BC^2=64+36=100$

$BC>0$より $BC=10$(cm)

(2) BHの長さをx cmとすると,

CH＝10－x(cm)と表される。

△ABHにおいて $AH^2=AB^2-BH^2$

$\quad\quad\quad\quad\quad\quad\quad=8^2-x^2=64-x^2$

△ACHにおいて $AH^2=AC^2-CH^2$

$\quad\quad\quad\quad\quad\quad\quad=6^2-(10-x)^2$

$\quad\quad\quad\quad\quad\quad\quad=36-(100-20x+x^2)$

$\quad\quad\quad\quad\quad\quad\quad=-x^2+20x-64$

(3) 上の(2)の結果より

$\quad 64-x^2=-x^2+20x-64$

$\quad -20x=-64-64$

$\quad -20x=-128$

$\quad 20x=128$

$\quad\quad x=6.4$

よって BH＝6.4(cm), CH＝3.6(cm)

次に

$\quad AH^2=64-x^2$

$\quad\quad\quad=64-6.4^2$

$\quad\quad\quad=64-64\times0.64$ → $6.4^2=6.4\times6.4$ $=64\times0.1\times6.4$ $=64\times0.64$

$\quad\quad\quad=64(1-0.64)$ ← 分配法則の逆

$\quad\quad\quad=64\times0.36$

よって $AH=\pm(8\times0.6)$

$AH>0$より $AH=8\times0.6=4.8$(cm)

（別解） AHを求める計算は大変なので, 以下の方法のどちらかを使ったほうがよい。

［解法1］ △ABCの面積は $6\times8\times\dfrac{1}{2}=24$(cm^2)

BC＝10を底辺とするとAHは高さなので

$\quad 10\times AH\times\dfrac{1}{2}=24$

$\quad\quad AH=24\times2\div10=4.8$(cm)

［解法2］ △ABCと△HACは相似である
（∠BAC＝∠AHC＝90°, ∠Cは共通）。

よって　BC：BA＝CA：AH

$$10：8＝6：AH$$

$$10×AH＝48$$

$$AH＝4.8(cm)$$

(解説)

(1)(ア)　$1^2+2^2＝1+4＝5$，$3^2＝9$より，直角三角形でない(鈍角三角形)。

(イ)　$(\sqrt{2})^2+(\sqrt{6})^2＝2+6＝8$，$4^2＝16$より，直角三角形でない(鈍角三角形)。

(ウ)　$4\sqrt{3}$ cm，$3\sqrt{4}$ cm，$2\sqrt{5}$ cmは，それぞれ$\sqrt{48}$ cm，$\sqrt{36}$ cm，$\sqrt{20}$ cmより，$4\sqrt{3}$ cmが最も長い。

$$(3\sqrt{4})^2+(2\sqrt{5})^2＝36+20＝56$$

$$(4\sqrt{3})^2＝48$$

より，直角三角形でない(鋭角三角形)。

(エ)　$\sqrt{3}$ cm，$\sqrt{7}$ cm，2 cmは，それぞれ$\sqrt{3}$ cm，$\sqrt{7}$ cm，$\sqrt{4}$ cmより，$\sqrt{7}$ cmが最も長い。

$(\sqrt{3})^2+2^2＝3+4＝7$，$(\sqrt{7})^2＝7$より，直角三角形である。

(2)　90°の角の対角が斜辺$\sqrt{7}$ cmより，直角三角形の面積は

$$\sqrt{3}×2×\frac{1}{2}＝\sqrt{3}(\text{cm}^2)$$

(解説)

特別な直角三角形の辺の比$1：1：\sqrt{2}$と$1：2：\sqrt{3}$を利用する。

(1)　$x：\sqrt{6}＝\sqrt{2}：1$より

$$x＝\sqrt{6}×\sqrt{2}＝\sqrt{12}＝2\sqrt{3}(\text{cm})$$

$y：x＝\sqrt{2}：1$より

$$y＝\sqrt{2}x＝\sqrt{2}×2\sqrt{3}＝2\sqrt{6}(\text{cm})$$

(2)　$x：2\sqrt{3}＝\sqrt{3}：1$より

$$x＝2\sqrt{3}×\sqrt{3}＝6(\text{cm})$$

$y：x＝2：1$より　$y＝2x＝2×6＝12(\text{cm})$

(3)　$x：5\sqrt{3}＝\sqrt{3}：2$より

$$2x＝5\sqrt{3}×\sqrt{3}＝15$$

$$x＝\frac{15}{2}(\text{cm})　（または7.5 cm）$$

$y：x＝1：\sqrt{2}$

$\sqrt{2}\,y＝x$

$$y＝\frac{x}{\sqrt{2}}＝\frac{\sqrt{2}}{2}x＝\frac{\sqrt{2}}{2}×\frac{15}{2}＝\frac{15\sqrt{2}}{4}(\text{cm})$$

(解説)

(1)　$h^2＝(\sqrt{15})^2-(2\sqrt{3})^2＝15-12＝3$

$h>0$より　$h＝\sqrt{3}(\text{cm})$

二等辺三角形の面積は

$$4\sqrt{3}×\sqrt{3}×\frac{1}{2}＝4×3×\frac{1}{2}＝6(\text{cm}^2)$$

(2)

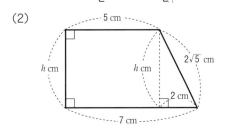

上の図のように，直角三角形と長方形に分けて考える。

直角三角形に注目すると，三平方の定理より

$$h^2＝(2\sqrt{5})^2-2^2$$

$$＝20-4＝16$$

$h>0$より　$h＝4(\text{cm})$

台形の面積は

$$(5+7)×4×\frac{1}{2}＝24(\text{cm}^2)$$

解説

(1) 2点間の距離は

$\sqrt{(x座標の差)^2+(y座標の差)^2}$ より

$AB=\sqrt{\{(-3)-1\}^2+\{(-5)-3\}^2}$

$\quad=\sqrt{(-4)^2+(-8)^2}=\sqrt{16+64}$

$\quad=\sqrt{80}=\sqrt{16\times5}=4\sqrt{5}$

$BC=\sqrt{\{11-(-3)\}^2+\{(-7)-(-5)\}^2}$

$\quad=\sqrt{14^2+(-2)^2}$

$\quad=\sqrt{196+4}=\sqrt{200}=\sqrt{100\times2}=10\sqrt{2}$

$AC=\sqrt{(11-1)^2+\{(-7)-3\}^2}$

$\quad=\sqrt{10^2+(-10)^2}$

$\quad=\sqrt{100+100}=\sqrt{200}=\sqrt{100\times2}=10\sqrt{2}$

(2) BC＝CA＝$10\sqrt{2}$ より，△ABCは二等辺三角形である。

次に，$4\sqrt{5}=\sqrt{80}$，$10\sqrt{2}=\sqrt{200}$ より

$4\sqrt{5}<10\sqrt{2}$ なので，最も長い辺が2つあることから直角三角形ではない。

よって，△ABCは二等辺三角形である。

(3) ［考えかた1］

△ABCの面積は，長方形の面積から直角三角形3つの面積を引いたものだから

$\quad14\times10$

$\quad\quad-\left(4\times8\times\dfrac{1}{2}+2\times14\times\dfrac{1}{2}+10\times10\times\dfrac{1}{2}\right)$

$=140-(16+14+50)$

$=140-80$

$=60$

［考えかた2］

△ABCはBC＝CA＝$10\sqrt{2}$ の二等辺三角形である。二等辺三角形の頂角の二等分線は，底辺を垂直に2等分するので，三平方の定理より

$\quad h^2=AC^2-(AB\div2)^2$

$\quad\quad=(10\sqrt{2})^2-(4\sqrt{5}\div2)^2$

$\quad\quad=200-(2\sqrt{5})^2$

$\quad\quad=200-20=180$

$h>0$より $h=\sqrt{180}=6\sqrt{5}$

したがって，△ABCの面積は

$\underset{底辺}{\underline{4\sqrt{5}}}\times\overset{3}{\underset{高さ}{\underline{6\sqrt{5}}}}\times\dfrac{1}{2_1}=12\times5=60$

Lesson 30 標本調査

▼おさらいテスト

(1) ⓐ26 ⓘ34 ⓤ38
ⓔ18 ⓞ4 ⓚ50
ⓚ0.2 ⓠ0.24 ⓚ0.08
ⓚ1

(2) 29.84 kg

(3)
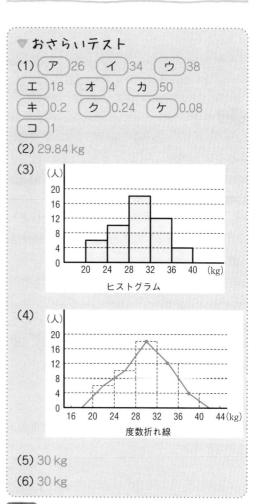
ヒストグラム

(4)
度数折れ線

(5) 30 kg

(6) 30 kg

解説

(1) ［ア］～［ウ］は階級の真ん中の値になる。

［カ］は問題文より50，［コ］は1。

> 問題文に50人と与えられていないときは，
> 表の1行目より6人の相対度数が0.12なので，
> S人が1になると考えて
> $\quad6:0.12=S:1$
> $\qquad S=6\div0.12=50（人）$
> と求める。

［エ］ $50\times0.36=18$

［オ］ $50-(6+10+18+12)=4$

［キ］ $10\div50=0.2$

［ク］ $12\div50=0.24$

［ケ］ $4\div50=0.08$

(2)　平均値は

{(階級値×度数）の合計} ÷ 50

で求める。

$$(22 \times 6 + 26 \times 10 + 30 \times 18 + 34 \times 12 \\ + 38 \times 4) \div 50$$

$$= (132 + 260 + 540 + 408 + 152) \div 50$$

$$= 1492 \div 50$$

$$= 29.84 \,(\text{kg})$$

$$\left(\begin{array}{l} \text{または} \\ \quad (\text{階級値×相対度数）の合計} \\ \text{で求まる。} \\ \quad 22 \times 0.12 + 26 \times 0.2 + 30 \times 0.36 \\ \qquad\qquad + 34 \times 0.24 + 38 \times 0.08 \\ = 2.64 + 5.2 + 10.8 + 8.16 + 3.04 \\ = 29.84 \,(\text{kg}) \end{array}\right)$$

(5)　50人の中央値は25番目と26番目の平均である。25番目も26番目も28 kg以上32 kg未満の階級にあるので，中央値は30 kg

▽ Check 1
(1) 全数調査　(2) 標本調査　(3) 標本調査

▽ Check 2
(1) 標本調査

(2) 母集団「ある中学校の1年生」

母集団の大きさ「160人」

▽ Check 3
8.2秒

解説

$$\frac{8.2 + 7.9 + 8.6 + 7.5 + 9.2 + 8.8 + 8.2 + 6.9 + 7.8 + 8.9}{10}$$

$$= \frac{82}{10} = 8.2 \,(\text{秒})$$

▽ **30** の力だめし

1　(1) 全数調査　(2) 標本調査

(3) 標本調査

2　(1) 500世帯　(2) 100000世帯

(3) 36000世帯

解説

(3)　$180 \div 500 = 0.36$ より，全世帯の36％が視聴していたと推測できるので

$$100000 \times 0.36 = 36000 \,(\text{世帯})$$

3　40本

解説

$2 \div 15 = \dfrac{2}{15}$ より，300本の中には

$$\overset{20}{300} \times \frac{2}{\underset{1}{15}} = 40 \,(\text{本}) \text{当たりくじがあると推測できる。}$$

4　260個

解説

（白の碁石の数）：20＝26：2　より

白の碁石の数は　$20 \times 26 \div 2 = 260 \,(\text{個})$

5　(1) 40語　(2) 60000語

解説

(1)　$\dfrac{42 + 39 + 45 + 43 + 41 + 37 + 35 + 38 + 37 + 43}{10}$

$$= \frac{400}{10} = 40 \,(\text{語})$$

(2)　語の総数は　$40 \times 1500 = 60000 \,(\text{語})$

入試問題に挑戦！

1 正負の数

イ

解説

ア $ab=$負×負＝正　よって，×

イ $a+b=$負＋負＝負　よって，○

ウ $-(a+b)=-(負+負)=-(負)=$正　よって，×

エ 正の数でも負の数でも2乗すると正。よって，×

2 方程式

$a=3$

解説

解が6より，$x=6$を$ax+9=5x-a$に代入して

$a×6+9=5×6-a$

$6a+9=30-a$

$6a+a=30-9$

$7a=21$

$a=3$

3 比例と反比例

$y=-1$

解説

yはxに反比例するので，$y=\dfrac{a}{x}$となり，この式

に$x=6$，$y=\dfrac{1}{2}$を代入する。

$\dfrac{1}{2}=\dfrac{a}{6}$

$\dfrac{a}{6}=\dfrac{1}{2}$

$a=3$

よって，$y=\dfrac{3}{x}$

$x=-3$を代入すると，

$y=\dfrac{3}{-3}=-1$

4 図形

24π cm^2

解説

立面図が二等辺三角形，平面図が円なので，立体は円錐である。

円錐の表面積＝底面積（円の面積）＋側面積（おうぎ形の面積）

さらに，おうぎ形の面積＝$\dfrac{1}{2}$×弧の長さ（底面の周の長さ）×半径

底面積は，$\pi×3^2=9\pi$（cm^2）

弧の長さは，$2×\pi×3=6\pi$（cm）

半径は3：4：5の直角三角形を利用して，5（cm）なので，

$9\pi+\dfrac{1}{2}×6\pi×5=9\pi+15\pi=24\pi$（cm^2）

円錐の展開図

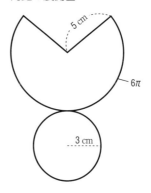

5 資料の活用

ア

解説

平均値 $=\dfrac{4\times3+6\times4+7\times6+8\times10+9\times12+10\times5}{40}$

$=\dfrac{316}{40}=7.9$（点）

中央値 $=\dfrac{8+8}{2}=8$（点） ← （20番目の得点＋21番目の得点）

最頻値は，度数が一番大きい9（点）

よって，（平均値）＜（中央値）＜（最頻値）となる。

6 式の計算

① $n+1$ ② $n+2$ ③ $n+1$

解説

③ ①は $n+1$，②は $n+2$ なので，これらの和は
$n+(n+1)+(n+2)=3n+3=3(n+1)$ になる。

7 連立方程式

$x=5$ $y=-2$

解説

$2x-3y=16$…①

$4x+y=18$…②

①＋②×3より $\quad 2x-3y=16$

$\underline{+)\ 12x+3y=54}$

$14x=70$より $\quad x=5$

$x=5$ を②に代入すると，

$4\times5+y=18$

$20+y=18$

$y=-2$

8 連立方程式の利用

ア $1.2x$ イ $0.9y$ ウ 25 エ 30
オ 30 カ 27

解説

ア アは x より2割多いので $x\times(1+0.2)=1.2x$

イ イは x より1割少ないので $y\times(1-0.1)=$
$0.9y$

ウ，エ

$x+y=55$…①

$1.2x+0.9y=57$…②

ここで，②を10倍すると $12x+9y=570$ で，
更に両辺を3で割った式を $4x+3y=190$…③

①×3－③より $\quad 3x+3y=165$

$\underline{-)\ 4x+3y=190}$

$-x=-25$

$x=25$

$x=25$ を①に代入すると，

$25+y=55$ より $y=30$

オ $1.2x$ に $x=25$ を代入して，$1.2\times25=30$

カ $0.9y$ に $y=30$ を代入して，$0.9\times30=27$

9 1次関数

$(2,\ 3)$

解説

$y=-x+5$ に $y=2x-1$ を代入すると，

$2x-1=-x+5$

$\quad 3x=6$

$\quad\ x=2$

$x=2$ を $y=-x+5$ に代入すると，

$y=-2+5=3$

よって，交点の座標は，$(2,\ 3)$

⑩ 1次関数の利用

(1) $y=90x+450$
(2) 12分間

解説

(1) 歩き始めてからは，毎分90mで進むので，
$y=90x+b$とする。

この式に，$x=15$，$y=1800$を代入すると，

$1800=90×15+b$

$1800=1350+b$

$b=450$

よって，$y=90x+450$

(2) 次に図書館から家に毎分100mの速さで歩い
たので，$y=-100x+c$とする。

この式に，$x=45$，$y=0$を代入すると，

$0=-100×45+c$

$0=-4500+c$

$c=4500$

よって，図書館から家に歩いた式は

$y=-100x+4500$となる。

この式に，図書館から家までの距離，$y=1800$
を代入すると，

$1800=-100x+4500$

$100x=4500-1800$

$100x=2700$

$x=27$

よって，図書館にいた時間は，$27-15=12$（分間）

⑪ 平行線と図形の角

100°

解説

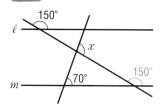

平行線の同位角は等しい。

また，1つの外角はとなり合う2つの内角の
和に等しいので，

$\angle x=70°+(180°-150°)=100°$

⑫ 図形の証明

△ABE と△ACD において，

仮定より，

AB＝AC…①

∠ABE＝∠ACD…②

また，BE＝BD＋DE＝CE＋DE＝CD…③

よって，①②③より

2辺とその間の角がそれぞれ等しいので，

△ABE≡△ACD

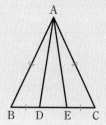

13 三角形・四角形

$\angle x = 112°$

【解説】

平行四辺形の対角はそれぞれ等しいので

$\angle B = 65°$

また，1つの外角はとなり合わない2つの内角の

和に等しいので，

$\angle x = 47° + 65° = 112°$

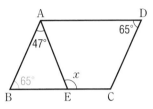

14 確率

$\dfrac{7}{36}$

【解説】

出る目の和が5になるのは，

(1, 4)(2, 3)(3, 2)(4, 1)の4通り。

出る目の和が10になるのは，

(4, 6)(5, 5)(6, 4)の3通り。

目の出方は全部で6×6=36通り。

よって，

$\dfrac{4+3}{36} = \dfrac{7}{36}$

15 式の展開と因数分解

$x = -8,\ 7$

【解説】

$x^2 - 36 = 20 - x$

$x^2 + x - 56 = 0$

$(x+8)(x-7) = 0$

　　よって，$x = -8,\ 7$

16 2次方程式

$a = 6$

【解説】

解が2より，$x=2$を代入すると，

$2^2 - 5 \times 2 + a = 0$

　$4 - 10 + a = 0$

　　　　$a = 6$

17 2次方程式の利用

$x = 10$（cm）

【解説】

縦の長さは$(x+4)$cm，横の長さは$(x+5)$cm

より，

　$(x+4)(x+5) = 210$

　　$x^2 + 9x + 20 = 210$

　　$x^2 + 9x - 190 = 0$

　$(x+19)(x-10) = 0$

　　　　　　$x = -19,\ 10$

$x > 0$より　$x = 10$（cm）

18 関数 $y=ax^2$

$x=\pm2$

解説

$y=-7x^2$に$y=-28$を代入すると，

$-28=-7x^2$

$7x^2=28$

$x^2=4$

$x=\pm2$

19 相似な図形，三角形と比

$\triangle ACE$と$\triangle DCF$において，

$\angle ACD=\angle AED=60°$，

よって，円周角の定理の逆より，

4点A，D，C，Eは1つの円周上にあるので，

$\angle CAE=\angle CDF\cdots$①，

また，$\angle ACE=\angle ADE=60°$より

$\angle ACE=\angle DCF\cdots$②

①②より2組の角がそれぞれ等しいので，

$\triangle ACE\backsim\triangle DCF$

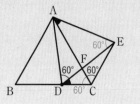

20 相似の応用，円

$\angle x=65°$

ACとOBの交点をDとすると，

1つの外角はとなり合わない2つの内角の和に等しいので，

$\angle BDC=82°+24°=106°$

また，1つの弧に対する円周角の大きさは，その弧に対する中心角の大きさの半分なので，

$\angle BAC=\dfrac{1}{2}\angle BOC$

$=\dfrac{1}{2}\times82°$

$=41°$

よって，$\angle x=106°-41°=65°$

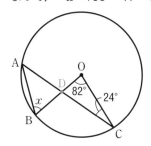

21 三平方の定理

$AB=\sqrt{41}$（cm）

三平方の定理より，

$AB=\sqrt{4^2+5^2}=\sqrt{16+25}=\sqrt{41}$（cm）

解説

はじめに箱の中に入っていた黒玉の数をx個とすると，

$x : 200 = 140 : 30$より，

$30x = 28000$

$x = 933.33\cdots$

よって，およそ930個

学ぶ人は、
変えて
ゆく人だ。

目の前にある問題はもちろん、

人生の問いや、社会の課題を自ら見つけ、

挑み続けるために、人は学ぶ。

「学び」で、少しずつ世界は変えてゆける。

いつでも、どこでも、誰でも、

学ぶことができる世の中へ。

旺文社

このドリルの特長と使い方

このドリルは、「苦手をつくらない」ことを目的としたドリルです。単元ごとに「大事なことがらを理解するページ」と「問題を解くことをくりかえし練習するページ」をもうけて、段階的に問題の解き方を学ぶことができます。

① **りかい**

大事なことがらを理解するページで、穴埋め形式で学習するようになっています。

！**覚えよう！** 必ず覚える必要のあることがらや性質です。

★**考えよう** 実験や現象などの説明です。

ことばのかくにん 大事な用語を載せています。

③ **まとめ** 単元の内容をとおして学べるまとめのページです。

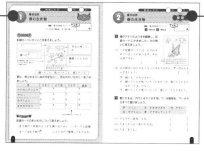

② **練習**

「理解」で学習した**ことを身につける**ために、問題を解くことでくりかえし練習するページです。「理解」で学習したことを思い出しながら問題を解いていきましょう。

少し難しい問題には
◇**チャレンジ**◇ がついています。

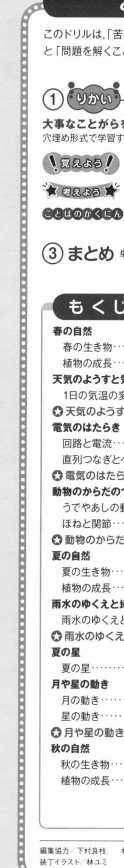

もくじ

編集協力／下村良枝　　校正／田中麻衣子・山崎真理　　装丁デザイン／株式会社しろいろ
装丁イラスト／林ユミ　　本文・ポスターデザイン／ハイ制作室 大滝奈緒子　　本文イラスト／西村博子・長谷川 盟・有限会社オフィスぴゅーま

4年生 達成表　理科名人への道！

ドリルが終わったら，番号のところに日付と点数をかいて，グラフをかこう。
80点を超えたら合格だ！

	日付	点数		50点	合格ライン 80点	100点	合格 チェック
例	4/2	90					○
1							
2							
3							
4							
5							
6							
7							
8							
9							
10							
11							
12							
13							
14							
15							
16		全問正解で合格！					
17							
18							
19							
20							
21							
22		全問正解で合格！					
23							

	日付	点数		50点	合格ライン 80点	100点	合格 チェック
24							
25							
26							
27							
28							
29							
30							
31							
32							
33							
34							
35							
36							
37							
38							
39							
40							
41							
42							
43							
44							
45							
46							
47							

✏ この表がうまったら，合格の数をかぞえて右にかこう。

60〜77個	➡	りっぱな理科名人だ！
40〜59個	➡	もう少し！理科名人見習いレベルだ！
0〜39個	➡	がんばろう！一歩一歩，理科名人をめざしていこう！

合格の数

こ

	日付	点数		50点	合格ライン 80点	100点	合格チェック
48							
49							
50							
51							
52							
53							
54	全問正解で合格！						
55							
56							
57							
58							
59							
60							
61							
62							

	日付	点数		50点	合格ライン 80点	100点	合格チェック
63							
64	全問正解で合格！						
65							
66							
67							
68							
69							
70							
71							
72							
73							
74	全問正解で合格！						
75							
76							
77							

1 春の自然
春の生き物

りかい

▶▶▶ 答えは別さつ1ページ

①,②：1問5点 ③〜⑰：6点

点数

点

！覚えよう！

記録（きろく）カードにかくことを答えましょう。

| ① |
| 調べた ② |

→ サクラ　　　山口あい
　4月9日　　午前11時　晴れ
　校庭　　　　気温14℃

月日と時こく，
③

観察したときの
④

生き物の絵は，黒いえんぴつ
でりんかくをかき，色えんぴ
つで色をつける。

ピンクの花がたくさんさいている。
えだには葉の芽があるけど，
葉は見られなかった。

調べたこと，気づいたこと，感じたこと

春に，見られるこん虫のすがたに〇，見られないものに×をつけましょう。

こん虫	たまご	よう虫	さなぎ	成虫（せいちゅう）
ナナホシテントウ	⑤			⑥
アゲハ	⑦			⑧
カブトムシ	⑨	⑩	⑪	⑫
オオカマキリ	⑬	⑭	⑮	⑯

さなぎの時期のないこん虫もいる。

★考えよう★

記録カードのまとめ方について答えましょう。

・生き物の1年間のようすを調べるために，いろいろな記録

　カードは生き物の⑰　　　　　ごとに分けて整理しておきます。

2 春の自然
春の生き物

▶▶▶ 答えは別さつ1ページ

1：1問20点　**2**：1問20点

★点数★ ［　　　点］

1 春のアゲハのようすを観察し，記録カードにかきました。次の問いに答えましょう。

(1) この記録カードには，かきわすれていることがあります。それは何ですか。

（　　　　　）

(2) ◎の部分にはどのようなことをかきますか。**ア〜ウ**からえらびましょう。　　　（　　　）

ア 調べたことだけをかく。

イ 調べたことや気づいたことをかくが，感じたことなどはかいてはいけない。

ウ 調べたことや気づいたこと，感じたことなどをかく。

2 春になると，次のようなようすをしている動物を，**ア〜オ**からすべて選びましょう。

| **ア** ツバメ | **イ** オオカマキリ | **ウ** アゲハ |
| **エ** カブトムシ | **オ** ナナホシテントウ | |

(1) さなぎから成虫になる。　　　　　　（　　　　　　）

(2) たまごからよう虫がかえる。　　　　（　　　　　　）

(3) たまごをうむ。　　　　　　　　　　（　　　　　　）

5

3 春の自然 植物の成長

▶▶▶ 答えは別さつ1ページ ★点数★

①～⑦：1問10点　⑧～⑨：1問15点

点

！覚えよう！

ヘチマ，ツルレイシなどの育て方について答えましょう。

| たねまき | → たねを深さ ① 　～2cmのところにまいたあ |

深いところにたねをまくと，芽が出てこない。

と，② 　をやります。

| 植えかえ | → 子葉のほかに，葉が ③ 　～4まいになったら， |

花だんなどに ④ 　ごと植えかえます。

| ささえ（支柱） | → 高さが10～15cmになったり，⑤ 　が |

出てきたりしたら，ささえをたてます。↑

この部分がささえにまきつく。

★考えよう★

春の動物や植物のようすと気温の関係について答えましょう。

・春になると，冬よりも気温が ⑥ 　なるため，多くの動物
が活動を始めたり，たまごをうんだりします。

・春になると，多くの植物が ⑦ 　をさかせたり，葉や芽を出
したりします。

ことばのかくにん　ヘチマの部分の名前をかきましょう。………

・⑧ 　：たねから，はじめに出てくる葉。

・⑨ 　：ささえ（支柱）にまきつく部分。

春の自然
植物の成長

▶▶▶　答えは別さつ1ページ

1：1問20点　**2**：1問20点

点数

点

1 ヘチマのたねについて，次の問いに答えましょう。

(1) ヘチマのたねを，**ア〜エ**から選びましょう。　（　　）

ア　イ　ウ　エ

(2) ヘチマのたねは，何色をしていますか。　（　　　　）

(3) ヘチマのたねは，どのくらいの深さのところにまきます
か。**ア〜ウ**から選びましょう。　（　　）

ア　1〜2cm　　イ　5〜6cm　　ウ　10〜11cm

2 植えかえについて，次の問いに答えましょう。

(1) 植えかえ方で正しいものを，**ア〜ウ**から選びましょう。

（　　）

ア　根のまわりの土をよく落としてから植えかえる。

イ　根をよくあらってから植えかえる。

ウ　根に土をつけたまま植えかえる。

(2) 植えかえる前に，植物がよく育つように，花だんの土の中
に何を入れておきますか。　（　　　　　　）

5 天気のようすと気温
1日の気温の変化

　りかい

▶▶▶ 答えは別さつ2ページ　点数

1問10点　　点

！覚えよう！

気温のはかり方をまとめましょう。

・地面から ② □ ～ ③ □ mの高さ

・風通しの ④ □ ところ

・日光が直せつ ⑤ □ 場所

しばふを植える。

・温度計…温度計と目を ⑥ □ にして目もりを読む。

★考えよう★

天気による気温の変化(へんか)のようすを考えましょう。

⑦ □ の日 ➡ 気温は, ⑧ □ にいちばん高くなります。

くもりの日

⑨ □ の日

1日の気温の変化が

⑩ □ なります。

日光が雲にさえぎられるため。

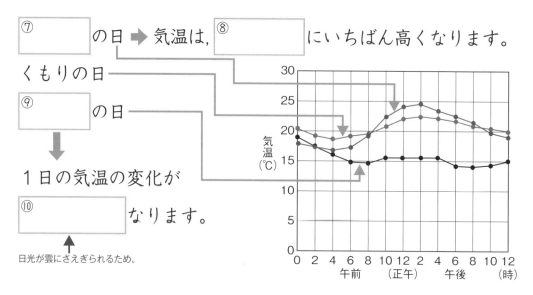

6 天気のようすと気温
1日の気温の変化

▶▶▶ 答えは別さつ2ページ

点数

点

1：(1)15点 (2)1問15点 **2**：1問20点

1 気温のはかり方について，次の問いに答えましょう。

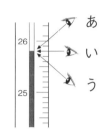

あ

い

う

26

25

(1) 温度計の目もりを読むときの目の位置を，右の**あ〜う**から選びましょう。

( )

(2) 気温をはかるときのじょうけんを，**ア〜カ**から3つ選びましょう。 ( )( )( )

ア 温度計に，直せつ日光が当たるようにしてはかる。

イ 温度計に，直せつ日光が当たらないようにしてはかる。

ウ 地面から0.8〜1.0mの高さで，はかる。

エ 地面から1.2〜1.5mの高さで，はかる。

オ 建物の近くの，風通しの悪いところではかる。

カ 建物からはなれた，風通しのよいところではかる。

2 右の折れ線グラフは，晴れの日とくもりの日の1日の気温の変化を表したものです。次の問いに答えましょう。

(1) 晴れの日のグラフは，**ア**，**イ**のどちらですか。

( )

(2) **ア**のグラフで，気温がいちばん高くなっているのは，何時ごろですか。

( )

7 天気のようすと気温
1日の気温の変化

▶▶▶ 答えは別さつ2ページ

★点数★

点

1 :1問20点　**2** :(1)1問15点　(2)1問15点

1 下の折れ線グラフは，ある日の1日の気温の変化を表しています。次の問いに答えましょう。

(1) この日，気温がいちばん高くなったのは何時ごろですか。

（　　　　　　　）

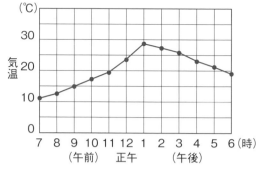

(2) この日の天気は，晴れ・くもり・雨のどれだったと考えられますか。

（　　　　　　　）

◆チャレンジ◆

2 太陽の高さと晴れた日の気温の1日の変化を考えます。次の問いに答えましょう。

(1) 太陽の高さがいちばん高くなる時こくと，晴れた日の気温がいちばん高くなる時こくを，ア～エから1つずつ選びましょう。

太陽の高さ（　　　）　気温（　　　）

ア　午前10時ごろ　　イ　正午ごろ
ウ　午後2時ごろ　　エ　午後4時ごろ

(2) 次の文の（　）にあてはまることばをかきましょう。
日光によって（①　　　　　）があたためられ，あたためられた①によって（②　　　　　）があたためられる。

天気のようすと気温のまとめ

▶▶▶　答えは別さつ2ページ

点数　★

(1)：1問15点　(2)(3)：1問20点

点

1 右の折れ線グラフは，ある月の7日間の連続した気温の変化を記録したものです。次の問いに答えましょう。

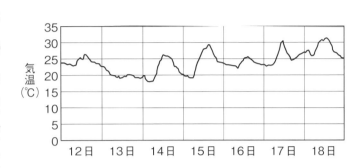

(1) 次の文の（　）にあてはまることばをかきましょう。

建物からはなれた風通しの（①　　　　　　）ところで，日光が直せつ（②　　　　　　　）ようにしてはかった，地面から（③　　　）～（④　　　）mの高さの空気の温度を，気温という。

(2) 百葉箱の中などにあり，連続して気温をはかって，記録することができる温度計の名前をかきましょう。

（　　　　　　　　　）

◇チャレンジ◇

(3) グラフから考えられることを，ア～エから選びましょう。

（　　　）

ア　12日と14日は晴れていた。

イ　13日と16日はくもりか雨であった。

ウ　14日と17日は1日中雨がふっていた。

エ　15日と18日は1日中くもっていた。

9 電気のはたらき
回路と電流

▶▶▶ 答えは別さつ2ページ 点数 ★

①～⑤,⑦～⑨:1問10点 ⑥:20点

点

!覚えよう!

回路について，表にまとめましょう。

名前	①	②	③
電気器具			
電気用図記号	┤├ 長い方が＋極	⊗	—

電流は，かん電池の ④ [ ] 極から出て，⑤ [ ] 極へ流れます。

電流の向き

⬇ かん電池の向きをぎゃくにすると…

電流が ⑥ [ ] 向きに流れます。

└─ ぎゃくにつないだかん電池の＋極から－極に電流が流れる。

ことばのかくにん 回路に関係することばをかきましょう。……

・⑦ [ ] ：電気の流れ。

・⑧ [ ] ：電気用図記号を使って表した回路の図。

・⑨ [ ] ：電流の向きと大きさを調べる器具。

10 電気のはたらき
回路と電流

▶▶▶ 答えは別さつ3ページ

点数

点

1 :(1)10点　(2)1問10点　(3)10点　(4)10点　**2** :1問20点

1 右の図は，回路のようすを，記号を使って表したものです。次の問いに答えましょう。

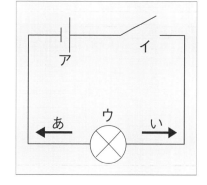

(1) このように記号を使って，回路を表した図を何といいますか。

（　　　　　　　）

(2) ア～ウはそれぞれ何を表していますか。

ア（　　　　　　　）

イ（　　　　　　　）

ウ（　　　　　　　）

(3) アの2本のたての線のうち，長い方は何極ですか。

（　　　　　）

(4) スイッチを入れると，電流はあ，いのどちらの向きに流れますか。

（　　　）

2 回路に流れる電流について，次の問いに答えましょう。

(1) 回路に流れる電流の向きや大きさは，何を使えば調べることができますか。

（　　　　　　　）

(2) かん電池の＋極と－極を入れかえると，流れる電流の向きはそのままですか，ぎゃくになりますか。

（　　　　　　　）

電気のはたらき
直列つなぎとへい列つなぎ

 りかい

▶▶▶ 答えは別さつ3ページ  点数

①～⑥：1問10点　⑦～⑧：1問20点

点

！覚えよう！

かん電池のつなぎ方について，表にまとめましょう。

つなぎ方	①	②
回路	プロペラ　モーター　かん電池	プロペラ　モーター　かん電池
モーターの回る速さ	かん電池1このときより ③　　　　回る。	かん電池1このときと ④　　　　速さ。
かん電池を1こ外すと	モーターは ⑤　　　　　　　。	モーターは ⑥　　　　　　　。

電気の通り道が1つでもつながっていれば，電流が流れる。◀━

ことばのかくにん　かん電池のつなぎ方の名前をかきましょう。…

・かん電池の⑦　　　　　つなぎ…かん電池の＋極と別のかん電池の－極をつなぐ。

・かん電池の⑧　　　　　つなぎ…かん電池の＋極どうし，－極どうしをつなぐ。

12 電気のはたらき
直列つなぎとへい列つなぎ

練習

▶▶▶ 答えは別さつ3ページ

点数 ★

点

(1)1問20点　(2)20点　(3)20点　(4)20点

1 プロペラをつけたモーターをかん電池2こにつなぎました。次の問いに答えましょう。

あ

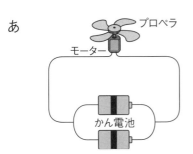

い

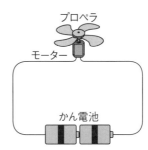

(1) あ，いのかん電池のつなぎ方を，それぞれ何といいますか。

　　　　　　あ（　　　　　　　　　　）

　　　　　　い（　　　　　　　　　　）

(2) 回路がとちゅうで分かれているのは，あ，いのどちらですか。　　　　　　　　　　（　　　）

(3) プロペラは，あ，いのどちらの方が速く回りますか。　　　　　　　　　　（　　　）

◇チャレンジ◇

(4) かん電池を1こ外したときのプロペラのようすを，ア～エから選びましょう。　　　（　　　）

　ア　あは回り続けるが，いは止まってしまう。

　イ　いは回り続けるが，あは止まってしまう。

　ウ　あもいも止まってしまう。

　エ　あもいも回り続ける。

電気のはたらき
直列つなぎとへい列つなぎ

▶▶▶ 答えは別さつ3ページ

1問25点

点数

点

1 豆電球とかん電池を使って３つの回路をつくりました。次の問いに答えましょう。

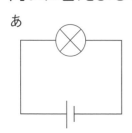
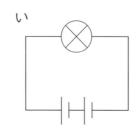
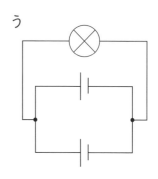

あ　　　　　　　い　　　　　　　う

(1) ２このかん電池がへい列つなぎになっているのは，**い，う**のどちらですか。　　　　　　　　　　　　　（　　　）

(2) 豆電球の明るさが同じぐらいなのは，**あ〜う**のどれとどれですか。　　　　　　　　　　　（　　　と　　　）

(3) かん電池を１こ外しても，豆電球がついているのは，**あ〜う**のどれですか。　　　　　　　　　　　　　　（　　　）

◇チャレンジ◇

(4) 電流を流し続けたときの豆電球のようすを，**ア〜ウ**から選びましょう。　　　　　　　　　　　　　　　　（　　　）

　ア　**あ**がいちばん早く消え，**いとう**は同じぐらいの時間で消える。

　イ　**あといよりも，う**はおそく消える。

　ウ　**あとうよりも，い**はおそく消える。

14 電気のはたらき
直列つなぎとへい列つなぎ

 練習

▶▶▶ 答えは別さつ3ページ

1：(1)20点　(2)1問20点　(3)20点　**2**：20点

点数

点

1 かん電池と豆電球を，下の図のようにつなぎました。次の問いに答えましょう。

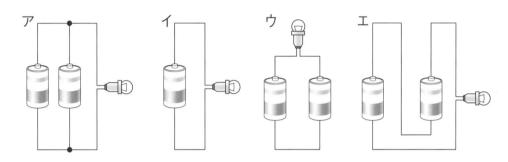

（1）ア～エで，かん電池のつなぎ方がまちがっていて，豆電球がつかないものをすべて選びましょう。　　（　　　　）

（2）かん電池の直列つなぎ，へい列つなぎを，ア～エから1つずつ選びましょう。

　　　　直列つなぎ（　　　）　　　へい列つなぎ（　　　）

（3）豆電球がいちばん明るくつくのは，ア～エのどれですか。
　　　　　　　　　　　　　　　　　　　　　（　　　）

2 右のあ，いの豆電球は，どちらが明るいでしょう。ア～ウから選びましょう。
　　　　　（　　　）

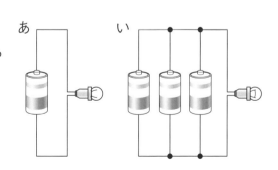

　ア　あの方が明るい。
　イ　いの方が明るい。
　ウ　ほぼ同じ明るさ。

15 電気のはたらきのまとめ

▶▶▶ 答えは別さつ3ページ

1：1問14点 **2**：1問10点

1 豆電球1ことかん電池2こを使っ
て，右の図のような回路をつくりま
した。次の問いに答えましょう。

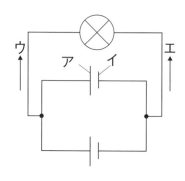

(1) 右のように，電気用図記号を使っ
て，回路を表した図を何といいい
ますか。　（　　　　　　）

(2) かん電池の＋極は，**ア**，**イ**のどちらですか。　（　　　）
＜プラスきょく＞

(3) 電流は，**ウ**，**エ**のどちら向きに流れていますか。

（　　　）

(4) 図のようなかん電池のつなぎ方を，何といいますか。

（　　　　　　　　）

(5) 豆電球の明るさは，かん電池1このときとくらべてどう
なっていますか。　　　（　　　　　　　）

2 電気のはたらきについて，正しいものに○，正しいとはいえ
ないものに×をかきましょう。

① （　　　）かん電池をぎゃくにつなぐと，電流の向きも変
わる。

② （　　　）かん電池2こを直列つなぎにすると，1このと
きと同じ大きさの電流が流れる。

③ （　　　）モーターを速く回すには，かん電池2こをへい列
つなぎにする。

16

電気のはたらきのまとめ

豆電球暗号ゲーム

▶▶▶ 答えは別さつ4ページ

☆ ☆ ☆ ☆ ☆ ☆ ☆ ☆ ☆ ☆ ☆ ☆ ☆

> 明るい順（じゅん）に電球をならべよう。
> どんなことばが出てくるかな。

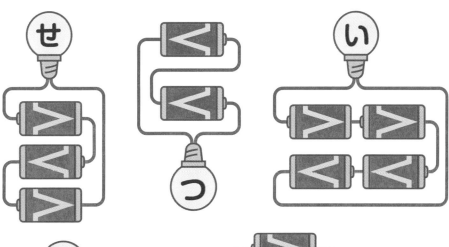

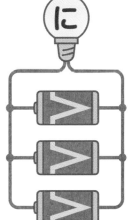

答え 電池を

17 動物のからだのつくりと運動
うでやあしの動き

▶▶▶ 答えは別さつ4ページ

点数

①〜⑥：1問15点　⑦：10点

点

！覚えよう！

ヒトのうでの動きを覚えましょう。

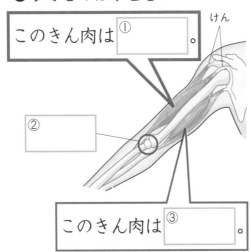

●うでをのばすとき

このきん肉は ① 　　　　。

けん

②

このきん肉は ③ 　　　　。

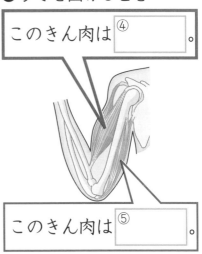

●うでを曲げるとき

このきん肉は ④ 　　　　。

このきん肉は ⑤ 　　　　。

うでやあしのほねには，関節をまたいで２つのきん肉がついて

いて，一方がちぢむとき，もう一方は ⑥ 　　　　　ます。

☆考えよう☆

動物のからだが動くしくみを考えましょう。

・動物は，ほねや ⑦ 　　　　，関

節のはたらきで，からだをささ

えたり，動かしたりします。

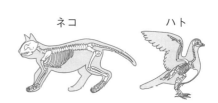

ネコ　　ハト

動物のからだのつくりと運動
うでやあしの動き

練 習

▶▶▶　答えは別さつ4ページ

点数

点

1：1問20点　**2**：(1)1問10点　(2)1問10点

1 からだが動くしくみについて，正しいものに◯，正しいとは
いえないものに×をかきましょう。

① （　　　　）うでやあしの曲がるところには，関節_{かんせつ}がある。

② （　　　　）きん肉をちぢめたりゆるめたりすることで，か
らだを動かすことができる。

③ （　　　　）ウサギのからだにはほねがあるが，きん肉はな
い。

◇チャレンジ◇

2 右の図は，うでをのばしたときのほ
ねときん肉のようすを表したもので
す。次の問いに答えましょう。

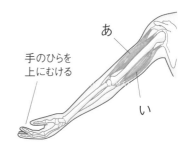
あ
手のひらを
上にむける
い

(1) うでを曲げるとき，**あ**のきん肉と**い**
のきん肉はそれぞれどうなります
か。**ア〜ウ**から1つずつ選_{えら}びましょ
う。

あ（　　　）　い（　　　）

ア ちぢむ　**イ** ゆるむ　**ウ** 変化_{へんか}しない

(2) もういちどうでをのばすとき，**あ**のきん肉と**い**のきん肉は
それぞれどうなりますか。(1)の**ア〜ウ**から1つずつ選び
ましょう。

あ（　　　）　い（　　　）

動物のからだのつくりと運動
ほねと関節

りかい

▶▶▶　答えは別さつ4ページ　★点数★　　　　　　点

①～⑥:1問15点　⑦:10点

覚えよう

ヒトのほねのはたらきと関節(かんせつ)のようすを整理しましょう。

いろいろなことを考えるときにはたらく。

① ［　　　］を守ります。

はいや② ［　　　　　］を守ります。

血えきを流すはたらきがある。

ここで,からだが曲がる。

③ ［　　　　　］

④ ［　　　　］がたくさんあり,

からだを曲げたりねじったりできます。

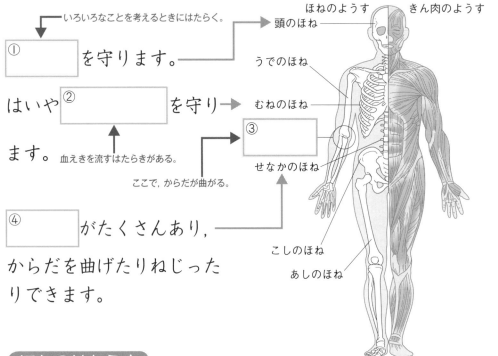

ほねのようす　　きん肉のようす

頭のほね
うでのほね
むねのほね
せなかのほね
こしのほね
あしのほね

ほねのはたらき

・せなかやこしなどのほねは,からだを⑤ ［　　　　　］います。

・頭やむねなどのほねは,中にある物を⑥ ［　　　　　］います。

ことばのかくにん　次のからだの部分の名前をかきましょう。

・⑦ ［　　　　　］：ほねとほねのつなぎ目。

20 動物のからだのつくりと運動
ほねと関節

練習

▶▶▶ 答えは別さつ4ページ

1 :(1)14点 (2)14点 (3)1問14点 **2** :1問10点

1 右の図は，ヒトのからだのほねとき
ん肉のようすを表したものです。次
の問いに答えましょう。

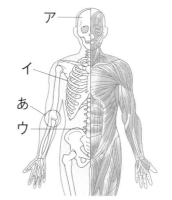

(1) 力を入れたときと入れないときでか
たさが変わるのは，ほね・きん肉の
どちらですか。 （   ）

(2) **あ**は，ほねとほねのつなぎ目です。この部分を何といいま
すか。 （   ）

(3) 次のはたらきをするほねを，**ア～ウ**から1つずつ選びま
しょう。

① のうを守る。 （   ）

② はいや心ぞうを守る。 （   ）

③ からだを曲げたりねじったりする。 （   ）

2 次のほねのおもなはたらきを，ア・イから1つずつ選びま
しょう。

(1) 頭のほね （   ） (2) むねのほね （   ）

(3) せなかのほね （   ）

> **ア** からだをささえる。
> **イ** 中にある物を守る。

21 動物のからだのつくりと運動のまとめ

▶▶▶ 答えは別さつ4ページ

★点数★

点

1：(1)16点　(2)1問16点　**2**：(1)13点　(2)1問13点　(3)13点

1 右の図は，ヒトのうでのほねときん肉のようすを表したものです。次の問いに答えましょう。

(1) **い**の部分でうでを曲げることができます。この部分を何といいますか。

（　　　　　　）

(2) 次の文の（　）にあてはまることばをかきましょう。
うでを曲げるとき，**あ**のきん肉は（①　　　　　　　），**う**のきん肉は（②　　　　　　　）。

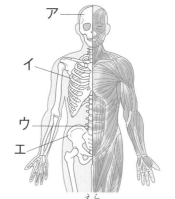

2 右の図は，ヒトのからだのほねときん肉のようすを表したものです。次の問いに答えましょう。

(1) きん肉によって大きく動かすことができるのは，**ア〜エ**のどのほねですか。
（　　　　）

(2) からだをささえているほねを，**ア〜エ**から2つ選びましょう。
（　　　）（　　　）

(3) はいや心ぞうを守っているほねは，**ア〜エ**のどれですか。
（　　　　）

動物をさがそう

▶▶▶ 答えは別さつ5ページ

☆ ☆ ☆ ☆ ☆ ☆ ☆ ☆ ☆ ☆ ☆ ☆ ☆ ☆

上から読んだり，左から読んだりして，
ほねときん肉のはたらきでからだを動かす
動物の名前を見つけよう。何種類いるかな。

ア	ザ	ラ	シ	カ	ア
イ	ル	カ	キ	キ	リ
ゾ	ウ	エ	リ	イ	ス
ハ	サ	ル	ン	チ	ズ
ト	カ	サ	キ	ウ	メ
ラ	イ	オ	ン	マ	リ

答え　◯◯◯　種類

23 夏の自然
夏の生き物

りかい

▶▶▶ 答えは別さつ5ページ
答えは別さつ5ページ

★点数★

①～⑫：1問7点　⑬～⑭：1問8点

点

！覚えよう！

春から夏にかけてのこん虫のようすを，表にまとめましょう。

こん虫	春の すがた	春から夏にかけてのすがたの変化		
ナナホシ テントウ	たまご ➡	①	②	③
アゲハ	たまご ➡	④	⑤	⑥
カブトムシ	よう虫 ➡	⑦	⑧ ← 夏の終わりにたまごをうむ。	
オオカマキリ	よう虫 ➡	⑨ のまま ← さなぎの時期がない。		

春から夏にかけての動物のようすを，表にまとめましょう。

ヒキガエル	おたまじゃくしから子どものカエルになり，すむ場所が ⑩ から ⑪ に変わる。
ツバメ	子ツバメは ⑫ が，まだ親から食べ物をもらう。 ↑ 子ツバメが巣からはなれること。

★考えよう★

夏になり，動物が成長したりふえたりするわけを考えましょう。

・気温や水温が ⑬ なって，⑭ が大きく成長するようになり，それを食べる動物や，その動物を食べる動物などもどんどん成長したり，ふえたりします。

24 夏の自然
夏の生き物

▶▶▶　答えは別さつ5ページ

1 : 1問20点　2 : 1問15点

点数

点

1 図は，オオカマキリが育っていくようすを表したものです。次の問いに答えましょう。

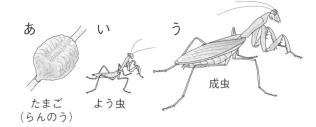

あ　い　う

たまご
（らんのう）　よう虫　成虫

(1) 夏に見られるのは，**あ〜う**のどれですか。
（　　）

(2) オオカマキリは，何を食べていますか。**ア〜ウ**から選びましょう。
（　　）

ア　植物の葉　　**イ**　植物の実　　**ウ**　ほかの動物

2 夏の動物のようすとして正しいものに○，正しいとはいえないものに×をかきましょう。

① （　　　）ヒキガエルが，池の中にたまごをうむ。

② （　　　）親のツバメが，子どもに食べ物を運んでくる。

③ （　　　）ナナホシテントウのよう虫が，花のみつをすっている。

④ （　　　）アゲハのさなぎから，成虫が出てくる。

夏の自然
植物の成長

りかい

▶▶▶ 答えは別さつ5ページ

点数

①～⑧：1問10点　⑨：20点

点

！覚えよう！

春のころとくらべた夏の植物のようすを，表にまとめましょう。

植物	ヘチマ	サクラ
葉のようす	春よりも数が ① なっている。 夏には，くきがのび，葉がしげる。	春よりも数が ② ，緑色が ③ なっている。
くきやえだのようす	くきののび方が春よりも ④ なる。 「大きく」「小さく」で答える。	新しいえだは ⑤ 色をしていて，葉のつけねに ⑥ が見られる。 中に，しょうらい葉になるものが入っている。
花のようす	つくりのちがう ⑦ 種類（しゅるい）の花がさく。	

●ヘチマの花

どちらの花も ⑧ 色をしています。

★考えよう★

ヘチマのくきののび方は，何と関係（かんけい）が深いですか。

⑨

夏の自然

植物の成長

練習

▶▶▶ 答えは別さつ5ページ

点数

点

1 : (1)10点　(2)1問10点　**2** : 1問14点

1 ヘチマの花について，次の問いに答えましょう。

(1) ヘチマの花は何色をしていますか。　　　（　　　　　）

(2) ヘチマには，2種類（しゅるい）の花がさきます。ヘチマの花を，**ア**〜
エから2つ選（えら）びましょう。　　　（　　　）（　　　）

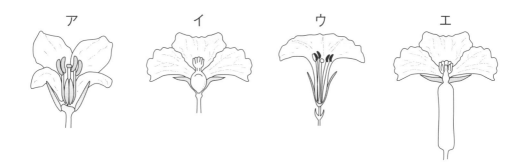

ア　　　　　　イ　　　　　　ウ　　　　　　エ

2 夏の植物のようすとして正しいものに○，正しいとはいえ
ないものに×をかきましょう。

① （　　　　）サクラのえだに，芽（め）が見られた。

② （　　　　）サクラの葉の色は，春よりもうすい緑色になって
いた。

③ （　　　　）イチョウの葉が，黄色く色づいていた。

④ （　　　　）ヘチマのくきののび方が，春よりもさかんになっ
ていた。

⑤ （　　　　）ヘチマのくきに，茶色い実がなった。

雨水のゆくえと地面のようす
雨水のゆくえと地面のようす

 りかい

▶▶▶ 答えは別さつ6ページ

 点数

①～②：1問15点　③～⑨：1問10点

点

！覚えよう！

水の流れと地面のかたむきとの関係(かんけい)をまとめましょう。

・地面を流れる水は, ①____ ところから ②____ ところ
に向かって流れます。

★考えよう★

土のつぶの大きさと水のしみこみ方の関係を調べましょう。

	校庭の土	すな場のすな	じゃり
つぶの大きさ	③____ つぶが多く見られた。	いろいろな大きさだった。	④____ つぶが多く見られた。
水のしみこみ方	水がしみこむのにかかる時間が ⑤____, ⑥____ しか水が出てこない。	水を注いでいるとちゅうから, ⑦____ ↑ 水が出てきた。	水を注ぎ始めてすぐに, ⑧____ ↑ 水が出てきた。 「にごった」「とうめいな」のどちらかを入れる

・土のつぶが ⑨____ ほど, 水がしみこみやすくなります。

 28 雨水のゆくえと地面のようす
雨水のゆくえと地面のようす
 練習

▶▶▶ 答えは別さつ6ページ

1問25点

点数 点

1 右の図は，地面にふっ
た雨水の流れを表した
ものです。次の問いに
答えましょう。

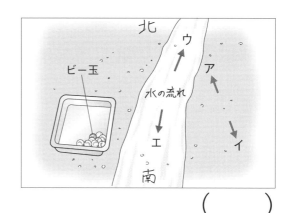

（1）地面は，**ア**，**イ**のどち
らの方向に向かって低
くなっていますか。　　　　　　　　　　（　　　）

（2）雨水は，**ウ**，**エ**のどちらの向きに流れていますか。

（　　　）

2 右の図のようなそう置を使って，校庭
の土，すな場のすな，じゃりのつぶの
大きさと水のしみこみ方の関係を調べ
ました。次の問いに答えましょう。

（1）それぞれのそう置に入れる土の量や水
の量はどのようにしますか。**ア〜エ**か
ら選びましょう。　　　（　　　）

　　ア 土の量も水の量も同じにする。

　　イ 土の量は同じにするが，水の量は
　　　同じにしなくてもよい。

　　ウ 水の量は同じにするが，土の量は同じにしなくてもよい。

　　エ 土の量も水の量も同じにしなくてもよい。

（2）水がしみこむのに時間がかかるのは，校庭の土，すな場の
すな，じゃりのどれですか。　　　　（　　　　　　　）

29 雨水のゆくえと地面のようす

雨水のゆくえと地面のようす

▶▶▶ 答えは別さつ6ページ

1 :(1)15点 (2)1問15点 2 :1問20点

点数

点

1 校庭の土・すな場のすな・じゃりの水のしみこみ方をくらべました。次の問いに答えましょう。

ア  イ ウ

(1) つぶの大きさがいちばん小さいのは,校庭の土・すな場のすな・じゃりのどれですか。 （　　　　　　）

(2) 校庭の土・すな場のすな・じゃりに水を注いだ結果を,ア〜ウから選びましょう。

校庭の土 （　　）

すな場のすな （　　）

じゃり （　　）

2 水がしみこんだ土地でのさい害について,（　）にあてはまることばをかきましょう。

山のしゃめんなどで,大量の雨がふって地面にしみこむと,水といっしょに土や石などが流れてくる（①　　　　　）やがけくずれ,地すべりなどが起こることがあります。このようなさい害をまとめて（②　　　　　）といいます。

30 雨水のゆくえと地面のようすのまとめ

▶▶▶ 答えは別さつ6ページ

1:1問10点 **2**:1問20点

点数

点

1 雨水のゆくえについて，正しいものに○，正しいとはいえないものに×をかきましょう。

① （　　　）地面を流れる水は，高いところから低いところに向かって流れる。

② （　　　）校庭に水たまりができているときは，すな場にも水たまりができている。

③ （　　　）水がたまっていないところでは，地面に水がしみこんでいる。

◇チャレンジ◇

④ （　　　）水たまりの底<small>そこ</small>には，じゃりがたまっている。

2 次のア〜ウの土について，下の問いに答えましょう。

　　ア　校庭の土　　イ　すな場のすな　　ウ　じゃり

(1) つぶがいちばん大きいのは，ア〜ウのどれですか。
　　　　　　　　　　　　　　　　　　　　　　（　　　）

(2) 水がしみこむのにいちばん時間がかかるのは，ア〜ウのどれですか。
　　　　　　　　　　　　　　　　　　　　　　（　　　）

(3) 水がしみこむのにかかる時間は，何によって変わりますか。
　　　　　　　　　　　　　（　　　　　　　　　　　　　　）

夏の星
夏の星

りかい

▶▶▶ 答えは別さつ6ページ

①～⑧：1問11点　⑨：12点

点数 ★

点

！覚えよう！

夏の夜空に見える星を覚えましょう。

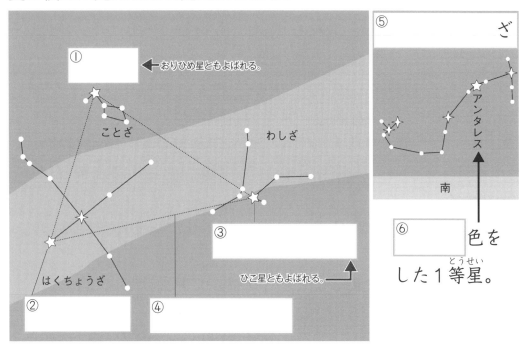

①　←おりひめ星ともよばれる。

ことざ　　　わしざ

③

ひこ星ともよばれる。

はくちょうざ

②

④

⑤　　　　ざ

アンタレス

南

⑥　　色を
した1等星。

星の明るさと色

・星には，いろいろな⑦　　　　　　のものがあり，明る
い星から順に，1等星・2等星・3等星…とよばれて
います。

・星には，赤色や白色など，いろいろな⑧　　　のものが
あります。

ことばのかくにん　　にあてはまることばをかきましょう。…

・⑨　：昔の人が星の集まりをいろいろな動物などに
見立てて，名前をつけたもの。

32

夏の星

夏の星

練習

▶▶▶ 答えは別さつ6ページ

1 :(1)1問14点　(2)14点　(3)14点　2 :1問10点

1 右の図は，ある日の
午後9時ごろに東の
空の高いところで観(かん)
察(さつ)された星のようす
を表したものです。

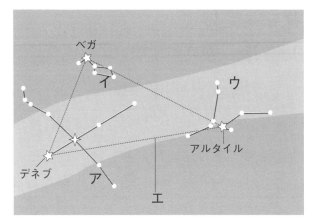

(1) ア〜ウの星ざの名前
を答えましょう。

ア (　　　　　　　) イ (　　　　　　　)
ウ (　　　　　　　)

(2) エの三角形を何といいますか。　(　　　　　　　)

(3) 1等星・2等星・3等星…は，何によって星を分けたもの
ですか。　(とうせい)　(　　　　　　　)

2 右の図は，南の空の低いところ
で見られた星ざです。

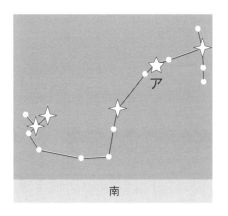

(1) この星ざを何といいますか。

(　　　　　　　)

(2) アの星の名前をかきましょう。

(　　　　　　　)

(3) アの星は何色をしていますか。　(　　　　　)

月や星の動き
月の動き

▶▶▶ 答えは別さつ7ページ

① ～ ⑥：1問10点　⑦ ～ ⑧：1問20点

点数　　　　点

覚えよう

1日の月の動きを整理しましょう。

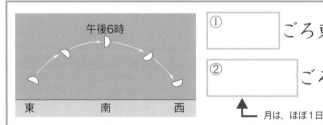

① ［　　　］ごろ東の方から出て，

② ［　　　］ごろに西の方にしずむ。

← 月は，ほぼ1日でもとの位置にもどる。

午後 ③［　　］時ごろ東の方から出て，

午前 ④［　　］時ごろ西の方にしずむ。

← 真夜中の6時間前に出て，6時間後にしずむ。

⑤ ［　　　］ごろに東の方から出て，

⑥ ［　　　］ごろ西の方にしずむ。

← 午前6時の6時間前，6時間後に注目。

ことばのかくにん　次の月の名前をかきましょう。

・⑦［　　　］：円の形に見える月。

・⑧［　　　］：半円の形に見える月。

34 月や星の動き
月の動き

 練習

▶▶▶　答えは別さつ7ページ

1：1問20点　**2**：1問20点

点数

点

1 南の空の高いところに，右の図のような月が観察されました。次の問いに答えましょう。

あ　　　　い

東　　　　南　　　　西

(1) 右の形の月を何といいますか。

(　　　　　　)

(2) この図は，いつごろ観察したものですか。**ア**〜**ウ**から選びましょう。　　　　　　　　　　　　　　(　　　)

　　ア　午前6時ごろ　　**イ**　正午ごろ　　**ウ**　午後6時ごろ

(3) この月は，これから**あ**，**い**どちらの向きに動いていきますか。　　　　　　　　　　　　　　　　　(　　　)

2 右の図のような形をした月について，次の問いに答えましょう。

ア　　　イ　　　ウ　　　エ

(1) 昼間見ることができない月を**ア**〜**エ**から選びましょう。

(　　　)

(2) 真夜中に，東の方からのぼってくる月を**ア**〜**エ**から選びましょう。　　　　　　　　　　　　　　　(　　　)

35 月や星の動き
星の動き

りかい

▶▶▶ 答えは別さつ7ページ 点数

①〜④：1問15点　⑤〜⑥：1問20点

点

！覚えよう！

星ざ早見の使い方を覚えましょう。

❶観察する時こくの目もりを，

| ① | の目もりに合わせます。

右は，9月13日午後 ② 時

19時を午後◯時にするには，19から12をひけばよい。

❷観察する方位を ③ にして，星ざ早

見を頭の上にかざして見ます。

頭の上にかざしたとき，実さいの方位と同じになる。

★考えよう★

右の図は，ある日の午後7時と午後9時に夏の大三角を観察したものです。星の動くようすを考えましょう。

・時間がたつと，夏の大三角は

④ の方へ動いていきました。

星も，太陽や月と同じように動いている。

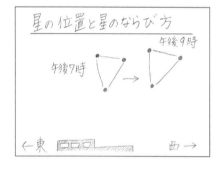

星の位置とならび方

・星ざは，時間とともに，見える位置が ⑤

が，星のならび方は ⑥ 。

「変わる」「変わらない」で答える。

月や星の動き
星の動き

練 習

▶▶▶　答えは別さつ7ページ

1 :1問15点　2 :(1)1問14点　(2)1問14点　(3)14点

点数

点

1 星ざ早見の使い方について，次の
問いに答えましょう。

図1

(1) 図1は，星ざ早見を何月何日の
午後何時に合わせてありますか。

(　　　　　　　　　　)

(2) 星ざ早見を，図2のように持ち
上げました。このとき，どの方
位の空の星ざを調べようとして
いますか。　　　　　(　　)

図2

2 北の空のようすについ
て，次の問いに答えま
しょう。

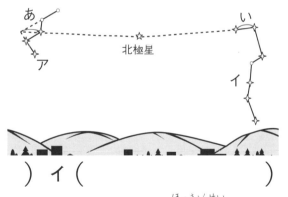

(1) ア，イの星のまとま
りをそれぞれ何とい
いますか。

ア (　　　　　　　) イ (　　　　　　　　)

(2) あ，いの長さをそれぞれ何倍にしたところに北極星があり
ますか。　　　　あ (　　　　) い (　　　　)

(3) 時間がたつと変わるのは，星の位置・星のならび方のどち
らですか。　　　　　　　(　　　　　　　　)

37 月や星の動き
星の動き

　練習

▶▶▶ 答えは別さつ7ページ

　点数

1 ：(1)15点　(2)1問15点　(3)15点　**2**：1問10点

1 南の空に見える夏の大三角を観察して，記録しました。次の
問いに答えましょう。

(1) 次の文の（　）にあては
まることばをかきましょ
う。
デネブと（　　　　　　），
アルタイルをつないででき
きる三角形を夏の大三角
という。

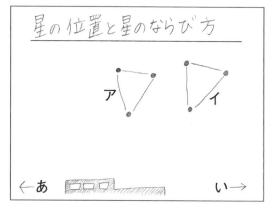

(2) **あ**，**い**は，東・西・南・北のどの方位を表していますか。

あ（　　　）　い（　　　）

(3) 先に観察したのは，**ア**，**イ**のどちらですか。　　（　　　）

2 次の文は，星についてまとめたものです。{ }に入ること
ばを，◯でかこみましょう。

(1) 星によって，明るさは{ 変わる ・ 変わらない }。

(2) 星によって，色は{ 変わる ・ 変わらない }。

(3) 星ざは，時間がたつと，位置は①{ 変わる ・ 変わらない }
が，星のならび方は②{ 変わる ・ 変わらない }。

38 月や星の動きのまとめ

▶▶▶ 答えは別さつ7ページ

1:(1)20点　(2)20点　(3)20点　(4)1問10点　**2**:20点

1 ある日，南の空を見ると，右の
図のような月が見られました。
次の問いに答えましょう。

(1) このような形をした月を何と
いいますか。　（　　　　　）

(2) 観察を続けると，月はこれから**あ**，**い**どちらの向きに動い
ていきますか。　　　　　　　　　　　　（　　　）

(3) この観察を行った時こくを，**ア**〜**エ**から選びましょう。
　　　　　　　　　　　　　　　　　　　　　（　　　）

　ア 明け方　　**イ** 正午ごろ　　**ウ** 夕方　　**エ** 真夜中

(4) この月を観察してから1週間後に見られる月について，
｛　｝にあてはまることばを，◯でかこみましょう。
月の形は①｛ 変わる ・ 変わらない ｝。同じ時こくに見
られる月の位置は②｛ 変わる ・ 変わらない ｝。

2 月と星の動き方について正しいものを，**ア**〜**ウ**から選びま
しょう。　　　　　　　　　　　　　　　　　（　　　）

　ア 月は東→西の向きに動くが，星は西→東の向きに動く。

　イ 月は西→東の向きに動くが，星は東→西の向きに動く。

　ウ 月も星も東→西の向きに動く。

39 秋の自然
秋の生き物

りかい

▶▶▶ 答えは別さつ8ページ

点数

点

1問10点

!覚えよう!

こん虫の秋のようすを，表にまとめましょう。

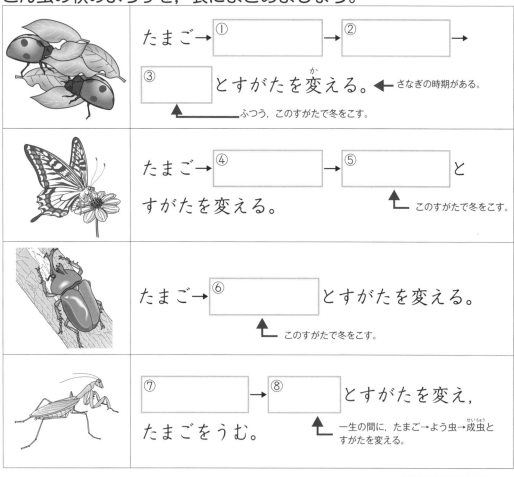	
	たまご→① [　　] →② [　　] → ③ [　　] とすがたを変える。◀━━ さなぎの時期がある。 ↑ ふつう，このすがたで冬をこす。
	たまご→④ [　　] →⑤ [　　] と すがたを変える。 ↑ このすがたで冬をこす。
	たまご→⑥ [　　] とすがたを変える。 ↑ このすがたで冬をこす。
	⑦ [　　] →⑧ [　　] とすがたを変え， たまごをうむ。　↑ 一生の間に，たまご→よう虫→成虫と すがたを変える。

・秋になると，ツバメはどこにわたりますか。　⑨ [　　　　]

★考えよう★

秋には，こん虫があまり見られなくなるわけを考えましょう。

・秋になると，気温が⑩ [　　] なるから。

40 秋の自然
秋の生き物

練 習

▶▶▶ 答えは別さつ8ページ

点数

点

1：1問10点　**2**：(1)20点　(2)1問20点

1 下のこん虫の秋のようすを，ア～エから１つずつ選びましょう。

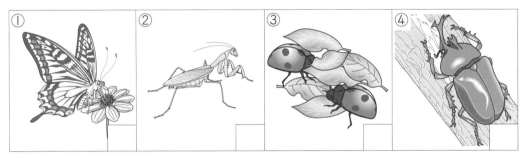

① ② ③ ④

> **ア** 夏の終わりに生まれたたまごが，よう虫になる。
>
> **イ** 夏の終わりに生まれたたまごが，よう虫からさなぎ，成虫にすがたを変える。
>
> **ウ** 夏の終わりに生まれたたまごが，よう虫からさなぎにすがたを変える。
>
> **エ** よう虫が成虫になり，たまごをうむ。

2 秋になると，ツバメが見られなくなりました。次の問いに答えましょう。

(1) ツバメは，どこに行ったのでしょうか。（　　　　　　）

◇チャレンジ◇

(2) 次の文は，ツバメが見られなくなった理由を説明したものです。（　）にあてはまることばをかきましょう。

気温が（①　　　　　　　）なって，ツバメの食べ物の

（②　　　　　　　）が少なくなったから。

41 秋の自然
植物の成長

りかい

▶▶▶ 答えは別さつ8ページ

点数

①〜⑧：1問10点　⑨1問20点

点

！覚えよう！

夏とくらべた秋の植物のようすを，表にまとめましょう。

・ヘチマのようす

葉	緑色だった葉は ① ⬜ 色に変わり，やがてかれてしまう。 ↑ かれたときの葉の色。
くき	くきはのびなくなり，やがて ② ⬜ 色になってかれてしまう。 ↑ かれたときのくきの色。
実	夏よりも大きく成長し，緑色から ③ ⬜ 色に変わり，やがてかれてしまう。実の中には，黒色の ④ ⬜ がたくさん入っている。

↑ じゅくす前は，白色をしている。

〈夏〉　　〈秋〉

・サクラの葉の色の変化……⑤ ⬜ → ⑥ ⬜ ← いろいろな色に色づいた葉はやがて落ちてしまい，えだだけになる。

・イチョウの葉の色の変化…⑦ ⬜ → ⑧ ⬜

★考えよう★

秋になると，サクラやイチョウのえだはどうなるのか考えましょう。

・えだには，春になると葉や花が出てくる ⑨ ⬜ がついています。だから，えだはかれていません。

秋の自然
植物の成長

練 習

▶▶▶　答えは別さつ8ページ

1：1問15点　**2**：1問20点

点数

点

1 秋の植物のようすについて，正しいものに○，正しいとはいえないものに×をかきましょう。

① （　　　　）サクラの葉が赤くなり，やがて落ちてしまう。

② （　　　　）イチョウは緑色の葉をたくさんつけている。

③ （　　　　）ヘチマのくきがのびなくなり，だんだん茶色くなっていく。

④ （　　　　）ヘチマの実が茶色くなり，中にたねがたくさんできる。

◇チャレンジ◇

2 下の折れ線グラフは，春・夏・秋に気温を1週間おきに調べた結果です。次の問いに答えましょう。

ア

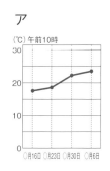

イ

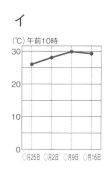

ウ

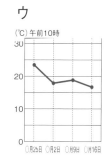

（1）秋の記録は，**ア〜ウ**のどれですか。

（　　　）

（2）ヘチマの葉が茶色になるのは，**ア〜ウ**のどの記録のころですか。

（　　　）

43 物の体積と力

物の体積と力

りかい

▶▶▶ 答えは別さつ8ページ

点数

①～②：1問20点　③～⑥：1問15点

点

★考えよう★

空気でっぽうで，玉が飛ぶしくみを答えましょう。

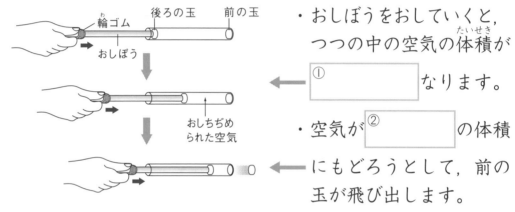

・おしぼうをおしていくと，
　つつの中の空気の体積が

①_____　なります。

・空気が②_____　の体積

にもどろうとして，前の
玉が飛び出します。

とじこめた空気や水のせいしつをまとめましょう。

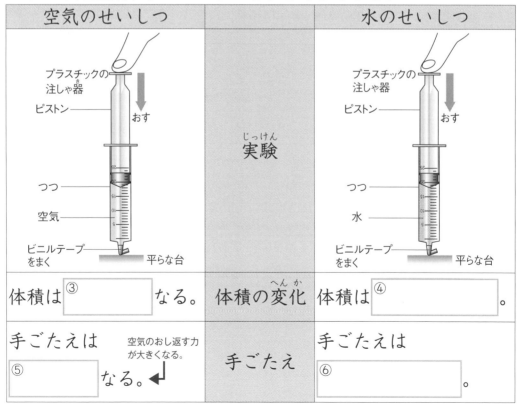

空気のせいしつ	実験	水のせいしつ
体積は③_____　なる。	体積の変化	体積は④_____。
手ごたえは　空気のおし返す力が大きくなる。⑤_____　なる。	手ごたえ	手ごたえは⑥_____。

物の体積と力

物の体積と力

練習

▶▶▶ 答えは別さつ8ページ

1：1問20点 **2**：1問20点

点数 ★

点

1 右の図のような空気でっ
ぽうがあります。次の問
いに答えましょう。

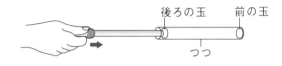

後ろの玉　　前の玉

つつ

（1）おしぼうをおすと，つつの中の空気の体積は，どうなりま
すか。ア～ウから選びましょう。　　　（　　　）
ア　小さくなる。　　イ　大きくなる。　　ウ　変わらない。

（2）前の玉は，何におされて飛び出しますか。　（　　　）

2 右の図のように，空気をとじこめた
注しゃ器のピストンを，真上から
ゆっくりおしていきました。次の問
いに答えましょう。

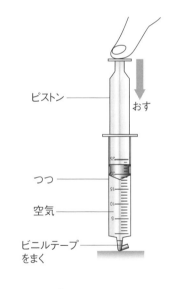

ピストン

おす

つつ

空気

ビニルテープ
をまく

（1）空気の体積はどのように変化しま
すか。

（　　　　　　　　　　　）

（2）手ごたえはどうなりますか。

（　　　　　　　　　　　）

（3）ピストンから手をはなすと，ピストンの位置はどうなりま
すか。ア～ウから選びましょう。　　　（　　　）
ア　その位置のまま動かない。
イ　もとの位置までもどる。
ウ　もとの位置よりも高くなる。

物の体積と力

物の体積と力

▶▶▶ 答えは別さつ9ページ

1問20点

◇ チャレンジ ◇

1 右の図のような空気でっ
ぽうについて，次の問
いに答えましょう。

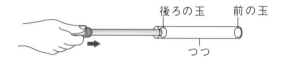

後ろの玉　前の玉

つつ

(1) （　）にあてはまることばをかきましょう。

つつの中に空気が入っていることをたしかめるには，

（　　　　　）の中で，空気でっぽうの玉を飛び出させればよい。

(2) 玉がほとんど飛ばないのは，**ア〜ウ**のどれで玉をつくった
ときですか。　　　　　　　　　　　　　　　（　　　）

　　ア 発ぽうポリエチレン　　**イ** かわいた新聞紙

　　ウ しめらせたティッシュペーパー

(3) 前の玉は，何から力を受けていますか。　（　　　　　）

(4) 玉がいちばん遠くまで飛ぶのは，後ろの玉を**ア〜ウ**のどこ
に入れたときですか。　　　　　　　　　　（　　　）

　　ア 前の玉にできるだけ近いところ。

　　イ つつの真ん中。

　　ウ 前の玉からできるだけ遠いところ。

(5) 空気のかわりに，つつの中に水を入れて，おしぼうをおし
たときの前の玉のようすを，**ア〜ウ**から選びましょう。

　　　　　　　　　　　　　　　　　　　　　（　　　）

　　ア 空気を入れたときと同じように飛ぶ。

　　イ 空気を入れたときよりも遠くまで飛ぶ。

　　ウ ほとんど飛ばない。

46 物の体積と力のまとめ

▶▶▶　答えは別さつ9ページ

点数　　　　　　　　　　点

1:1問20点　**2**:1問20点

1 とじこめた水のせいしつに「水」，とじこめた空気のせいしつに「空気」，どちらにもあてはまらないものに「×」をかきましょう。

① （　　　　　）おすと，体積が小さくなる。

② （　　　　　）おし続けても，体積が変わらない。

③ （　　　　　）おすと，体積が大きくなる。

◇チャレンジ◇

2 水と空気を半分ずつ入れた図1の注しゃ器と，空気だけを入れた図2の注しゃ器のピストンを，真上からおしました。次の問いに答えましょう。

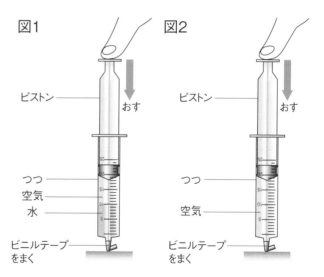

図1　　　図2

ピストン　おす　　　ピストン　おす

つつ　　　つつ
空気　　　空気
水

ビニルテープ　　　ビニルテープ
をまく　　　をまく

(1) 図1の水面の位置は，ピストンをおす前とくらべてどうなりますか。ア〜ウから選びましょう。　　　　（　　　）
ア　高くなる。　　イ　低くなる。　　ウ　変わらない。

(2) ピストンを同じ大きさの力でおしたとき，手ごたえが大きいのは，図1，図2のどちらですか。　　　　（　　　）

47 物の体積と温度
空気の体積と温度

▶▶▶　答えは別さつ9ページ

点数

①～④：1問15点　⑤～⑥：1問20点

点

★ 考えよう ★

空気をあたためたり冷やしたりしたときの，空気の体積の変化について答えましょう。

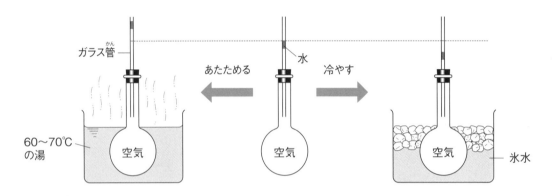

・空気をあたためる…ガラス管の中の水が① [　　　] に動きます。

水が上がった分だけ，
体積が変化している。 ➡ 空気の体積が② [　　　] なるからです。

・空気を冷やす………ガラス管の中の水が③ [　　　] に動きます。

水が下がった分だけ，
体積が変化している。 ➡ 空気の体積が④ [　　　] なるからです。

空気の体積と温度

・空気は，あたためると体積が⑤ [　　　] なり，冷やすと体積が⑥ [　　　] なります。

物の体積と温度

空気の体積と温度

▶▶▶　答えは別さつ9ページ

1:1問20点　**2**:20点

点数　　　　　　点

1 右の図のように，フラスコを湯につけました。次の問いに答えましょう。

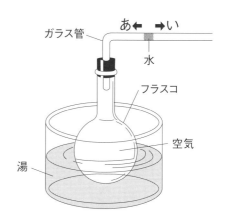

ガラス管　　あ◀ ▶い
水
フラスコ
空気
湯

(1) 何度ぐらいの湯で実験をしたらよいですか。**ア〜ウ**から選びましょう。（　　）

　　ア　30〜40℃
　　イ　60〜70℃
　　ウ　100℃ぐらい

(2) 湯につけると，ガラス管の中の水は，**あ**，**い**のどちら向きに動きますか。（　　）

(3) フラスコを，湯のかわりに氷水につけると，ガラス管の中の水は，**あ**，**い**のどちらの向きに動きますか。（　　）

(4) この実験から，空気の体積は何によって変化することがわかりますか。（　　　　）

◇ チャレンジ ◇

2 少しへこんだピンポン玉があります。もとの形にもどす方法を，**ア〜ウ**から選びましょう。（　　）

　　ア　ピンポン玉を氷水につける。
　　イ　ピンポン玉を湯につける。
　　ウ　ピンポン玉を強くおす。

49 物の体積と温度
水の体積と温度

▶▶▶ 答えは別さつ9ページ

点数

①〜④：1問13点　⑤〜⑦：1問16点

点

★ 考えよう ★

あたためたり冷やしたりしたときの，水の体積の変化について答えましょう。

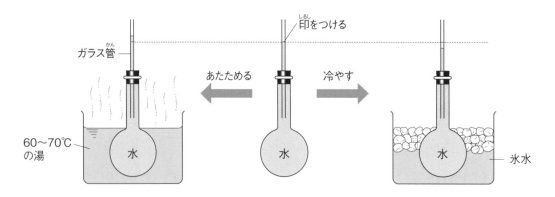

・水をあたためる…ガラス管の中の水面が ① ［　　　　］ に動きます。

→ 水面が上がった分だけ，体積が変化している。 → 水の体積が ② ［　　　　］ なるからです。

・水を冷やす………ガラス管の中の水面が ③ ［　　　　］ に動きます。

→ 水面が下がった分だけ，体積が変化している。 → 水の体積が ④ ［　　　　］ なるからです。

水の体積と温度

・水は，あたためると体積が ⑤ ［　　　　］ なり，冷やすと体積が ⑥ ［　　　　］ なります。

・体積の変化は，水の方が空気より ⑦ ［　　　　］ です。

50　物の体積と温度
水の体積と温度

 練習

▶▶▶　答えは別さつ10ページ

★点数★

1：1問16点　**2**：1問13点

点

1 右の図のようなフラスコを，60〜70℃の湯につけました。次の問いに答えましょう。

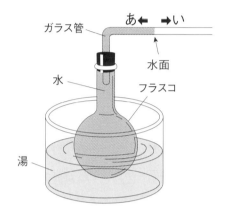

ガラス管
あ← →い
水面
水
フラスコ
湯

(1) 湯につけてしばらくすると，ガラス管（かん）の中の水面は，**あ**，**い**のどちらの向きに動きますか。　（　　）

(2) フラスコを，湯のかわりに氷水につけると，ガラス管の中の水面は，**あ**，**い**のどちらの向きに動きますか。

（　　）

(3) この実験（じっけん）から，水の体積（たいせき）は何によって変わる（か）ことがわかりますか。　（　　　　）

2 水や空気の体積と温度について，正しいものに○，正しいとはいえないものに×をかきましょう。

① （　　）水や空気の体積は，あたためると大きくなる。

② （　　）水や空気の体積は，冷やす（ひ）と小さくなる。

③ （　　）あたためたときの水の体積の変化（へんか）は，空気の変化よりも大きい。

④ （　　）冷やしたときの水の体積の変化は，空気の変化よりも大きい。

51 物の体積と温度
金ぞくの体積と温度

▶▶▶ 答えは別さつ10ページ

点数

1問10点

点

！覚えよう！

アルコールランプの使い方をまとめましょう。

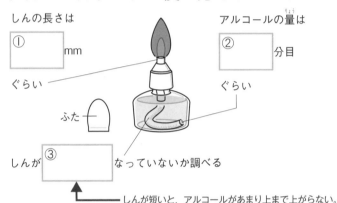

しんの長さは

① □□□ mm ぐらい

アルコールの量は

② □□□ 分目 ぐらい

ふた

しんが ③ □□□ なっていないか調べる

└─ しんが短いと, アルコールがあまり上まで上がらない。

・火を消すときは,

④ □□□

から, ふたをかぶ
せます。

★ 考えよう ★

金ぞくの玉を熱したり冷やしたりしたときの体積の変化をまとめ
ましょう。

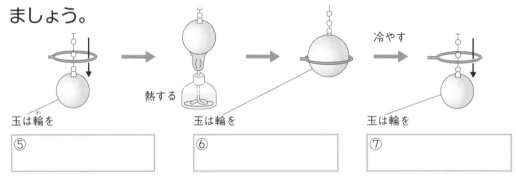

熱する

冷やす

玉は輪を

⑤ □□□

玉は輪を

⑥ □□□

玉は輪を

⑦ □□□

金ぞくの体積と温度

・金ぞくは, 熱すると体積が ⑧ □□□ なり, 冷やすと

体積が ⑨ □□□ なります。

・体積の変化は, 金ぞくの方が空気や水よりずっと

⑩ □□□ です。

52 物の体積と温度
金ぞくの体積と温度

▶▶▶ 答えは別さつ10ページ

1:1問20点 2:20点

点数 ★

点

1 右の図の金ぞくの玉は，輪をやっと通りぬける大きさです。この玉をアルコールランプで熱しました。次の問いに答えましょう。

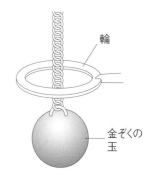

輪

金ぞくの玉

(1) アルコールランプに入れるアルコールの量は何分目ぐらいにしますか。

(　　　　　　ぐらい)

(2) アルコールランプのしんは，何mmぐらい出しておきますか。　　　　　　(　　　　　ぐらい)

(3) 熱した金ぞくの玉は，輪を通りぬけませんでした。これは，温度によって金ぞくの何が変化したからですか。

(　　　　　)

(4) 金ぞくの玉がふたたび輪を通りぬけられるようにする方法を，ア〜ウから選びましょう。　　(　　　)

ア　玉をもう一度アルコールランプで熱する。

イ　玉に水道の水をかける。

ウ　玉を，火を弱くした実験用ガスコンロで熱する。

◇ チャレンジ ◇

2 鉄道のレールのつなぎめに，すきまがあけてある理由を，ア〜ウから選びましょう。　　(　　　)

ア　夏になると，レールがのびるから。

イ　冬になると，レールがのびるから。

ウ　電車が通ると，レールが少し動くから。

53 物の体積と温度のまとめ

▶▶▶ 答えは別さつ10ページ

1：1問25点　**2**：25点

点数

点

1 右の図のように，水と空気を入れた２つのフラスコを湯につけました。次の問いに答えましょう。

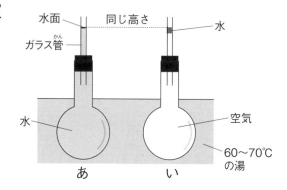

水面　同じ高さ　水
ガラス管
水
あ　い
空気
60〜70℃の湯

(1) 水，空気，金ぞくを，温度による体積の変化が大きいものから順にならべましょう。

（　　　　　　　　　）

(2) 湯につけてしばらく時間がたったときのようすを，**ア〜ウ**から選びましょう。　（　　）

ア あの水面といのガラス管の中の水は，同じ位置にある。

イ あの水面がいのガラス管の中の水より，高い位置にある。

ウ あの水面がいのガラス管の中の水より，低い位置にある。

(3) ２つのフラスコを，60〜70℃の湯につけるかわりに，氷水につけたときのようすを，(2)の**ア〜ウ**から選びましょう。　（　　）

◆チャレンジ◆

2 ガラスびんの金ぞくのふたがあかないとき，ふたを湯につけると，ふたをあけることができます。その理由を，「金ぞくのふたの」というかき出しで，答えましょう。

（金ぞくのふたの　　　　　　　　　　　　　　　　）

54

物の体積と温度のまとめ

やけどに注意！

▶▶▶ 答えは別さつ11ページ

☆ ☆ ☆ ☆ ☆ ☆ ☆ ☆ ☆ ☆ ☆ ☆ ☆ ☆

正しい方に進もう。
ぶじにゴールできるかな。

 スタート

あたためると，
空気の体積は，
　★大きくなる→2つ進む
　★小さくなる→4つ進む

 3つ進む

温度による体積の
変化が大きいのは，
　★空気→1つ進む
　★金ぞく→4つ進む

あたためると，
金ぞくの体積は，
　★大きくなる→3つ進む
　★小さくなる→6つ進む

 1つ進む

あたためると，
水の体積は，
　★大きくなる→3つ進む
　★小さくなる→5つ進む

へこんだピンポン玉を
直すとき，つけるのは，
　★お湯→1つ進む
　★氷水→4つ進む

 2つ進む

ゴール

 1つ進む

アルコールランプに入れ
るアルコールの量は，
　★半分→1つ進む
　★8分目→2つ進む

55 水のすがたとゆくえ
水を熱したときの変化

 りかい

▶▶▶ 答えは別さつ11ページ ★点数★

①〜⑤：1問14点　⑥〜⑧：1問10点

点

！覚えよう！

水を熱したときのようすをまとめましょう。

・丸底フラスコの口から出る
湯気に，金ぞくのスプーン

を近づけると，① [_____]

がつきます。

・水の温度が ② [_____] ℃

近くになると，水の中から

さかんにあわが出て，わき

立ちます。

⑤ [_____]

↓

・水がふっとうしている間は，

温度は ③ [_____] 。

・水がふっとうしているときに，水から出てくるあわは

④ [_____] です。◀── 水が，水面からだけでなく，水の中でも水じょう気に変わっている。

スタンド

温度計

丸底フラスコ

水

熱い湯が急にふき出すのをふせぐために入れる。

ことばのかくにん　水の変化に関係することばをかきましょう。……

・⑥ [_____] ：熱せられて，水がわき立つこと。

・⑦ [_____] ：熱せられて，水がすがたを変えた，
目に見えないもの。

・⑧ [_____] ：水じょう気が冷やされて，細かい水てきに変
わったもの。白いけむりのように見える。

56 水のすがたとゆくえ
水を熱したときの変化

▶▶▶ 答えは別さつ11ページ

点数 点

1：(1) 20点　(2) 20点　(3) 20点　(4) 1問20点

1 右の図のように，水を熱し，水が
わき立ってしばらくしてから火を
消しました。次の問いに答えま
しょう。

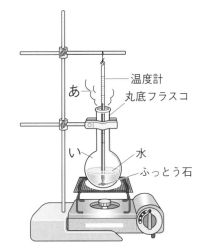

温度計
あ
丸底フラスコ
い
水
ふっとう石

(1) 丸底フラスコの中に，ふっとう
石を入れる理由を，**ア**〜**ウ**から
選びましょう。　　　（　　）

　　ア　水を早くわき立たせるため。

　　イ　水全体が同じようにあたたまるようにするため。

　　ウ　熱い湯が急にふき出すのをふせぐため。

(2) 熱せられて，水がわき立つことを何といいますか。

　　　　　　　　　　　　　（　　　　　　　）

(3) (2)のようになっているときの水の温度を，**ア**〜**ウ**から選
びましょう。　　　　　　　　　　　　　（　　）

　　ア　わき立つ前と同じように上がっていく。

　　イ　わき立つ前より上がり方がおそくなる。

　　ウ　100℃のまま，変わらない。

(4) **あ**（白いもの）と**い**（目に見えないもの）は何ですか。**ア**
〜**ウ**から選びましょう。

　　　　　　　　　　あ（　　）　い（　　）

　　ア　空気　　**イ**　湯気　　**ウ**　水じょう気

57 水のすがたとゆくえ
水を冷やしたときの変化

▶▶▶ 答えは別さつ11ページ

点数

①〜⑤：1問12点　⑥〜⑨：1問10点

点

★ 考えよう ★

水を冷やしたときの温度の変化をまとめましょう。

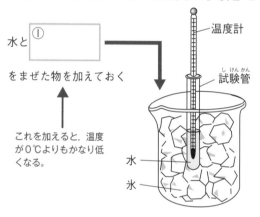

水と ①〔　　　〕
をまぜた物を加えておく

これを加えると，温度が0℃よりもかなり低くなる。

温度計

試験管

水

氷

（℃）

水がこおり始める

水が全部こおる

・グラフで，水は，冷やし始めてから ②〔　　　〕分後にこおり始め，③〔　　　〕分後に全部こおっています。

・こおり始めてから全部こおるまで，④〔　　　〕℃のままです。

・水が氷になると，体積が ⑤〔　　　　　　　〕なります。

！ 覚えよう ！

0℃よりも低い温度の読み方とかき方を覚えましょう。

・温度計の目もりの0から ⑥〔　　　〕に数えて，⑦〔　　　　　〕何度といいます。

0より下という意味。

・右の場合は，⑧〔　　　　　　　　〕と読み，⑨〔　　　　　〕℃とかきます。

0より6目もり下にある。

水のすがたとゆくえ

水を冷やしたときの変化

練 習

▶▶▶ 答えは別さつ11ページ

1 :1問10点　2 :1問20点

点数
点

1 温度計が右の図のようになりました。次の問いに答えましょう。

(1) 右の温度の読み方をことばでかきましょう。

（　　　　　　　　　　　）

(2) 右の温度を数字と記号でかきましょう。

（　　　　　）

2 水を入れた試験管（しけんかん）の水面の位置（いち）に印（しるし）をつけました。この試験管を氷を入れたビーカーの中に入れました。次の問いに答えましょう。

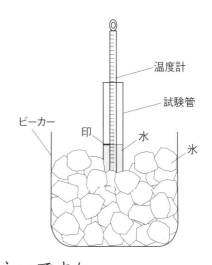

温度計
試験管
ビーカー
印
水
氷

(1) 試験管の水をこおらせるためには，ビーカーの氷の中に何を加えますか。

（　　　　　　　　　　　）

(2) 水がこおり始める温度は，何℃ぐらいですか。

（　　　　　ぐらい）

(3) 水が全部こおったときの温度は，何℃ぐらいですか。

（　　　　　ぐらい）

(4) 水が全部こおったとき，氷の上の面の位置は，ア〜ウのどれになっていますか。　　　（　　）

ア　印より上　　イ　印より下　　ウ　印と同じ

59 水のすがたとゆくえ
水の３つのすがた

りかい

▶▶▶　答えは別さつ12ページ

点数

①～⑧：1問8点　⑨～⑪：1問12点

点

★ 考えよう ★

温度によって，水がすがたを変(か)えるようすをまとめましょう。

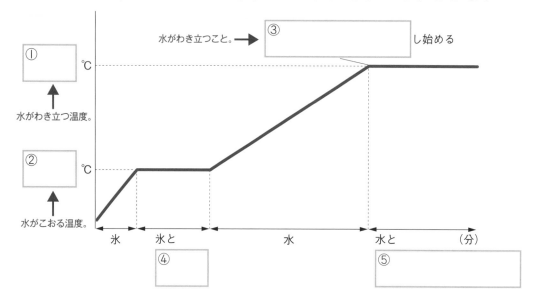

・水は，温度によって，⑥ [　　　　] の氷，⑦ [　　　　] の水，

⑧ [　　　　] の水じょう気とすがたを変えます。◀

あたためると，固体(こたい)→えき体→気体と変化(へんか)し，冷(ひ)やすと，
気体→えき体→固体と変化する。

ことばのかくにん　物のすがたを表すことばをかきましょう。……

・⑨ [　　　　] ：水じょう気や空気のように，目に見えず，自
由に形を変えることができるもの。

・⑩ [　　　　] ：水やアルコールのように，目に見えて，自由
に形を変えることができるもの。

・⑪ [　　　　] ：氷や鉄のように，形が変わりにくいもの。

水のすがたとゆくえ
水の３つのすがた

▶▶▶ 答えは別さつ12ページ

1 :1問10点 2 :(1) 14点 (2) 14点 (3) 1問14点

点数 ★

点

---

1 ア〜カを，気体，えき体，固体（こたい）に分けましょう。

気体（　　　　　） えき体（　　　　　） 固体（　　　　　）

> ア 水　イ 空気　ウ 氷　エ 水じょう気
> オ 鉄　カ アルコール

2 右の図は，氷を熱（ねっ）したときの温度の変化（へんか）です。次の問いに答えましょう。

(1) 氷がとけ始めたのは，あ〜えのどこですか。

（　　）

(2) 水がふっとうを始めたのは，あ〜えのどこですか。

（　　）

◇ チャレンジ ◇

(3) 次の①〜③では，水はア〜オのどのすがたになっていますか。

① あといの間（　　）　② いとうの間（　　）

③ うとえの間（　　）

> ア 気体　イ えき体　ウ 固体
> エ えき体と気体
> オ 固体とえき体

61 水のすがたとゆくえ
空気中の水じょう気

▶▶▶ 答えは別さつ12ページ

点数

点

①～④：1問13点　⑤～⑦：1問16点

★ 考えよう ★

空気中に出ていく水を調べる実験を
整理しましょう。

水面の位置に, 印をつける

ラップシート

ア　イ

水　輪ゴム

・右のようなよう器を, 日なたに置き,
　3～4日後に水の量を調べました。

ア	水の量が ① ____ いた。	
イ	水の量はほとんど ② ____ 。	ラップシートによって, 水じょう気が空気中に出ていかない。
	ラップシートの内側に ③ ____ がついていた。	

水じょう気がすがたを変えたもの。

・水は熱しなくても, ④ ____ して, 水じょう気に変
　わり, 空気中に出ていきます。

氷水を入れたコップの外側に水てきがつく理由を考えましょう。

・空気中には, ⑤ ____ がふくまれています。

水は, ふっとうしなくても, 表面から水じょう気となって,
空気中に出ていく。

・空気中の ⑥ ____ が冷やされ, 水てきに変わります。

ことばのかくにん　____ にあてはまることばをかきましょう。

・⑦ ____ ：水が水じょう気にすがたを変えること。

62 水のすがたとゆくえ
空気中の水じょう気

練 習

▶▶▶ 答えは別さつ12ページ

1問20点

点数

点

1 右の図のような2つのよう器を,
日なたに3～4日置きました。次
の問いに答えましょう。

水面の位置に,印をつける

ア　イ

ラップシート

水

輪ゴム

(1) 3～4日後, 水面は, **ア・イ**のど
ちらの方が低くなっていますか。

（　　　）

(2) (1)のようになるのは, 水が何に変わって空気中に出て
いったからですか。（　　　　　　　）

(3) **イ**のラップシートには水てきがついていました。水てきが
ついていたのは, 内側・外側のどちらですか。

（　　　　　）

2 右の図のように, 氷水の入ったコップを置い
てしばらくすると, コップの表面に水てきが
ついていました。次の問いに答えましょう。

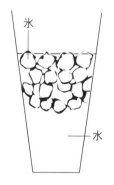

氷

水

(1) 水てきは, 空気中の何が冷やされて生じた
ものですか。

（　　　　　　）

(2) （　）にあてはまることばをかきましょう。
(1)は, 水が水面や地面から（　　　　　）して,
空気中に出ていったものである。

63 水のすがたとゆくえのまとめ

▶▶▶ 答えは別さつ12ページ

1:1問10点 **2**:(1)15点 (2)15点 (3)1問15点

1 水のすがたについて，正しいものに○，正しいとはいえない
ものに×をかきましょう。

① ( ) 水は100℃にならないと水じょう気にならない。

② ( ) 氷は0℃になるととけ始め，全部とけるまで温度
は変わらない。

③ ( ) 水が氷になると，体積が小さくなる。

④ ( ) 寒い日の朝，まどガラスがくもるのは，空気中の
水じょう気が水に変わるからである。

2 下の図は，やかんの水がふっとうするようすを表していま
す。次の問いに答えましょう。

(1) ふっとうしているとき，水の
温度は何℃ぐらいになって
いますか。

(ぐらい)

(2) ふっとうしているとき，水の
中からあわが出てきます。
このあわは何ですか。

( )

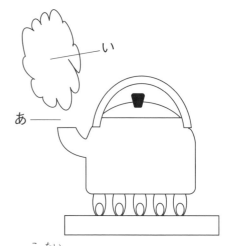

(3) あ，いでは，水は気体・えき体・固体のどのすがたになっ
ていますか。

あ ( ) い ( )

64 水のすがたとゆくえのまとめ
クロスワードクイズ

▶▶▶ 答えは別さつ13ページ

☆ ☆ ☆ ☆ ☆ ☆ ☆ ☆ ☆ ☆ ☆ ☆ ☆ ☆ ☆

四角に入ることばは何かな。
たてと横のヒントから考えてひらがなでかこう。
ア〜カの文字をならべるとことばができるよ。

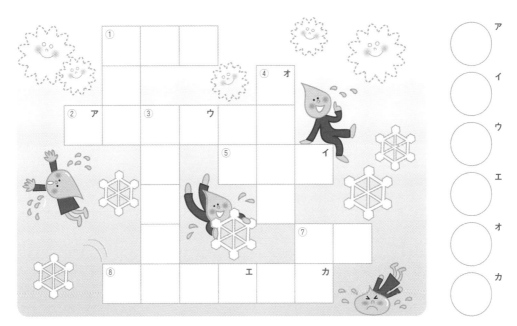

たてのヒント

① 気体・えき体・固体のうち，形が変わりにくい物。

③ 水が水じょう気にすがたを変えること。

④ 水やアルコールのように，自由に形を変えることのできる物。

⑦ 雲の中で氷のつぶが大きくなり，そのまま地上に落ちてくる物。

横のヒント

① 水が固体のすがたになった物。

② 水が気体のすがたになった物。

⑤ 空気のように，目に見えず自由にすがたを変えることのできる物。

⑦ 水じょう気が細かい水てきに変わった物。

⑧ 水を熱するとき，熱い湯がふき出すのをふせぐために入れる物。

65 冬の自然
冬の生き物

りかい

▶▶▶ 答えは別さつ13ページ

 点数

①：12点　②〜⑫：1問8点

点

!覚えよう!

冬の生き物のようすをまとめましょう。

・冬には，気温が1年でいちばん ① なります。

動物	冬ごし	特ちょう
オオカマキリ	② ↑ 春になると，よう虫になる。	植物のくきなどにうみつけられる。
コオロギ，バッタ		③ の中にうみつけられる。 ← 冬は土の中の方が，あたたかい。
カブトムシ，コガネムシ	④	⑤ の中ですごす。 ← 落ち葉などを食べる。
アゲハ，モンシロチョウ	⑥	植物のくきなどについていて，まわりとよくにた色をしている。
ナナホシテントウ	⑦	落ち葉の下などでじっとしていて動かない。

ヘチマ	葉やくき，根は ⑧ しまい，⑨ で冬をこす。 春になると，これから芽が出てくる。
サクラ	葉は落ちてしまうが，えだには ⑩ ができていて，春になると花や ⑪ が出てくる。
タンポポ	⑫ にはりつくように，葉を広げている。 ← 冷たい風から葉を守り，日光が葉に当たりやすくするため。

66 冬の自然
冬の生き物

▶▶▶ 答えは別さつ13ページ

1 :1問16点 2 :1問12点

1 (1)～(4)の動物が冬をこすすがたを，ア～ウから1つずつ選^{えら}びましょう。

(1) モンシロチョウ

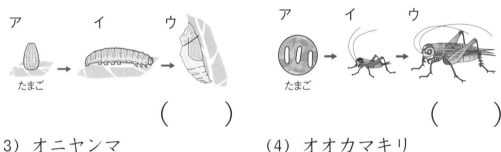

ア   イ   ウ
たまご

(　　　)

(2) コオロギ

ア   イ   ウ
たまご

(　　　)

(3) オニヤンマ

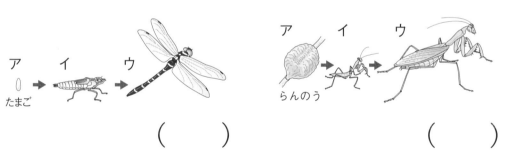

ア   イ   ウ
たまご

(　　　)

(4) オオカマキリ

ア イ   ウ
らんのう

(　　　)

2 植物の冬ごしについて，正しいものに○，正しいとはいえないものに×をかきましょう。

① (　　　) ヘチマは葉がかれて落ちるが，春になるとくきから新しい葉が出てくる。

② (　　　) サクラは葉がかれて落ちるが，えだには芽^めができている。

③ (　　　) タンポポは葉がかれて落ちるが，根が残っていて，春になると根から芽が出る。

67 冬の星
冬の星

りかい

▶▶▶ 答えは別さつ14ページ　**点数**

①～⑨：1問5点　⑩～⑭：1問11点

点

！覚えよう！

冬の夜空に見える星を覚えましょう。

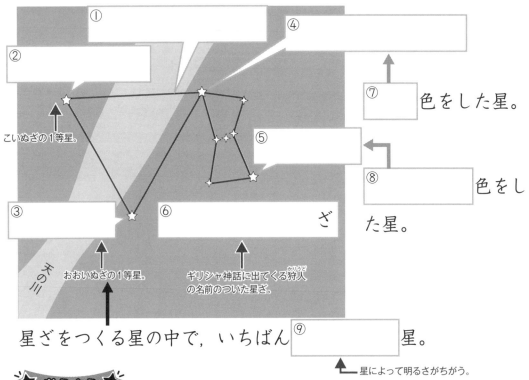

① 　　② 　　④

⑦ 　色をした星。

⑤ 　　⑧ 　色をした星。

こいぬざの1等星。

③ 　　⑥ 　　ざ

天の川

おおいぬざの1等星。

ギリシャ神話に出てくる狩人の名前のついた星ざ。

星ざをつくる星の中で，いちばん⑨ 　星。

← 星によって明るさがちがう。

★考えよう★

午後6時と午後10時のオリオンざの位置を考えましょう。

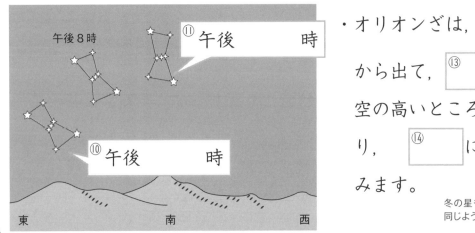

午後8時

⑪ 午後　　時

⑩ 午後　　時

東　　南　　西

・オリオンざは，⑫ から出て，⑬ の空の高いところを通り，⑭ にしずみます。

← 冬の星も，夏の星と同じように動く。

冬の星
冬の星

▶▶▶ 答えは別さつ14ページ

1 :(1)10点　(2)10点　(3)1問10点　(4)1問10点　2 :1問10点

1 右の図は，冬の星です。次の問いに答えましょう。

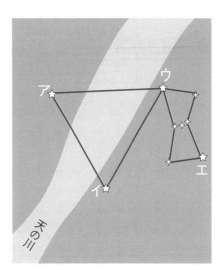

(1) ア，イ，ウの1等星を結んでできる三角形を何といいますか。
（　　　　　　　　　　）

(2) ウ，エの星をふくむ星ざの名前をかきましょう。
（　　　　　　　　　　）

(3) ア〜エの星を何といいますか。
ア（　　　　　　　）　イ（　　　　　　　　）
ウ（　　　　　　　）　エ（　　　　　　　　）

(4) ウ，エの星の色を，あ〜えから選びましょう。
ウ（　　）　エ（　　）
あ　赤色　　い　黄色　　う　青白い色　　え　白色

2 右の図は，東の空に見えたオリオンざです。次の問いに答えましょう。

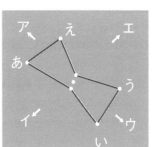

(1) 1等星を，あ〜えからすべて選びましょう。（　　　　　）

(2) これからこの星ざはア〜エのどの向きに動いていきますか。（　　）

69 物のあたたまり方
金ぞくのあたたまり方

りかい

▶▶▶ 答えは別さつ14ページ

点数

①〜⑤：1問18点　⑥：1問10点

点

★ 考えよう ★

金ぞくのあたたまり方を調べる実験（じっけん）をまとめましょう。

・金ぞくがあたたまるようすを調べ

るため，ぼうにうすく ① ┃┃┃┃┃ ┃┃┃┃┃

をぬります。

熱（ねつ）が伝わるようすを，目に見えるようにするため。

・ぼうのかたむきが変（か）わっても，ぼ

うの右はしのろうがとけるまでに

かかった時間は， ② です。

ろうをぬった
金ぞくのぼう

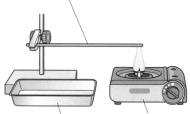
金ぞくのトレー　実験用ガスコンロ

・ぼうのかたむきに関係（かんけい）なく，熱（ねっ）せられた部分から ③ に熱

が伝（つた）わっていきます。

熱せられた部分から同じきょりにあるところは，熱が伝わる時間が同じになる。

・熱したところから ④ をえがく

ように，ろうがとけていきます。

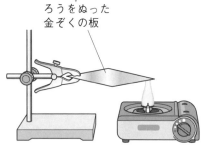
ろうをぬった
金ぞくの板

・金ぞくの板も，熱せられた部分

から ⑤ に熱が伝わっていき

ます。

こ と ば の か く に ん　物のあたたまり方を答えましょう。……………

・金ぞくは，形がちがっても，熱した部分から順に ⑥ が

伝わってあたたまっていきます。

70 物のあたたまり方
金ぞくのあたたまり方

▶▶▶ 答えは別さつ14ページ

1:1問25点 **2**:1問25点

点数 ◯ ◯ ◯ ◯ 点

1 金ぞくのぼうの真ん中を熱しました。次の問いに答えましょう。

ろうをぬった金ぞくのぼう

(1) 金ぞくのぼうにろうをぬる理由を，ア～ウから選びましょう。

（　　　）

ア　金ぞくのぼうをすべりやすくするため。
イ　金ぞくのぼうを熱が伝わっていくようすが見えるようにするため。
ウ　金ぞくのぼうに熱が伝わりやすくするため。

(2) ぼうの両はしのあ，いのろうがとける時間を，ア～ウから選びましょう。　　　　　　　　　　　（　　　）
ア　あの方がいよりも先にとける。
イ　いの方があよりも先にとける。
ウ　あといはほぼ同時にとける。

2 金ぞくの板の×の部分を実験用ガスコンロで熱しました。次の問いに答えましょう。

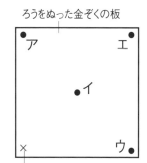

ろうをぬった金ぞくの板

熱した部分

(1) ろうがいちばん早くとけるのは，ア～エのどこですか。　　　（　　　）

(2) ろうがほぼ同時にとけるのは，ア～エのどことどこですか。　　（　　と　　）

73

71 物のあたたまり方
水や空気のあたたまり方

　りかい

>>> 答えは別さつ14ページ　★点数★

1問10点

点

★ 考えよう ★

水のあたたまり方を調べる実験をまとめましょう。

・示温インクは，決まった　①　　　　　に
なると，色が変わります。

・試験管の底の部分を熱すると，
②　　　　の方から色が変わり，やがて全
体の色が変わりました。

・水面の近くを熱すると，③　　　　の方だ
け色が変わり，④　　　　の方はなかなか
色が変わりませんでした。

温度が高い水は軽く，
温度が低い水は重い。

・水は，熱せられた部分が⑤　　　　へ動いて，⑥　　　　の方からあ
たたまっていきます。

示温インクを
まぜた水

ふっとう石

実験用
ガスコンロ

空気のあたたまり方を調べる実験をまとめましょう。

・線こうのけむりで，⑦　　　　　の動き
を調べます。

けむりは空気といっしょに
動く。

・線こうのけむりは，⑧　　　　に動いてい
きます。

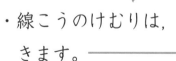
火のつい
た線こう

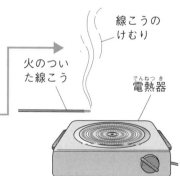
線こうの
けむり

電熱器

・あたためられた空気は⑨　　　　に動くこ
とで，⑩　　　　の方から
あたたまっていきます。

温度が高い空気は軽く，
温度が低い空気は重い。

物のあたたまり方
水や空気のあたたまり方

▶▶▶ 答えは別さつ15ページ

1:1問25点 **2**:1問25点

点数 ★ ★

点

1 右の図のように,ビーカーの底_{そこ}に みそを入れ,水を静かに注ぎ,ア ルコールランプで熱_{ねっ}しました。次 の問いに答えましょう。

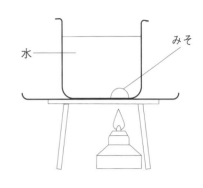

(1) みそを入れたのは,何を見るため ですか。 （　　　　　　　　）

(2) 熱したときのみその動きを,**ア～ウ**から選_{えら}びましょう。
（　　　）

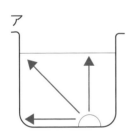
ア

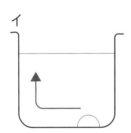
イ

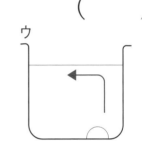
ウ

2 右の図のように,電熱器_{でんねつき}の上 に火のついた線こうを近づけ ると,線こうのけむりが上に 動きました。次の問いに答え ましょう。

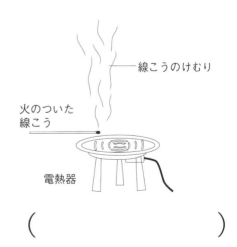

線こうのけむり

火のついた
線こう

電熱器

(1) あたためられた空気はどのよ うに動くことがわかります か。 （　　　　　　　　　）

(2) 空気のあたたまり方は,金ぞく・水のどちらににていますか。 （　　　　　　　　）

物のあたたまり方のまとめ

▶▶▶ 答えは別さつ15ページ

点

1 : (1) 15点　(2) 15点　(3) 1問15点　**2** : 1問10点

1 金ぞくの板とビーカーの水のあたたまり方を調べました。次の問いに答えましょう。

金ぞくの板　　　ビーカーの水

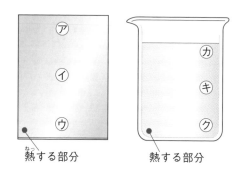

熱する部分　　　熱する部分

(1) 金ぞくの板があたたまる順に，㋐〜㋒をならべましょう。

（　　　→　　　→　　　）

(2) ビーカーの水があたたまる順に，㋕〜㋚をならべましょう。

（　　　→　　　→　　　）

(3) 次の文は，金ぞくと水のあたたまり方がちがう理由をかいたものです。（　）にあてはまることばをかきましょう。

①（　　　　　　）は動くことができないが，②（　　　　　　）は動くことができるから。

2 物のあたたまり方について，正しいものに〇，正しいとはいえないものに×をかきましょう。

① （　　　）冷ぼうをしているときは，エアコンのふき出し口を下向きにする方が部屋全体が早く冷える。

② （　　　）水を入れた試験管の上の方を熱しても，下の方はなかなかあたたまらない。

③ （　　　）スープの中に入れた金ぞくのスプーンが熱くて持てないことがある。

④ （　　　）ストーブをつけても，上の方はなかなかあたたまらない。

74 ★

物のあたたまり方のまとめ

バーベキューをしよう

▶▶▶ 答えは別さつ15ページ

> ゆみさんとじゅんさんは，自分の近くにある物を
> 食べます。早く熱が伝わる方が先に食べられる場合，
> 先にたくさんの種類を食べられるのはだれかな。

ゆみ　じゅん

先にたくさん
食べられるのは

☐ さん

75 生き物の1年

生き物の1年の1年

 りかい

▶▶▶ 答えは別さつ15ページ

点数

1問5点

点

!覚えよう!

1年間の生き物のようすをまとめましょう。

	春	夏	秋	冬
気温	気温がだんだん①□なる。	1年のうちで気温がいちばん②□なる。	気温がだんだん③□なる。	1年のうちで気温がいちばん④□なる。
アゲハ	さなぎから⑤□になる。	いろいろなすがたで，さかんに活動している。	よう虫が⑥□に変わる。← チョウはさなぎの時期がある。	⑦□ですごす。
オオカマキリ	たまごから⑧□がかえる。	⑨□が大きく育つ。↑さなぎの時期がない。	成虫が⑩□をうむ。	⑪□ですごす。↑らんのうの中にある。
ヘチマ	⑫□から芽が出る。↗「長く」「短く」で答える。	くきが⑬□のび，花がさく。	葉やくき，根が⑭□しまう。	⑮□で冬をこす。↑実の中にあるもの。
サクラ	⑯□がさき，⑰□が出てくる。	葉の数が⑱□なり，色もこくなる。	葉が⑲□色に変わり，やがて落ちてしまう。	えだに⑳□ができている。↑春になると，ここから花や葉が出てくる。

生き物の1年
生き物の1年

▶▶▶ 答えは別さつ16ページ

点数

1 : (1) 1問10点　(2) 1問10点　　2 : 1問10点

点

1 下のグラフは，午前10時の気温を1週間おきに調べた結果です。次の問いに答えましょう。

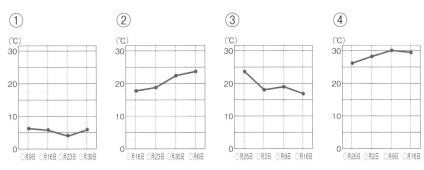

① ② ③ ④

(1) ①～④は，春・夏・秋・冬のどの季節ですか。

①（　　　）　②（　　　）　③（　　　）　④（　　　）

(2) ①～④の気温のときの生き物のようすを，**ア～オ**からすべて選びましょう。

①（　　　）　②（　　　）　③（　　　）　④（　　　）

ア　サクラの花がさく。

イ　ヘチマの黄色い花がさく。

ウ　ナナホシテントウの成虫が落ち葉の下に集まっている。

エ　赤く色づいたサクラの葉が全部落ちる。

オ　かれた草のくきに，オオカマキリのたまごが見られる。

2 次の季節を答えましょう。

(1) ツバメが日本にやってくる季節　　　　　　　　（　　　）

(2) ツバメが日本からいなくなる季節　　　　　　　（　　　）

生き物の1年

生き物の1年

▶▶▶ 答えは別さつ16ページ

1:1問20点　**2**:1問20点

1 右の図は，オオカマキリが育っていくようすを表したものです。次の問いに答えましょう。

あ　い　う

(1) 冬に見られるのは，**あ〜う**のどれですか。　（　　）

(2) オオカマキリの成虫(せいちゅう)が見られる時期に，ほかの動物はどのようにくらしていますか。**ア〜エ**から選(えら)びましょう。

（　　）

ア　ヒキガエルが水の中にたまごをうむ。

イ　カブトムシのよう虫がさなぎになる。

ウ　ツバメが日本から南の国にわたる。

エ　アゲハのさなぎから成虫がかえる。

2 (1)〜(3)にあてはまる季節(きせつ)を，春・夏・秋・冬から選(えら)びましょう。

(1) サクラのえだには葉がないが，芽(め)がある。　（　　）

(2) サクラの葉が赤く色づき，やがて全部落ちてしまう。

（　　）

(3) サクラの花がさき，その後葉が出てくる。　（　　）

小学理科 理科問題の正しい解き方ドリル 4年・別さつ

答えとおうちのかた手引き

---

1 春の自然
春の生き物 りかい

▶▶▶ 本さつ4ページ

覚えよう ①テーマ（題名）　②場所　③天気
④気温　⑤○　⑥○　⑦○　⑧○　⑨×　⑩○
⑪×　⑫×　⑬○　⑭○　⑮×　⑯×

★ 考えよう ★ ⑰種類

ポイント

この1年間は，気温と生き物のようすの関係を
調べていくので，記録カードにはかならず気温
もかいておきます。
春になると，ナナホシテントウの成虫がたまご
をうむので ⑤ と ⑥ が○，アゲハはさなぎから
成虫になりたまごをうむので ⑦，⑧ が○，カブ
トムシはよう虫のままなので ⑩ が○，オオカマ
キリはたまごからよう虫になるので ⑬，⑭ が○
になります。

---

2 春の自然
春の生き物

▶▶▶ 本さつ5ページ

1 (1)気温　(2)ウ

2 (1)ウ　(2)イ　(3)ア，ウ，オ

ポイント

1 記録カードには，調べたことや気づいたこ
とのほかに，感じたことやふしぎに思った
ことなどもかくようにします。
2 (1)アゲハはさなぎで冬をこし，春になる
と成虫になり，たまごをうみます。
(2)オオカマキリはたまごで冬をこし，春に
なるとよう虫がかえります。
(3)オオカマキリがたまごをうむのは秋，
カブトムシは夏です。

---

3 春の自然
植物の成長 りかい

 本さつ6ページ

覚えよう ①1　②水　③3　④土
⑤まきひげ

★ 考えよう ★ ⑥高く　⑦花

ことはのかくにん ⑧子葉　⑨まきひげ

ポイント

ヘチマの高さが 10～15cm になると，葉のつ
けねからまきひげが出てきます。ヘチマはささ
えにまきひげをまきつけながら，くきをのばし
ます。
春になってあたたかくなると，植物は花をさか
せたり，葉や芽を出して成長したりするため，
それを食べる動物やその動物を食べる動物もさ
かんに活動を始めたり，たまごをうんだりしま
す。

---

4 春の自然
植物の成長

▶▶▶ 本さつ7ページ

1 (1)エ　(2)黒色　(3)ア

2 (1)ウ　(2)ひりょう

ポイント

1 (1)アはアサガオ，イはツルレイシ，ウは
ヒマワリのたねです。
(3)ヘチマのたねをあまり深いところにま
くと，芽が地面までのびるまでにかれてし
まうので，1～2cm の深さにまきます。
2 (1)ヘチマのなえは，根をきずつけないよう
に，土ごと植えかえます。
(2)植えかえるためにほったあなの底には，
ヘチマがよく育つようにひりょうを入れ，
根がひりょうにふれないように，土をかけ
ておきます。

5 天気のようすと気温
1日の気温の変化 りかい

▶▶▶ 本さつ8ページ

覚えよう ①百葉箱 ②1.2 ③1.5 ④よい

⑤当たらない ⑥直角

★考えよう★ ⑦晴れ ⑧昼すぎ〔午後2時〕

⑨雨 ⑩小さく

ポイント

気温とは，建物からはなれた風通しのよいところで，温度計に直せつ日光が当たらないようにしてはかった，地上から1.2～1.5mの高さの空気の温度です。
晴れの日の気温は，朝夕は低く，昼すぎにいちばん高くなります。くもりや雨の日は1日の気温の変化が小さくなります。

6 天気のようすと気温
1日の気温の変化 練習

▶▶▶ 本さつ9ページ

1 (1)い (2)イ，エ，カ
2 (1)ア (2)午後2時ごろ

ポイント

1 (1)温度は，温度計のえきの先と目を直角にして読みとります。
(2)温度計に直せつ日光が当たるところや，風通しの悪いところでは気温を正しくはかれません。また，地面に近いところでは，地面からあたためられて空気の温度が高くなります。
2 午後1～2時ごろにいちばん気温が高く，朝や夕方は気温が低いため，晴れの日の折れ線グラフは，山のような形になります。

7 天気のようすと気温
1日の気温の変化 練習

▶▶▶ 本さつ10ページ

1 (1)午後1時ごろ (2)晴れ
2 (1)太陽の高さ…イ 気温…ウ
(2)①地面 ②空気

ポイント

1 (1)グラフから，気温がいちばん高くなっている時こくを読みとります。
(2)気温のグラフが山の形をしている（1日の気温の変化が大きい）ので，晴れの日の記録と考えられます。
2 (1)太陽は，正午ごろ真南の空にあるときの高さが1日でいちばん高くなります。気温は昼すぎにいちばん高くなります。
(2)日光は，空気を通りぬけて，地面を直せつあたためます。空気は，あたためられた地面によってあたためられるので，気温がいちばん高くなる時こくは，太陽の高さがいちばん高くなる時こくよりおそくなります。

8 天気のようすと気温のまとめ

▶▶▶ 本さつ11ページ

1 (1)①よい ②当たらない ③1.2 ④1.5
(2)記録温度計〔自記温度計〕 (3)イ

ポイント

1 (1)「建物からはなれた風通しのよいところ」「直せつ日光が当たらない」「地面から1.2～1.5mの高さ」という3つのじょうけんに合った空気の温度が，気温です。
(3)晴れの日の折れ線グラフは，山のような形をしているので，14日，15日，17日，18日は晴れていたと考えられます。

9 電気のはたらき
回路と電流 りかい

▶▶▶ 本さつ12ページ

覚えよう ①かん電池 ②豆電球 ③スイッチ
④＋ ⑤－ ⑥ぎゃく〔反対〕

ことばのかくにん ⑦電流 ⑧回路図
⑨（かんい）けん流計

ポイント

電気の流れを「電流」といい，電流の向きは，かん電池の＋極から出て，豆電球などを通り，－極へ入ると決められています。このため，かん電池の向きをぎゃくにすると，電流の向きもぎゃくになります。

電気のはたらき
回路と電流

▶▶▶ 本さつ13ページ

1 (1)回路図

(2)ア…かん電池 イ…スイッチ ウ…豆電球

(3)＋極 (4)あ

2 (1)(かんい)けん流計 (2)ぎゃくになる。

ポイント

> **1** (3)かん電池の電気用図記号で，長い方の
> たての線が＋極，短い方のたての線が－極
> を表しています。
> **2** (1)かんいけん流計のはりがふれる向きで
> 電流の向きがわかり，はりがふれるはばで
> 電流の大きさがわかります。

 電気のはたらき
直列つなぎとへい列つなぎ

▶▶▶ 本さつ14ページ

覚えよう ①(かん電池の)直列つなぎ

②(かん電池の)へい列つなぎ

③速く ④同じ ⑤回らない ⑥回る

ことばのかくにん ⑦直列 ⑧へい列

ポイント

> かん電池の直列つなぎでは，かん電池１このと
> きよりも，回路に大きい電流が流れるので，モー
> ターが速く回ります。かん電池のへい列つなぎ
> では，かん電池１このときと同じ大きさの電流
> が流れるので，モーターはかん電池１このとき
> と同じ速さで回ります。

 電気のはたらき
直列つなぎとへい列つなぎ

▶▶▶ 本さつ15ページ

1 (1)あ…(かん電池の)へい列つなぎ

い…(かん電池の)直列つなぎ

(2)あ (3)い (4)ア

ポイント

> **1** (4)かん電池を１こ外すと，直列つなぎで
> は回路が切れてしまい，電流が流れません
> が，へい列つなぎでは回路の１つがつながっ
> ているので，電流が流れます。

 電気のはたらき
直列つなぎとへい列つなぎ

▶▶▶ 本さつ16ページ

1 (1)う (2)あ(と)う (3)う (4)イ

ポイント

> **1** (4)かん電池をへい列つなぎにすると，か
> ん電池１このときや直列つなぎのときより
> も，かん電池１こから流れ出る電流が小さ
> くなり，かん電池がはたらき続けることが
> できる時間は長くなるので，豆電球をいち
> ばん長くつけておくことができます。

 電気のはたらき
直列つなぎとへい列つなぎ

▶▶▶ 本さつ17ページ

1 (1)ウ

(2)直列つなぎ…エ へい列つなぎ…ア

(3)エ

2 ウ

ポイント

> **1** (1)ウは，どちらかのかん電池の＋極と－極
> をぎゃくにつながないと電流が流れません。
> **2** かん電池をいくつへい列につないでも，豆
> 電球に流れる電流の大きさは，かん電池１
> このときと同じになります。

15 **電気のはたらきのまとめ**

▶▶▶ 本さつ18ページ

1 (1)回路図 (2)ア (3)ウ

(4)(かん電池の)へい列つなぎ

(5)(例)同じになっている。

2 ①○ ②× ③×

ポイント

> **1** (4)かん電池の＋極どうし，－極どうしをつ
> なぐつなぎ方を，へい列つなぎといいます。
> (5)かん電池をへい列につないだときの豆
> 電球の明るさは，かん電池１このときと同
> じです。
> **2** かん電池２こを直列つなぎにすると，１こ
> のときよりも大きな電流が流れます。へい
> 列つなぎにすると，１このときと同じ大き
> さの電流が流れます。

3

16 電気のはたらきのまとめ
豆電球暗号ゲーム

▶▶ 本さつ19ページ

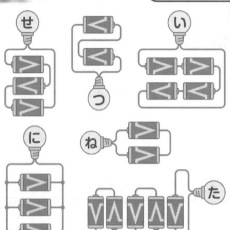

答え
電池を

17 動物のからだのつくりと運動
うでやあしの動き りかい

▶▶ 本さつ20ページ

覚えよう ①ゆるむ ②関節(かんせつ) ③ちぢむ

④ちぢむ ⑤ゆるむ ⑥ゆるみ

⭐**考えよう**⭐ ⑦きん肉

ポイント

ヒトのうでやあしでは，1つのほねに関節をまたいで2つのきん肉がついています。一方のきん肉がちぢむとき，もう一方のきん肉がゆるむことで，うでやあしが関節で曲がります。ネコやハトなども，ヒトと同じように，きん肉とほねによってからだを動かしています。

18 動物のからだのつくりと運動
うでやあしの動き 練習

▶▶ 本さつ21ページ

1 ①○ ②○ ③×

2 (1)あ…ア い…イ (2)あ…イ い…ア

ポイント

1 ③ウサギにもほねときん肉があり，ほねときん肉のはたらきでからだを動かします。
2 あがうでを曲げるときにちぢむきん肉，いがうでをのばすときにちぢむきん肉です。よくわからないときは，実さいにうでを曲げたりのばしたりして，どちらのきん肉がかたくなっているか調べましょう。

19 動物のからだのつくりと運動
ほねと関節 りかい

▶▶ 本さつ22ページ

覚えよう ①のう ②心ぞう ③関節 ④関節

⑤ささえて ⑥守って

ことばのかくにん ⑦関節

ポイント

ほねには，からだをささえたり，中にある物を守ったりするはたらきがあります。ほねとほねのつなぎ目を関節といい，この部分でほねを動かすことができます。せなかのほねは，たくさんのほねがつながっていて，間に多くの関節があるため，ふくざつな動きができます。

20 動物のからだのつくりと運動
ほねと関節 練習

▶▶ 本さつ23ページ

1 (1)きん肉 (2)関節

(3)①ア ②イ ③ウ

2 (1)イ (2)イ (3)ア

ポイント

1 (1)きん肉は，力を入れるとちぢんでかたくなり，力をぬくとゆるんでやわらかくなります。
(3)頭のほねは，のうを守るため，ヘルメットのような形をしています。また，むねのほねは，はいや心ぞうを守るため，かごのように組み合わさった形をしています。
2 からだは，せなかのほねやこしのほねによってささえられています。

21 動物のからだのつくりと 運動のまとめ

▶▶ 本さつ24ページ

1 (1)関節 (2)①ちぢみ ②ゆるむ

2 (1)ウ (2)ウ，エ (3)イ

1 （1）いの部分は関節（ほねとほねのつなぎ目）で、ここでうでが曲がります。

2 アは頭のほね、イはむねのほね、ウはせなかのほね、エはこしのほねです。頭のほねの中にはのう、むねのほねの中には、はいや心ぞうが入っています。

22 ☆
動物のからだのつくりと運動のまとめ
動物をさがそう
▶▶ 本さつ25ページ

ア	ザ	ラ	シ	カ	ア
イ	ル	カ	キ	キ	リ
ゾ	ウ	エ	リ	イ	ス
ハ	サ	ル	ン	チ	ズ
ト	カ	サ	キ	ウ	メ
ラ	イ	オ	ン	マ	リ

答え　**13**　種類

23
夏の自然
夏の生き物
りかい
▶▶ 本さつ26ページ

覚えよう ①よう虫　②さなぎ　③成虫
④よう虫　⑤さなぎ　⑥成虫　⑦さなぎ　⑧成虫
⑨よう虫　⑩水中　⑪陸上　⑫巣立つ
★考えよう★ ⑬高く　⑭植物

春に生まれたナナホシテントウやアゲハのたまごは、春から夏にかけて、よう虫→さなぎ→成虫とすがたを変え、夏の終わりにたまごをうみます。カブトムシのよう虫は、さなぎから成虫に変化し、夏の終わりに、土の中にたまごをうみます。オオカマキリは、秋になるまでよう虫のままで、成虫になりません。

24
夏の自然
夏の生き物
練習
▶▶ 本さつ27ページ

1 （1）い　（2）ウ
2 ①×　②○　③×　④○

ポイント

1 （1）オオカマキリのよう虫は、夏の間、だっ皮をくり返して大きくなり、秋になると成虫になります。

2 ① ヒキガエルがたまごをうむのは春です。
③ ナナホシテントウは、よう虫も成虫もアブラムシを食べます。

25
夏の自然
植物の成長
りかい
▶▶ 本さつ28ページ

覚えよう ①多く　②多く　③こく　④大きく
⑤緑　⑥芽　⑦2　⑧黄
★考えよう★ ⑨気温

ポイント

気温が高くなると、植物はえだやくきをのばし、葉をしげらせ、葉の緑色がこくなります。
ヘチマは、おばな・めばなとよばれる2種類の花をさかせますが、実になるのはめばなで、おばなはかれてしまいます。

26
夏の自然
植物の成長
練習
▶▶ 本さつ29ページ

1 （1）黄色　（2）イ、エ
2 ①○　②×　③×　④○　⑤×

ポイント

1 （2）アはアブラナの花、イはヘチマのおばな、ウはアサガオの花、エはヘチマのめばなです。

2 ②サクラの葉の色は春よりもこくなります。
③イチョウの葉が黄色くなるのは、秋です。
⑤夏の終わりには、ヘチマの実ができ始めますが、夏の間はヘチマの実は緑色です。

27 雨水のゆくえと地面のようす

雨水のゆくえと地面のようす りかい

▶▶ 本さつ30ページ

覚えよう ①高い ②低い

★ **考えよう** ★ ③小さな ④大きな

⑤長く ⑥少し ⑦にごった

⑧とうめいな ⑨大きい

ポイント

水は，高いところから低いところに向かって流れます。
つぶが小さいものから順に，校庭の土，すな場のすな，じゃりです。つぶが小さいほど，水がしみこみにくくなります。

 28 雨水のゆくえと地面のようす

雨水のゆくえと地面のようす 練習

▶▶ 本さつ31ページ

1 (1)イ (2)エ

2 (1)ア (2)校庭の土

ポイント

1 (1)ビー玉が集まっている方向に，地面が低くなっています。
(2)雨水は，高いところから低いところに向かって流れていきます。

2 (1)調べたいじょうけん（土のしゅるい）以外のじょうけん（土の量と水の量）は同じにします。
(2)つぶが小さいほど，水がしみこむのに時間がかかります。

 29 雨水のゆくえと地面のようす

雨水のゆくえと地面のようす 練習

▶▶ 本さつ32ページ

1 (1)校庭の土
(2)校庭の土…ウ すな場のすな…ア

じゃり…イ

2 ①土石流 ②土しゃさい害

ポイント

1 (2)つぶが小さいほど，水がしみこみにくくなります。

2 地すべりは，山やがけなどの土などががけくずれよりもゆっくりと移動します。

 30 雨水のゆくえと地面のようすのまとめ

▶▶ 本さつ33ページ

1 ①○ ②× ③○ ④×

2 (1)ウ (2)ア (3)つぶの大きさ

ポイント

1 ②校庭に水たまりができていても，水がしみこみやすいすな場に水たまりができるとはかぎりません。
④水たまりの底には，つぶが小さいどろがたまっています。

2 (2)(3)つぶが小さいほど，水がしみこみにくくなります。

 31 夏の星

夏の星 りかい

▶▶ 本さつ34ページ

覚えよう ①ベガ ②デネブ ③アルタイル

④夏の大三角 ⑤さそり（ざ） ⑥赤 ⑦明るさ

⑧色

ことばのかくにん ⑨星ざ

ポイント

星は，明るい方から順に，１等星・２等星・３等星…と分けられています。ことざにはベガ，はくちょうざにはデネブ，わしざにはアルタイルとよばれる１等星があり，これらを結んでできる三角形を，「夏の大三角」といいます。南の空の低いところに見られるさそりざには，アンタレスとよばれる赤色の１等星があります。

 32 夏の星

夏の星 練習

▶▶ 本さつ35ページ

1 (1)ア…はくちょうざ イ…ことざ ウ…わしざ

(2)夏の大三角 (3)(星の)明るさ

2 (1)さそりざ (2)アンタレス (3)赤色

ポイント

1 デネブ・ベガ・アルタイルを結んでできる夏の大三角は，７月下じゅんから８月上じゅんには，午後８時〜10時ごろに，東の空の高いところで見ることができます。

2 さそりざには，アンタレスとよばれる１等星があります。アンタレスは赤色の星，デネブ・ベガ・アルタイルは白色の星です。

33 月や星の動き
月の動き　りかい

 本さつ36ページ

覚えよう ①正午　②真夜中　③6　④6

⑤真夜中　⑥正午

ことばのかくにん ⑦満月　⑧半月

ポイント

月は、東の方からのぼり、南の空を通って、西の空へと動いていきます。
月の形によって、同じ位置に見える時こくが変わります。

34 月や星の動き
月の動き　練習

 本さつ37ページ

1 （1）半月（上げんの月）　（2）ウ　（3）い

2 （1）ウ　（2）イ

ポイント

1 右半分の半月は、正午ごろに東の方から出て、午後6時ごろに南の空の高いところを通り、真夜中ごろに西の方へしずみます。

2 （1）満月（ウ）は、午後6時ごろ東の方から出て、午前6時ごろ西の方にしずむので、昼間は見ることができません。
（2）アの三日月は午前8時ごろ、ウの満月は午後6時ごろ、エの半月は正午ごろ、東の方からのぼります。

35 月や星の動き
星の動き　りかい

本さつ38ページ

覚えよう ①月日　②7　③下

考えよう ④西　⑤変わる　⑥変わらない

ポイント

星ざ早見の内側に時こくの目もり、外側に月日の目もりがあり、観察する時こくの目もりと月日の目もりを合わせて使います。
夏の大三角は、観察した2時間で西の方に動いていますが、形は変わっていないので、時こくによって、星ざの見える位置は変わりますが、星のならび方は変わらないことがわかります。

36 月や星の動き
星の動き　練習

本さつ39ページ

1 （1）9月11日午後8時　（2）東

2 （1）ア…カシオペヤざ　イ…北と七星
（2）あ…5倍　い…5倍　（3）星の位置

ポイント

1 （2）星ざ早見は、調べたい方位を下にして持ち上げます。

2 （3）北の空の星は、北極星をほぼ中心として、時間がたつと時計のはりと反対向きに回っているように見えます。

37 月や星の動き
星の動き　練習

本さつ40ページ

1 （1）ベガ　（2）あ…東　い…西　（3）ア

2 （1）「変わる」に○
（2）「変わる」に○
（3）①「変わる」に○
②「変わらない」に○

ポイント

1 （2）南を向いたとき、左側が東、右側が西になります。

2 （1）明るいものから、1等星、2等星、3等星…と分けられています。
（2）デネブやベガ、アルタイルは白色の星ですが、アンタレスは赤色の星です。

38 月や星の動きのまとめ

本さつ41ページ

1 （1）半月（下げんの月）　（2）い　（3）ア
（4）①「変わる」に○　②「変わる」に○

2 ウ

ポイント

1 左半分の半月は、真夜中に東の方から出て、午前6時ごろに南の空の高いところを通り、正午ごろに西の方へしずみます。

2 月や南の空の星は、太陽と同じように、東の方から出て、南の空の高いところを通り、西の方にしずみます。

39 秋の自然
秋の生き物 りかい

▶▶▶ 本さつ42ページ

覚えよう ①よう虫 ②さなぎ ③成虫

④よう虫 ⑤さなぎ ⑥よう虫 ⑦よう虫

⑧成虫 ⑨(例)南の国

☆ 考えよう ☆ ⑩低く

ポイント

ナナホシテントウやアゲハ，カブトムシは，夏の終わりにたまごをうみます。ナナホシテントウは，秋の間に，たまご→よう虫→さなぎ→成虫とすがたを変えますが，アゲハはさなぎ，カブトムシはよう虫で冬をこします。オオカマキリは，らんのうとよばれる，あわのようなものにつつまれたたまごで冬をこします。

40 秋の自然
秋の生き物 練習

▶▶▶ 本さつ43ページ

1 ①ウ ②エ ③イ ④ア

2 (1)(例)南の国 (2)①低く ②こん虫〔虫〕

ポイント

1 アゲハやナナホシテントウは，春のほかに夏の終わりにもたまごをうみます。カブトムシは夏の終わり，オオカマキリは秋の終わりにたまごをうみます。

2 ツバメは，春に南の国から日本にやってきて，たまごをうみ，子どもを育てます。秋になると，食べ物になるこん虫が少なくなるので，あたたかい南の国に帰ります。

41 秋の自然
植物の成長 りかい

▶▶▶ 本さつ44ページ

覚えよう ①茶 ②茶 ③茶 ④たね ⑤緑色

⑥赤色 ⑦緑色 ⑧黄色

☆ 考えよう ☆ ⑨芽

ポイント

秋になって気温が低くなると，植物は成長しなくなります。ヘチマのくきはのびなくなり，くきや葉，根はかれてしまいます。ヘチマの実は夏より大きくなっていますが，茶色に変わり，かわいて軽くなります。実の中には，たくさんの黒いたねが入っています。

42 秋の自然
植物の成長 練習

▶▶▶ 本さつ45ページ

1 ①○ ②× ③○ ④○

2 (1)ウ (2)ウ

ポイント

1 ②秋になると，イチョウの葉は緑色から黄色に変わり，秋の終わりには葉がすべて落ちてしまいます。

2 (1)気温が少しずつ下がっているウのグラフが，秋の気温の変化を表しています，アは気温が少しずつ上がっているので春，イは気温が高いので夏の気温の変化です。

43 物の体積と力
物の体積と力 りかい

▶▶▶ 本さつ46ページ

☆ 考えよう ☆ ①小さく ②もと ③小さく

④変わらない ⑤大きく ⑥変わらない

ポイント

空気でっぽうは，前の玉と後ろの玉で，つつの中の空気をとじこめています。おしぼうをおすと，とじこめた空気がおしちぢめられ，空気がもとの体積にもどろうとすることで，前の玉を飛び出させます。

とじこめた空気は，力を加えると体積が小さくなり，加えた力の大きさによって空気のおし返す力が大きくなるので，手ごたえが大きくなります。これに対して，とじこめた水は，力を加えても体積が変化しません。

44 物の体積と力
物の体積と力 練習

▶▶▶ 本さつ47ページ

1 (1)ア (2)(おしちぢめられた)空気

2 (1)小さくなる。

(2)大きくなる。〔強くなる。〕 (3)イ

1 （1）空気でっぽうのおしぼうをおすと，つつの中の空気はおしちぢめられて，体積が小さくなります。

（2）おしちぢめられた空気はもとの体積にもどろうとして，前の玉をおします。力がある大きさになると，前の玉が飛び出します。このとき，後ろの玉は，前の玉とはなれた位置にあるので，前の玉が空気におされたことがわかります。

2 （2）力を加えると，空気の体積がしだいに小さくなっていき，空気がおし返す力がしだいに大きくなるため，手ごたえは大きくなります。

（3）力を加えるのをやめると，空気はもとの体積までもどります。このため，ピストンももとの位置までもどります。

---

45 物の体積と力
物の体積と力 **練習**
▶▶▶ 本さつ48ページ

1 （1）水 （2）イ
（3）（おしちぢめられた）空気 （4）ウ
（5）ウ

---

1 （1）空気でっぽうの先を水の中に入れ，おしぼうをおすと，前の玉といっしょに空気があわとなって出てくるので，つつの中に空気が入っていたことがわかります。

（2）かわいた新聞紙をまるめても，すきまがあるため，おしぼうをおしても，空気がつつの外に出ていき，つつの中にとじこめられません。

（4）とじこめられる空気の量が多いほど，玉が遠くまで飛びます。

（5）水はおしちぢめることができないので，前の玉はほとんど飛びません。

---

46 物の体積と力のまとめ
▶▶▶ 本さつ49ページ

1 ①空気 ②水 ③×
2 （1）ウ （2）図2

---

1 力を加えると，空気は体積が小さくなりますが，水は体積が変わりません。
2 （1）ピストンをおすと，空気の体積は小さくなりますが，水の体積は変化しないので，水面の位置は変わりません。

（2）水はおしちぢめられないので，空気だけを入れた図2の方が，手ごたえが大きくなります。

---

47 物の体積と温度
空気の体積と温度 **りかい**
▶▶▶ 本さつ50ページ

★考えよう★ ①上 ②大きく ③下 ④小さく
⑤大きく ⑥小さく

空気は，目で見ることができないので，ガラス管の中に水を入れて，その動きで空気の体積の変化を調べます。空気の入ったフラスコを，湯の中に入れてあたためると，空気の体積が大きくなり，ガラス管の中の水が上に動きます。氷水の中に入れて冷やすと，空気の体積が小さくなり，水が下に動きます。

---

48 物の体積と温度
空気の体積と温度 **練習**
▶▶▶ 本さつ51ページ

1 （1）イ （2）い （3）あ （4）（空気の）温度
2 イ

---

1 （1）湯の温度が低いと，空気の体積が少ししか大きくなりません。湯の温度が高すぎると，やけどをするきけんがあります。

（3）冷やすと，空気の体積が小さくなるため，ガラス管の中の水が左に動きます。

（4）湯につけると空気の温度が上がり，氷水につけると空気の温度が下がります。

2 少しへこんだピンポン玉を湯につけると，中の空気の体積が大きくなり，ピンポン玉のへこみがもとにもどります。

---

49 物の体積と温度
水の体積と温度 **りかい**
▶▶▶ 本さつ52ページ

★考えよう★ ①上 ②大きく ③下 ④小さく
⑤大きく ⑥小さく ⑦小さい

水の体積の変化は，ガラス管の水面の位置で調べることができます。水も，空気のように，湯に入れてあたためると体積が大きくなりますが，体積の変化は空気よりも小さいです。また，氷水に入れて冷やすと体積が小さくなりますが，体積の変化は空気よりも小さいです。

50 物の体積と温度
水の体積と温度 練習

▶▶▶ 本さつ53ページ

1 (1)い (2)あ (3)(水の)温度

2 ①○ ②○ ③× ④×

ポイント

1 (1)あたためると，水の体積が大きくなるため，ガラス管の中の水面は右に動きます。
(2)冷やすと，水の体積が小さくなるため，ガラス管の中の水面が左に動きます。
(3)決まった量の水の体積は，水の温度によって決まっています。
2 あたためたときも冷やしたときも，空気の方が水よりも大きく体積が変化します。

51 物の体積と温度
金ぞくの体積と温度 りかい

▶▶▶ 本さつ54ページ

覚えよう ①5 ②8 ③短く ④ななめ上
★考えよう★ ⑤通りぬける ⑥通りぬけない

⑦通りぬける ⑧大きく ⑨小さく ⑩小さい

ポイント

金ぞくも，空気や水のように，温度が高くなると体積が大きくなり，温度が低くなると体積が小さくなります。しかし，温度による体積の変化は，空気や水よりもずっと小さく，目で見ることがむずかしいため，金ぞくの玉と，玉がちょうど通りぬける輪を使って調べます。熱して体積が大きくなった金ぞくの玉は，輪を通りぬけることができません。金ぞくの玉を冷やすと，体積が小さくなるので，ふたたび輪を通りぬけるようになります。

52 物の体積と温度
金ぞくの体積と温度 練習

▶▶▶ 本さつ55ページ

1 (1)8分目(ぐらい) (2)5mm(ぐらい)
(3)(金ぞくの)体積 (4)イ

2 ア

ポイント

1 (1)アルコールの量が少ないと，アルコールランプがばく発するきけんがあるので，アルコールランプには8分目ぐらいの量までアルコールを入れます。
(2)上に出しているしんが短いと，ほのおが小さくなり，熱するのに時間がかかります。また，しんが長すぎると，ほのおが大きくなり，まわりの物に火がもえうつるきけんがあります。
(3)熱すると，金ぞくの玉の体積が大きくなり，輪を通りぬけることができません。
(4)金ぞくの玉を冷やすと，体積が小さくなるので，また輪を通りぬけることができるようになります。
2 夏になると，金ぞくでできたレールの温度が高くなって，体積が大きくなるので，レールがのびます。レールのつなぎめにすきまがないと，レールとレールがぶつかって，レールがずれたり曲がったりすることがあります。

53 **物の体積と温度のまとめ**

▶▶▶ 本さつ56ページ

1 (1)空気，水，金ぞく (2)ウ (3)イ

2 (例)(金ぞくのふたの)体積が大きくなるから。

ポイント

1 (2)湯につけてあたためると，空気も水も体積が大きくなりますが，空気の方が体積の変化が大きいので，いのガラス管の中の水の方が，あの水面よりも高くなります。
(3)氷水に入れて冷やすと，空気も水も体積が小さくなりますが，空気の方が体積の変化が大きいので，いのガラス管の中の水の方があの水面よりも低くなります。
2 湯に入れてあたためると，金ぞくのふたの体積が大きくなるため，ふた全体が少し大きくなります。ガラスも少し体積が大きくなりますが，その変化は金ぞくよりずっと小さいため，ふたがゆるみます。

54 物の体積と温度のまとめ
やけどに注意！
▶▶▶ 本さつ57ページ

スタート

あたためると，空気の体積は，
- ★大きくなる→2つ進む
- ★小さくなる→4つ進む

3つ進む

温度による体積の変化が大きいのは，
- ★空気→1つ進む
- ★金ぞく→4つ進む

あたためると，金ぞくの体積は，
- ★大きくなる→3つ進む
- ★小さくなる→6つ進む

1つ進む

あたためると，水の体積は，
- ★大きくなる→3つ進む
- ★小さくなる→5つ進む

へこんだピンポン玉を直すとき，つけるのは，
- ★お湯→1つ進む
- ★氷水→4つ進む

2つ進む

ゴール

1つ進む

アルコールランプに入れるアルコールの量は，
- ★半分→1つ進む
- ★8分目→2つ進む

---

55 水のすがたとゆくえ
水を熱したときの変化 りかい
▶▶▶ 本さつ58ページ

覚えよう ①水てき ②100 ③変わらない

④水じょう気 ⑤ふっとう石

ことばのかくにん ⑥ふっとう ⑦水じょう気

⑧湯気

ポイント

水を熱してしばらくすると，湯気が出てきます。やがて水の温度が100℃ぐらいになると，水の中からさかんにあわが出るようになります。これを「ふっとう」といいます。

水の中から出たあわは，水が水じょう気にすがたを変えたもので，目に見えません。その後，水じょう気は，冷やされて細かい水てきに変わり，目に見えるようになります。これが湯気です。

---

56 水のすがたとゆくえ
水を熱したときの変化 練習
▶▶▶ 本さつ59ページ

1 (1)ウ (2)ふっとう (3)ウ
(4)あ…イ い…ウ

ポイント

1 (1)水が急にふっとうして，フラスコの口から熱い湯がふき出すのをふせぐために，熱する前にふっとう石を入れておきます。
(3)水がふっとうしている間は，加えた熱は水が水じょう気に変わるのに使われるので，温度がおよそ100℃のまま変化しません。
(4)フラスコの中の何も見えないところには，水じょう気があります。この水じょう気が，フラスコの口から出た後，冷やされて，湯気に変わります。

---

57 水のすがたとゆくえ
水を冷やしたときの変化 りかい
▶▶▶ 本さつ60ページ

考えよう ①食塩 ②4 ③10 ④0

⑤大きく

覚えよう ⑥下 ⑦れい下〔マイナス〕

⑧れい下〔マイナス〕6度 ⑨−6

ポイント

ビーカーに氷だけを入れたのでは，試験管の水をこおらせることができません。氷に食塩をまぜた水を加えると，温度が0℃よりかなり低くなり，試験管の水をこおらせることができます。水を冷やすと，0℃ぐらいでこおり始め，全部こおるまで，温度が変わりません。

---

58 水のすがたとゆくえ
水を冷やしたときの変化 練習
▶▶▶ 本さつ61ページ

1 (1)れい下〔マイナス〕3度
(2)−3℃

2 (1)水と食塩をまぜた物 (2)0℃(ぐらい)
(3)0℃(ぐらい) (4)ア

ポイント

1 0℃よりも低い温度は，温度計の目もりの0から下に数えます。この場合は，3目もり下なので，れい下3度と読み，−3℃とかきます。
2 (2)0℃になってもこおらないこともありますが，このようなときは試験管をゆすると急にこおります。
(4)水は，氷にすがたを変えるとき，体積が大きくなりますが，とけたろうが固まるときは，体積が小さくなります。

59 水のすがたとゆくえ
水の3つのすがた
りかい

▶▶▶ 本さつ62ページ

★考えよう★ ①100 ②0 ③ふっとう ④水

⑤水じょう気 ⑥固体 ⑦えき体 ⑧気体

ことばのかくにん ⑨気体 ⑩えき体 ⑪固体

ポイント

氷を熱していくと、0℃ぐらいでとけ始め、全部が水に変わるまでは0℃のまま変化しません。その後、水の温度は上がっていきますが、100℃ぐらいになると、水はふっとうを始め、温度が変化しなくなります。全部が水じょう気になると、ふたたび温度が上がっていきます。このように、固体(氷)をあたためると、えき体(水)→気体(水じょう気)とすがたを変えていきます。すがたが変わっているときは、温度が変化しません。反対に、気体を冷やしていくと、えき体→固体とすがたを変えていきます。

60 水のすがたとゆくえ
水の3つのすがた
練習

▶▶▶ 本さつ63ページ

1 気体…イ, エ えき体…ア, カ 固体…ウ, オ

2 (1)あ (2)う (3)①オ ②イ ③エ

ポイント

1 目に見えず、自由に形を変えられるのが気体、目に見えて、自由に形を変えられるのがえき体、形が変わりにくいのが固体です。

2 (1)氷がとけ始めてから全部水に変わるまで、温度は0℃のままなので、「あ」で氷がとけ始め、「い」ですべての氷がとけます。
(3)氷は固体、水はえき体、水じょう気は気体です。「あ」と「い」の間では、水と氷がまじっています。「い」と「う」の間では、すべてが水になっています。「う」と「え」の間では、水の中から水じょう気のあわが出ていて、水と水じょう気がまじっています。

61 水のすがたとゆくえ
空気中の水じょう気
りかい

▶▶▶ 本さつ64ページ

★考えよう★ ①へって ②変わっていなかった

③水てき ④じょう発 ⑤水じょう気

⑥水じょう気

ことばのかくにん ⑦じょう発

ポイント

よう器を日なたに置いておくと、あたためられた水が水面からじょう発します。しかし、ラップシートでふたをすると、じょう発した水じょう気が空気中に広がることができないので、ラップシートの表面で水てきに変わります。
空気中の水じょう気は、冷やされると水に変わります。氷水を入れたコップのまわりの空気にふくまれる水じょう気は、氷水で冷えたコップによって冷やされて、水てきに変わります。

62 水のすがたとゆくえ
空気中の水じょう気
練習

▶▶▶ 本さつ65ページ

1 (1)ア (2)水じょう気 (3)内側

2 (1)(空気中の)水じょう気 (2)じょう発

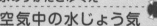ポイント

1 (1)ラップシートをかぶせておくと、水じょう気が空気中に出ていくことができません。このため、水面からのじょう発があまり行われないので、水があまりへりません。
(2)ラップシートをかぶせなかった方は、水がじょう発して、水じょう気に変わり、空気中に出ていきます。
(3)じょう発した水じょう気がラップシートの内側について、水てきに変わります。

2 (1)空気中には、水じょう気がふくまれています。空気中にふくまれる水じょう気の量にはかぎりがあり、その量は、気温によって決まっています。空気が冷やされると、空気中にふくむことのできる水じょう気の量が少なくなり、空気中にふくむことができなくなった水じょう気は水にすがたを変えます。
(2)土の中にも水がふくまれています。このため、水は、水面だけでなく、地面からもじょう発しています。

63 水のすがたとゆくえのまとめ

▶▶▶ 本さつ66ページ

1 ①× ②○ ③× ④○

2 (1)100℃(ぐらい) (2)水じょう気
(3)あ…気体 い…えき体

1 ①水は，100℃にならなくてもじょう発して，水じょう気に変わっています。水たまりの水がいつの間にかなくなったり，せんたく物がかわいたりするのも，水がじょう発するためです。

③水が氷にすがたを変えると，体積が大きくなります。

2 （1）水は，100℃ぐらいでふっとうします。

（2）水は100℃にならなくても水面からじょう発していますが，100℃ぐらいになると，水の中からも水じょう気に変わるようになるため，水の中からあわがさかんに出てきます。これがふっとうです。

（3）やかんの口と湯気の間には，気体の水じょう気があります。湯気は，空気中で水じょう気が冷やされて，細かい水（えき体）のつぶに変わったもので，目に見えます。

64 水のすがたとゆくえのまとめ
クロスワードクイズ
▶▶▶ 本さつ67ページ

65 冬の自然
冬の生き物
りかい
▶▶▶ 本さつ68ページ

覚えよう ①低く ②たまご ③土
④よう虫 ⑤土 ⑥さなぎ ⑦成虫
⑧かれて ⑨たね ⑩芽 ⑪葉 ⑫地面

オオカマキリは，らんのうとよばれるあわのようなものにつつまれたたまごで，冬をすごします。

コオロギやバッタは，秋になると，めすが細い管のようなものを土の中にさしこんで，たまごをうみます。冬の間はたまごのままで，春になってあたたかくなると，よう虫がかえります。

カブトムシやコガネムシは，夏の終わりにうまれたたまごからかえったよう虫がふ葉土とよばれる，落ち葉などからできた物を食べて，土の中で生活しています。

アゲハやモンシロチョウは，さなぎがまわりとよくにた色をしていて，鳥などに食べられないようにしています。

ナナホシテントウの成虫は，落ち葉の下などに集まって冬をこします。

秋になると，ヘチマは全体がかれてしまいますが，かれた実の中にたねを残していて，春になると，たねから芽が出ます。

秋になると，サクラの葉は落ちてしまいますが，えだはかれないで，春になると，芽から花や葉が出てきます。

タンポポは，冬の間，地面にはりつくように葉を広げて，冷たい風をさけ，日光がよく当たるようにしています。

66 冬の自然
冬の生き物
練習
▶▶▶ 本さつ69ページ

1 （1）ウ （2）ア （3）イ （4）ア

2 ①× ②○ ③×

1 （1）アはたまご，イはよう虫，ウはさなぎです。モンシロチョウはさなぎで冬をこします。

（2）アはたまご，イはよう虫，ウは成虫です。コオロギはたまごで冬をこします。

（3）アはたまご，イはよう虫（やご），ウは成虫です。オニヤンマはよう虫で冬をこします。

（4）アはらんのう，イはよう虫，ウは成虫です。オオカマキリは，らんのうにつつまれたたまごで冬をこします。らんのうは，冷たい風からたまごを守るとともに，たまごがかわくのをふせいでいます。

2 ①ヘチマはくきも葉も根もかれてしまい，春になってあたたかくなると，たねから芽が出て成長します。

③タンポポは冬の間，地面にはりつくように葉を広げ，寒さをしのいでいます。

67 冬の星 — 冬の星
▶▶ 本さつ70ページ

覚えよう ①冬の大三角 ②プロキオン

③シリウス ④ベテルギウス ⑤リゲル

⑥オリオン(ざ) ⑦赤 ⑧青白い ⑨明るい

★考えよう★ ⑩(午後)6(時) ⑪(午後)10(時)

⑫東 ⑬南 ⑭西

ポイント

こいぬざのプロキオン，おおいぬざのシリウス，オリオンざのベテルギウスを結んでできる三角形を，「冬の大三角」といいます。

星にはいろいろな色のものがあり，オリオンざのベテルギウスは赤色の星，リゲルは青白い星です。また，シリウスは白色の星，プロキオンは黄色の星です。

南の空の星は東から出て，南の空の高いところを通り，西にしずみます。そのため，東にあるほど，早い時こくに観察したものになります。

68 冬の星 — 冬の星

▶▶ 本さつ71ページ

1 (1)冬の大三角 (2)オリオンざ

   (3)ア…プロキオン イ…シリウス

       ウ…ベテルギウス エ…リゲル

   (4)ウ…あ エ…う

2 (1)あ，う (2)エ

ポイント

1 (1)こいぬざのプロキオン，おおいぬざのシリウス，オリオンざのベテルギウスという3つの1等星を結んでできる三角形を「冬の大三角」といいます。

   (2)オリオンざは，ベテルギウスとリゲルという2つの1等星をふくみ，ならんだ3つの2等星（三つ星）を目印にすると，かんたんに見つけることができます。

2 (1)オリオンざを形づくる星のうち，ベテルギウス（あ）とリゲル（う）が1等星です。

   (2)東の空にあるオリオンざは，だんだん高くなりながら，南の方へ動いていきます。

69 物のあたたまり方 — 金ぞくのあたたまり方

▶▶ 本さつ72ページ

★考えよう★ ①ろう ②同じ ③順 ④円 ⑤順

ことばのかくにん ⑥熱

ポイント

金ぞくは，熱した部分から順に熱が伝わって，全体があたたまっていきます。このような熱の伝わり方を，「伝どう」といいます。熱の伝どうの場合，熱した部分から同じような速さで，まわりに熱が伝わっていくので，熱した部分から同じきょりにあるところは，あたたまるのに同じぐらいの時間がかかります。

70 物のあたたまり方 — 金ぞくのあたたまり方

▶▶ 本さつ73ページ

1 (1)イ (2)ウ

2 (1)イ (2)ア （と） ウ

ポイント

1 (1)熱が伝わっていくようすは，目で見ることができません。ろうをぬると，熱が伝わってろうがとけるので，そのようすを見て，熱の伝わり方を調べます。

   (2)ぼうの両はしは熱している部分からほぼ同じきょりにあり，熱が伝わるのに同じぐらいの時間がかかります。

2 (1)熱した部分から順に熱が伝わっていくので，熱している部分に近いほど早くろうがとけます。

   (2)熱した部分から同じきょりにあるところをさがします。

71 物のあたたまり方 — 水や空気のあたたまり方

▶▶ 本さつ74ページ

★考えよう★ ①温度 ②上 ③上 ④下

⑤上 ⑥上 ⑦空気 ⑧上 ⑨上 ⑩上

ポイント

示温インクは，温度が低い（ひくい）ときは青色（しおん）をしていますが，あたためられて決まった温度（およそ40℃）になると，ピンク色に変わります。
水や空気は，あたためられた部分が軽くなって上に動き，上の方からあたためられていきます。
このような熱の伝わり方を「対流（たいりゅう）」といいます。

72 物のあたたまり方
水や空気のあたたまり方　練習

▶▶▶ 本さつ75ページ

1 （1）水の動き　（2）ウ

2 （1）（例）上に動く。　（2）水

ポイント

1 （1）ビーカーにみそを入れておくと，水の動きといっしょにみそが動きます。
（2）ビーカーの底を熱する（ねっ）と，あたためられた底（そこ）の方の水が上に動きます。これをくり返すことで，水全体があたたまっていきます。

2 （1）あたためられて軽くなった空気が上に動くのにともなって，線こうのけむりも上に動きます。

73 物のあたたまり方のまとめ

▶▶▶ 本さつ76ページ

1 （1）ウ（→）イ（→）ア
（2）カ（→）キ（→）ク
（3）①金ぞく〔固体〕　②水〔えき体〕

2 ①×　②○　③○　④×

ポイント

1 （1）金ぞくは，熱せられた部分から順（じゅん）にあたためられます。
（2）水は，あたためられた部分が上へ動いて，上の方からあたためられます。
（3）水や空気は動くことができるので，あたためられて軽くなった水や空気は，上へ動きます。

2 ① 冷（つめ）たい空気は重く，下にたまりやすいので，冷（れい）ぼうをするときは，ふき出し口を上に向けます。
② あたたかい水が上の方に集まり，下の方は冷たいことがあります。
③ スープの熱がスプーンに伝わり，持つところが熱くなります。
④ ストーブをつけると，あたためられた空気が上に動き，冷たい空気は下に動くので，下の方がなかなかあたたまりません。

74 物のあたたまり方のまとめ
バーベキューをしよう

▶▶▶ 本さつ77ページ

先にたくさん食べられるのは
ゆみ さん

75 生き物の1年
生き物の1年　りかい

▶▶▶ 本さつ78ページ

覚えよう ①高く　②高く　③低く　④低く
⑤成虫（せいちゅう）　⑥さなぎ　⑦さなぎ　⑧よう虫
⑨よう虫　⑩たまご　⑪たまご　⑫たね　⑬長く
⑭かれて　⑮たね　⑯花　⑰葉　⑱多く　⑲赤
⑳芽（め）

ポイント

春から夏にかけては気温が高くなっていき，植物は大きく成長し，動物は活発に活動します。また，秋から冬にかけては気温が低くなっていき，植物はたねを残してかれたり，葉を落としたりします。また，多くの動物は，活動がにぶくなります。

アゲハは，夏の終わりに生まれたたまごからかえったよう虫が，秋にさなぎになり，さなぎのまま冬をこし，春に成虫になります。

オオカマキリは，秋にたまごをうみ，たまごのまま冬をこし，春によう虫になります。夏の間に大きくなったよう虫は，秋に成虫になります。

ヘチマは，春にたねから芽を出し，夏の間に大きく成長し，花をさかせます。秋になると，実が大きくなりますが，やがて全体がかれてしまい，実の中にあるたねで冬をこします。

サクラは，冬の間に育った芽から，春になると花をさかせ，葉を出します。夏になると葉がしげりますが，秋になると葉が赤くなり，全部の葉が落ちてしまいますが，えだには芽がついています。

76 生き物の1年

生き物の1年 〔練習〕

▶▶ 本さつ79ページ

1 (1)①冬 ②春 ③秋 ④夏

(2)①ウ，オ ②ア ③エ ④イ

2 (1)春 (2)秋

ポイント

1 (1)①は気温がいちばん低いので冬，②は気温がしだいに高くなっていくので春，③は気温がしだいに低くなっていくので秋，④は気温がいちばん高いので夏だと考えられます。

(2)ナナホシテントウは成虫，オオカマキリはたまごで冬をこします。

2 ツバメは，春に日本にやってきて，たまごをうんで子どもを育て，秋になると，大きくなった子どもとともに日本からあたたかい南の国へわたります。

77 生き物の1年

 生き物の1年 〔練習〕

▶▶ 本さつ80ページ

1 (1)あ (2)ウ

2 (1)冬 (2)秋 (3)春

ポイント

1 (1)「あ」は，オオカマキリのらんのうで，中にたくさんのたまごが入っています。オオカマキリはこのすがたで冬をこします。

(2)春にたまごからかえったオオカマキリのよう虫は，夏の間に大きくなり，秋に成虫になります。ヒキガエルが水の中にたまごをうむのは春，アゲハのさなぎから成虫がかえるのは春，カブトムシのよう虫がさなぎになるのは夏です。

2 (1)冬のサクラのえだには，春になると花が出てくる芽と葉が出てくる芽があります。

(2)秋に気温が低くなると，サクラの葉が赤色になります。